普通高等教育机电类系列教材

机械设计基础课程设计

第3版

主　编　任秀华　张　超　秦广久
副主编　赵京鹤　王昕彦
参　编　徐　楠　刘爱华
主　审　王科社

机械工业出版社

本书是在第2版的基础上，根据“高等教育面向21世纪教学内容和课程体系改革计划”和教育部高等学校机械基础课程教学指导委员会制定的《高等学校机械设计、机械设计基础课程教学基本要求》，配合当前出版的各种《机械设计基础》教材，并结合众多院校在实际使用过程中提出的改进意见修订而成的。

全书分两大部分，共18章。第1部分（1~7章）为机械设计基础课程设计指导，以一级、二级圆柱齿轮减速器的设计为例，系统地介绍了机械传动装置的设计内容、设计步骤、设计方法及注意事项，并配有一定的设计选题。第2部分（8~18章）为机械设计常用资料，介绍了有关机械设计的常用标准和规范。

本书为《机械设计基础》的配套教材，主要用于机械设计基础课程设计。本书适用于工科院校近机械类、非机械类的本科生，以及高职院校机械类的学生，也可供从事机械设计工作的工程技术人员参考。

图书在版编目（CIP）数据

机械设计基础课程设计/任秀华，张超，秦广久主编. —3版. —北京：机械工业出版社，2020.8（2024.8重印）

普通高等教育机电类系列教材

ISBN 978-7-111-66270-9

Ⅰ.①机… Ⅱ.①任… ②张… ③秦… Ⅲ.①机械设计-课程设计-高等学校-教材 Ⅳ.①TH122-41

中国版本图书馆CIP数据核字（2020）第140537号

机械工业出版社（北京市百万庄大街22号 邮政编码100037）
策划编辑：刘小慧 责任编辑：刘小慧 赵亚敏
责任校对：郑 婕 封面设计：张 静
责任印制：常天培
天津光之彩印刷有限公司印刷
2024年8月第3版第7次印刷
184mm×260mm · 13.75印张 · 1插页 · 343千字
标准书号：ISBN 978-7-111-66270-9
定价：39.80元

电话服务 网络服务
客服电话：010-88361066 机 工 官 网：www.cmpbook.com
010-88379833 机 工 官 博：weibo.com/cmp1952
010-68326294 金 书 网：www.golden-book.com
封底无防伪标均为盗版 机工教育服务网：www.cmpedu.com

前言

本书是在第2版的基础上，根据“高等教育面向21世纪教学内容和课程体系改革计划”和教育部高等学校机械基础课程教学指导委员会制定的《高等学校机械设计、机械设计基础课程教学基本要求》，并配合当前出版的各种《机械设计基础》教材修订而成的，是《机械设计基础》的配套教材，主要用于机械设计基础课程设计。本书适用于工科院校近机械类、非机械类的本科生，也适用于高职院校机械类的学生。

基于党的二十大报告中提出的“坚持为党育人、为国育才，全面提高人才自主培养质量”“培养造就大批德才兼备的高素质人才，是国家和民族长远发展大计。”的要求，本书在讲授专业基础理论知识的同时，以二维码的形式引入了多个课程思政视频，旨在增强学生的自信心和创造力，促进学生活跃思维、敢于创新，培养学生的自立自强意识以及大国工匠精神，实现全方位育人。

本书以一级、二级圆柱齿轮减速器的设计为例，根据课程设计的进程和需要，编写了减速器的构造、课程设计指导书、设计资料、参考图例及设计题目。

本书的主要特点是：

1）充分吸纳了近年来一些院校“机械设计基础”课程的教学经验和教学方法，教材内容取材合理、层次简明、文字精练，便于教师教学和学生学习。

2）采用了机械设计常用的国家和有关行业的现行标准。

3）参考图例全部按照现行标准绘制，结构和视图清晰明了。

4）在第2版的基础上，对有关的文字与列表等做了必要的修改和内容的增删。

5）针对近机械类、非机械类学生的特点，增加了“工程制图”螺纹连接件及其连接、圆柱齿轮传动的规定画法；在减速器结构设计方面做了较详细的叙述；补充了“极限与配合”“几何公差”“表面粗糙度”“渐开线圆柱齿轮精度”的相关知识。

本书由山东建筑大学任秀华、张超、秦广久担任主编，长春光华学院赵京鹤、鲁东大学王昕彦担任副主编。参加编写的有山东建筑大学徐楠、山东交通学院刘爱华。

本书由北京信息科技大学王科社教授审阅，并提出了许多宝贵意见，在此向他表示衷心的感谢。

本书在编写过程中，参考了书后所列的参考文献，在这里谨向各参考文献的作者表示衷心的感谢。

由于编者水平有限，书中难免存在疏漏和不足之处，敬请广大读者批评指正。

编　者

目录

第2部分 机械设计常用资料

第1部分

机械设计基础课程设计指导

第1章
总论

1.1 课程设计的目的和内容

1.1.1 课程设计的目的

机械设计基础课程设计是“机械设计基础”课程的最后一个教学环节，也是高等院校相关专业学生第一次较全面的设计能力训练。其目的是：

1）课程设计可以使学生综合运用机械设计基础及有关先修课程的知识，起到巩固、深化、融会贯通及扩展有关机械设计方面知识的作用。

2）通过课程设计实践，培养学生分析和解决工程实际问题的能力，进一步学习设计技能，从而正确掌握设计机械零件、机械传动装置或简单机械的一般设计方法和步骤。

3）通过课程设计，学会运用标准、规范、手册、图册，查阅有关技术资料等，培养学生工程设计的基本技能，树立正确的设计思想和严谨的工作作风。

1.1.2 课程设计的内容

课程设计的选题通常选择一般用途的机械传动装置或简单机械，如比较成熟的题目是以齿轮减速器为主的机械传动装置。确定设计题目的工作量时，应使多数学生能在规定时间内独立完成，并有时间查阅设计资料和独立思考问题。鉴于上述原因，一般选择由“机械设计基础”课程中学过的大部分零部件所组成的机械传动装置作为设计题目。

多年来的教学实践证明：采用以减速器为主体机械的机械传动装置进行机械设计基础课程设计，能较全面地达到上述目的。这是由于减速器作为一个完整而独立的部件被广泛地应用于各类机械中，其传动结构涉及了大部分通用零部件（如传动带、齿轮、蜗轮、轴、轴承、联轴器、润滑装置、箱体、螺栓等）。现以图1-1所示的带式输送机传动装置为例来说明设计的内容。

机械设计基础课程设计通常包括以下内容：

1）传动方案的分析、拟订。

2）电动机的选择、传动装置运动和动力参数的计算。

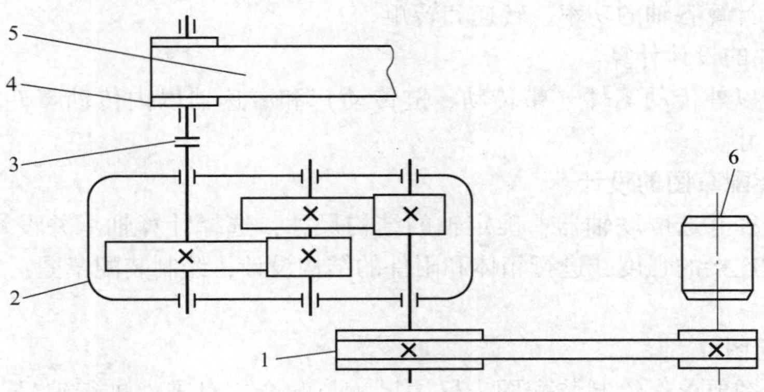

图 1-1

带式输送机传动装置

1—传动带 2—减速器 3—联轴器 4—滚筒 5—输送带 6—电动机

3）传动零件（如带传动、齿轮传动）的设计计算。

4）轴的设计。

5）滚动轴承的选择计算。

6）连接件和联轴器的选择计算。

7）箱体、润滑密封装置及附件的设计、选择。

8）装配图及零件图的绘制。

9）编写设计计算说明书。

1.1.3 工作量

根据“机械设计基础”教学大纲的规定，学生应在规定的学时（2 周或 3 周）内完成一种减速器的设计。课程设计具体工作量如下：

1）绘制减速器装配图 1 张（A0 或 A1 图纸）。

2）绘制零件图 1~2 张。

3）编写设计计算说明书 1 份（20~25 页）。

对于不同专业，由于培养目标及学时数不同，选题和设计内容及分量应有所不同。本章选列若干套设计题目，共选题时参考。

1.2 课程设计的步骤和进度

课程设计大体可按以下几个阶段进行：

1. 设计准备

对设计任务书进行详细的研究和分析，明确设计内容、条件和要求；通过减速器拆装实验、参观实物或模型，观看录像、查阅资料等方式了解设计对象；复习有关课程内容；准备好设计资料、图书及用具；拟订设计计划等。

2. 传动装置的总体设计

拟订传动装置的传动方案；选择电动机的类型、功率及转速；计算传动装置的总传动比并分配传动比；计算各轴的功率、转速和转矩。

3. 传动零件的设计计算

计算减速器以外传动零件（带传动、链传动）和减速器以内传动零件（齿轮传动等）的主要参数和尺寸。

4. 减速器装配草图的设计

初定轴的直径并选取联轴器；确定轴的结构尺寸；选择计算轴承并设计轴承的组合结构；校核轴和键连接的强度，进行箱体和附件的结构设计；绘制装配草图；装配草图的检查与修改。

5. 绘制装配图

按设计和制图要求，绘制装配图；标注尺寸与配合；对零件进行编号；编写减速器特性、技术要求、标题栏和明细栏。

6. 绘制零件图

7. 编写设计计算说明书

8. 设计总结和答辩

各阶段的工作量及课程设计进度，可参考课程设计阶段进度表（见表1-1）。

表1-1 课程设计阶段进度表

序号	设计内容	约占总设计工作量的百分比/%	完成阶段设计的参考时间
1	设计准备	3	第一天(周一)
2	传动装置的总体设计	7	第一天(周一)
3	传动零件的设计计算	8	第二天(周二)
4	减速器装配草图的设计	35	第五天(周五)
5	绘制装配图	25	第七天(下周二)
6	绘制零件图	8	第八天(下周三)
7	编写设计计算说明书	9	第九天(下周四)
8	设计总结和答辩	5	第十天(下周五)

必须指出：上述设计步骤不是一成不变的，可以根据具体情况进行适当调整。上述时间的分配仅供参考。学生课外所需时数，因人而异，不作统一规定。在每一阶段，指导教师还应酌情进行一次集体指导或上辅导课。

拓展视频

大国工匠：大任担当

1.3 课程设计的注意事项

1. 熟悉设计题目

学生在领到设计任务书后，必须先把设计任务书、课程设计指导书熟读一遍，熟悉自己设计题目的内容与要求，了解传动的特点，对整个设计有一个大致的了解。

2. 发挥独立工作能力

学生学完“机械设计基础”课程以后，已具备独立完成设计任务的条件。但是在设计过程中，学生往往产生依赖教师的思想。设计中，一旦发现问题，就立即找老师，要求给予解决，这种做法是不对的。学生应当首先独立思考，提出自己的见解，与指导教师商讨，但问题的答案应由学生自己去寻找。对设计中出现的错误，教师仅指出纠正错误的思路。设计中应提倡独立思考、深入钻研的学习精神，坚持严肃认真、一丝不苟、有错必改、精益求精的工作态度。反对不求甚解、照抄照搬、只求可用、容忍错误的做法。

3. 正确运用设计资料使设计与创新结合起来

设计者不可能凭空设想、不依靠任何资料来完成设计。设计资料是前人在理论和实践中的总结。如果能正确地运用这些资料，就可以使设计安全、可靠、省时、准确，收到良好的技术和经济效果。因此，在设计前和设计过程中，学生一定要经常翻阅并熟悉各种资料，培养运用资料的习惯和能力。但减速器的各种结构图仅供设计时参考。学生对各种结构图必须仔细地研究和比较，以明确其优、劣，正、误，取长补短，改进设计并创造性地进行设计，切忌盲目照抄。

4. 正确处理计算与画图的关系

设计时，有些零件可以先计算尺寸，再画图决定结构。还有一些零件，则需要先画图，以取得计算所需的条件。例如，设计轴时，常由画图来决定支点、受力点的位置。由此画出弯矩图，然后进行轴的强度计算。根据计算结果，有可能需要修改草图。因此，计算和画图不能截然分开，而是互相依赖、互相补充、交叉进行的。设计时，应贯彻“边画、边算、边修改”的“三边设计法”。如出现设计不合理的地方，就需要及时加以修改。不要认为修改是浪费时间。实际上，产品的设计质量常常要经过多次修改才能得到提高。

5. 及时检查和整理计算结果

设计开始时，就应准备一本稿纸，把设计过程中所有计算和考虑的问题都写上，以便随时检查、修改和保存。千万不要用零散稿纸，以免因散失而重新演算。设计中遇到的问题和解决问题的方法，以及从有关参考书中摘录的资料，也应及时写在这本稿纸上，使各种问题及其答案都有根据，理由充分。这样在最后编写设计计算说明书时，可以节省很多时间。

6. 全面综合地考虑问题

一提设计，学生往往只重视理论计算，轻视结构设计，这是不对的。只有全面、综合地把加工、装配、工艺、维修、润滑等各种因素都考虑周全，才能使设计具有设计生产的价值。

7. 注重标准和规范的采用

为提高设计质量和降低设计成本，必须注意采用各种标准和规范，这也是评价设计质量的一项重要指标。在设计中，应严格遵守和执行国家标准、部颁标准及行业规范。对于非标准的数据，也应尽量修整成标准数列或选用优先数列。

1.4 课程设计的选题

设计题目 1 带式输送机传动装置的设计

带式输送机主要是通过输送带完成机器零、部件或散粒物料（如谷物、型砂、煤等）的运送，其工作装置如图 1-2 所示。

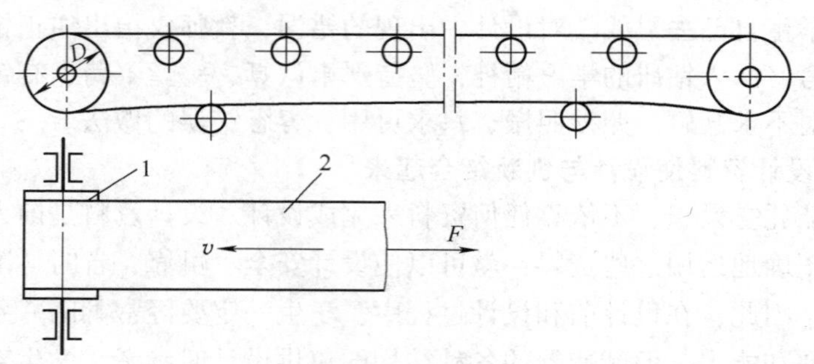

图1-2 动画

图1-2

带式输送机工作装置

1—卷筒 2—输送带

1. 设计参数（见表1-2、表1-3）

表1-2 带式输送机设计参数（一）

题号	1	2	3	4	5	6	7	8	9	10
输送带速度 v/(m/s)	1.4	1.6	1.5	1.3	1.2	1.85	1.7	1.75	1.95	2.0
输送带工作拉力 F/kN	2.3	2.0	2.2	2.4	2.5	2.4	2.6	2.5	2.3	2.2
卷筒直径 D/mm	350	400	350	300	300	450	400	400	450	450

表1-3 带式输送机设计参数（二）

题号	1	2	3	4	5	6	7	8	9	10
输送带速度 v/(m/s)	1.8	1.6	1.6	1.8	1.7	0.8	0.7	0.9	0.65	0.75
输送带工作拉力 F/kN	2.5	2.8	2.7	2.4	2.6	7	8.2	6.5	8.5	7.5
卷筒直径 D/mm	450	400	400	450	400	350	400	350	300	400

2. 工作条件

该机在室内工作，单向运转，工作时有轻微振动，采用两班制。输送带速度允许误差为±5%。使用期限为10年，大修期为3年。在中小型机械厂中进行小批量生产。

3. 参考传动方案（见图1-1、图1-3）

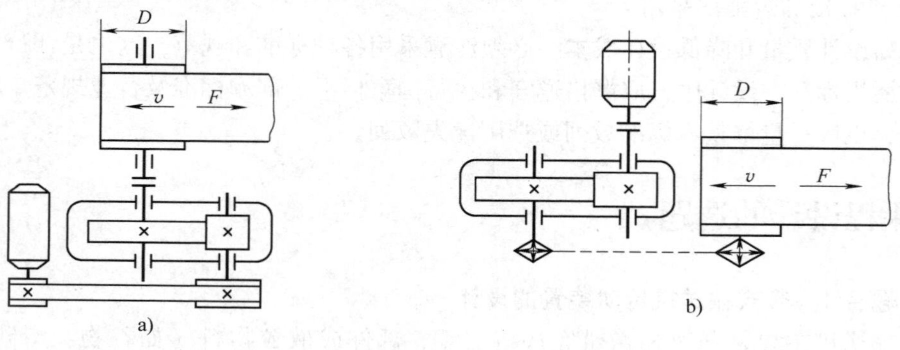

图1-3

带式输送机传动方案

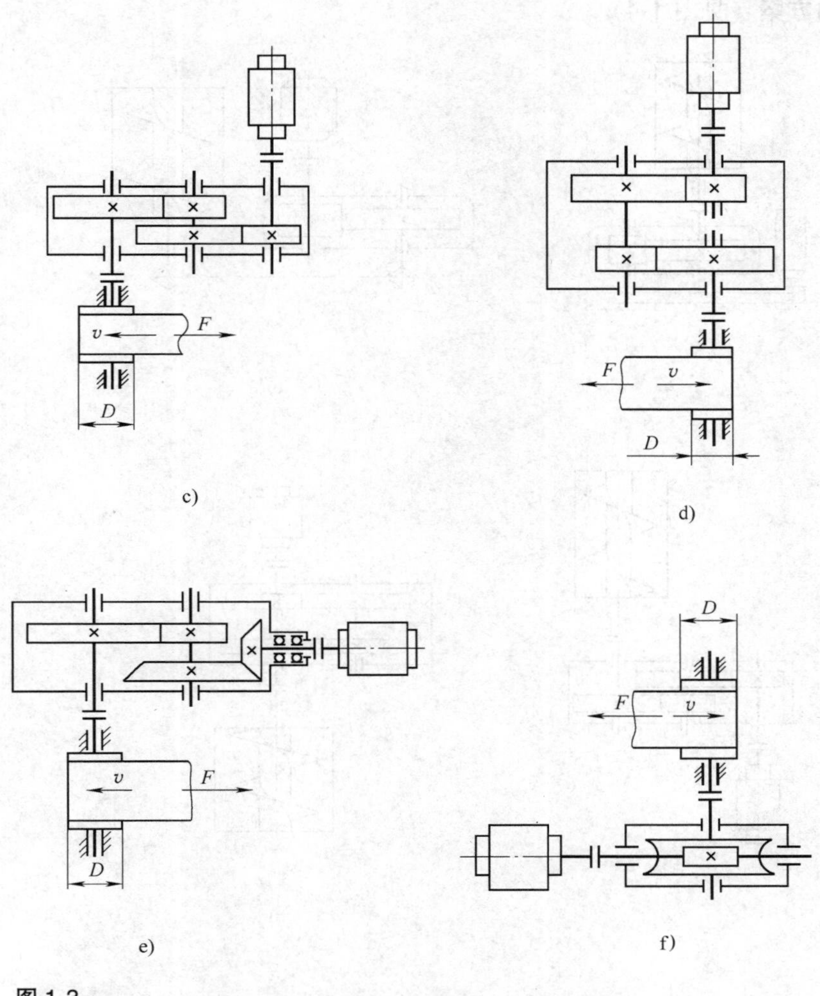

图 1-3

带式输送机传动方案（续）

设计题目 2　螺旋输送机传动装置的设计

螺旋输送机主要完成如砂、灰、谷物、煤粉等散状物料的输送。

1. 设计参数（见表 1-4）

表 1-4　螺旋输送机设计参数

题　号	1	2	3	4	5	6	7	8
输送机主轴功率 P/kW	4.2	4.1	4.3	6	5.8	5.9	8.5	8
输送机主轴转速 n/（r/min）	110	100	120	100	90	110	120	90

2. 工作条件

该机在室内工作，单向运转，载荷平稳。主轴转速允许误差为±7%，每天工作 8h，使用期限为 12 年，大修期为 3 年。在中小型机械厂进行中等批量生产。

3. 参考传动方案（见图 1-4）

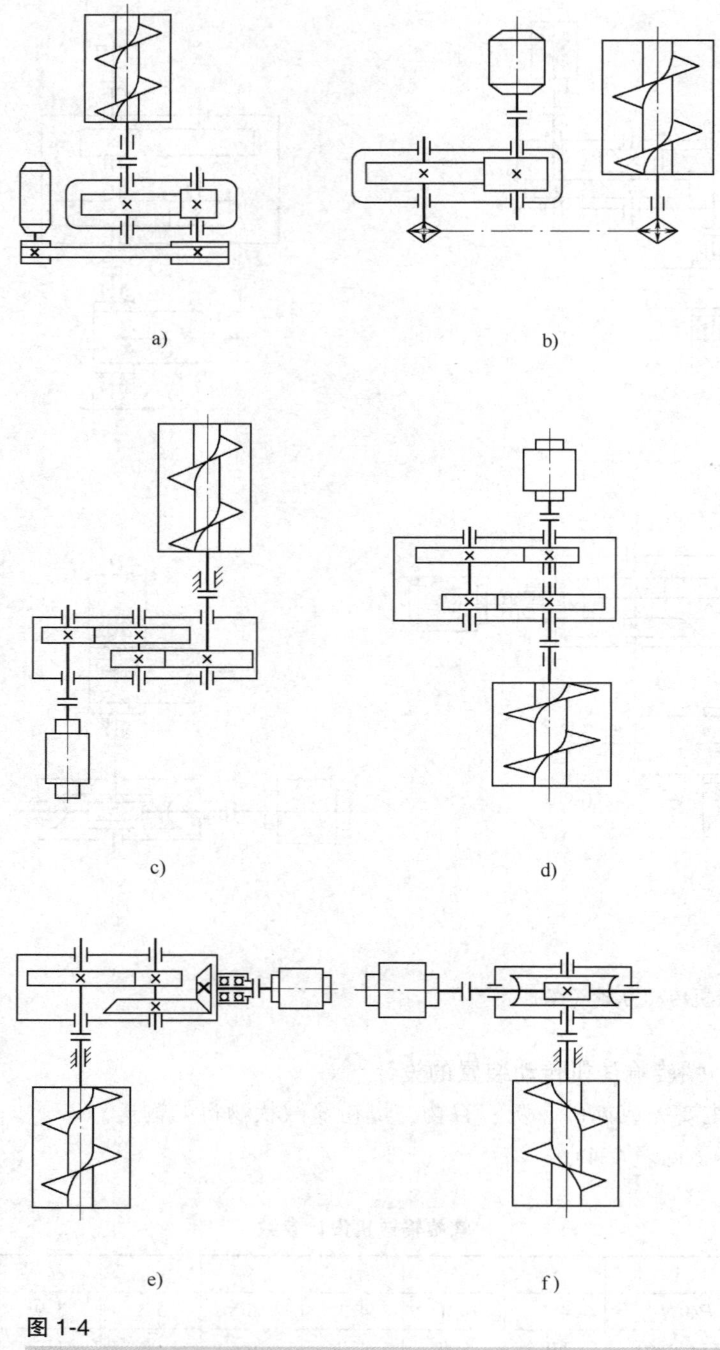

图 1-4

螺旋输送机传动方案

设计题目 3　卷扬机传动装置的设计

卷扬机主要用于将砖、砂石等物料提升到一定高度，其工作装置如图 1-5 所示。

1. 设计参数（见表 1-5）

表 1-5 卷扬机设计参数

题 号	1	2	3	4	5	6	7	8
钢丝绳工作拉力 F/kN	11	17	14	16	12	24	23	26
钢丝绳速度 v/(m/s)	0.5	0.3	0.4	0.35	0.45	0.35	0.35	0.3
卷筒直径 D/mm	250	300	400	350	300	400	350	450

注：电动机基准载荷持续率 FC 为 40%~60%。

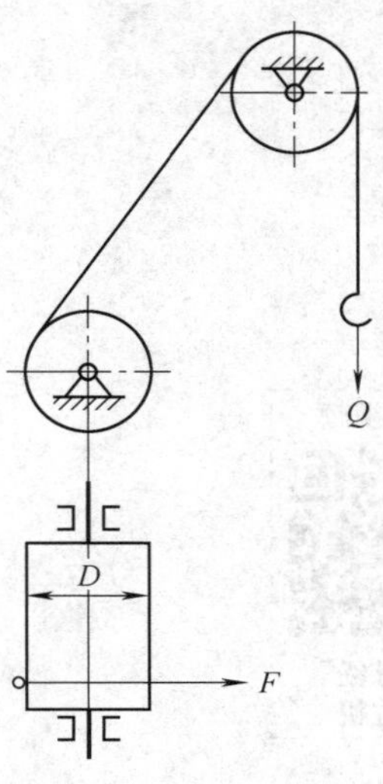

图 1-5
卷扬机工作装置

2. 工作条件

该机在室外工作，灰尘较大，双向运转，可断续工作，工作时有轻微振动，采用两班制。钢丝绳速度允许误差为±5%。使用期限为 8 年，大修期为 2 年。在专门工厂中进行小批量生产。

3. 参考传动方案（见图 1-6，图 1-6a、b、c 带棘轮制动）

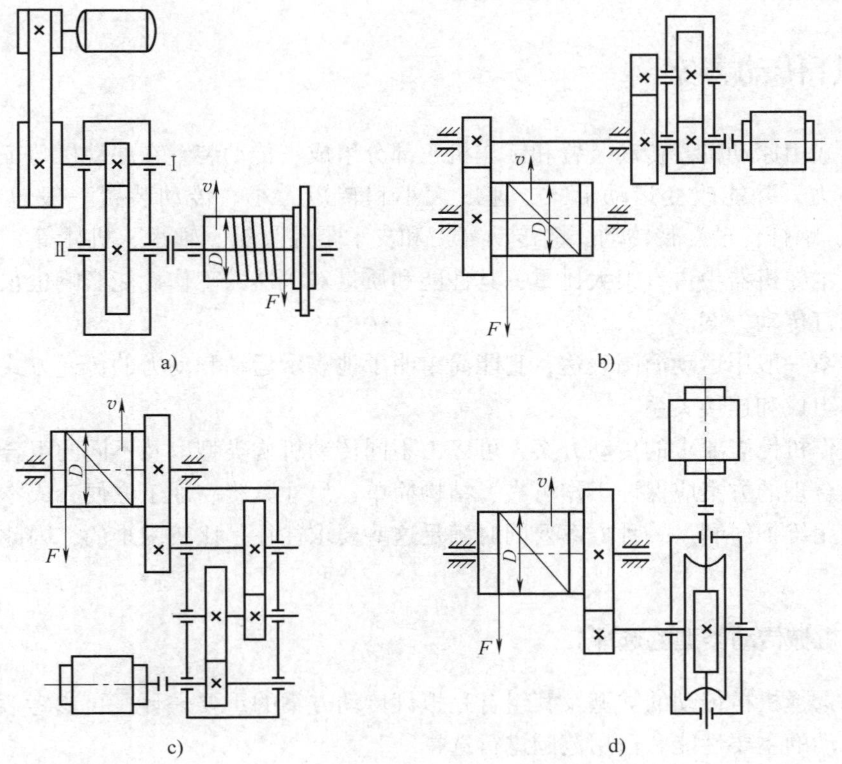

图 1-6
卷扬机传动方案

第2章 传动装置的总体设计

传动装置总体设计的目的是拟订传动方案、选定原动机、确定总传动比和合理分配各级传动比及计算传动装置的运动和动力参数，为设计计算各级传动零件和装配图设计准备条件。传动装置总体设计一般按下列步骤进行。

2.1 拟订传动方案

机器一般由原动机、传动装置和工作机三部分组成。传动装置在原动机与工作机之间传递运动和动力，并能改变运动形式、速度大小和转矩大小。传动装置一般包括传动零件（齿轮传动、蜗杆传动、带传动、链传动等）和支承零件（轴、轴承、机体等）两部分。它的重量和成本在机器中占有很大比重，其性能和质量对机器的工作性能影响也很大。因此应当合理地拟订传动方案。

传动方案一般用运动简图表达，它能简单明了地表示运动和动力的传递方式和路线，以及各部件的组成和连接关系。

满足工作机性能要求的传动方案，可以由不同传动机构类型以及不同的组合形式和布置顺序构成。合理的方案应保证工作可靠、结构简单、尺寸紧凑、加工方便、成本低廉、传动效率高和使用维护便利。一种方案要同时满足这些要求往往是比较困难的，因此要保证满足重点要求。

2.1.1 机械传动类型的选择

分析和选择机械传动的类型及其组合是拟订传动方案的重要一环，可参考表 2-1 所列的常用机械传动的主要性能和适用范围进行选择。

当采用多级传动时，合理安排和布置传动顺序是拟订传动方案的另一个重要环节。传动类型的选择一般应考虑以下几点：

1）带传动的承载能力较小，传递相同转矩时结构尺寸较其他传动形式大，但传动平稳，能缓冲减振，因此宜布置在高速级（转速较高，传动相同功率时转矩较小）。

2）链传动运转不均匀、有冲击，不适于高速传动，应布置在低速级。

3）蜗杆传动可以实现较大的传动比，结构紧凑，传动平稳，还可实现反向自锁，但承载能力较齿轮传动低，且效率较低。常将蜗杆传动布置在传动系统的高速级，以获得较小的结构尺寸，并有利于润滑油膜的形成，提高承载能力和传动效率。

4）锥齿轮加工较困难，特别是大直径、大模数的锥齿轮，所以只有在需要改变轴的布置方向时采用，并尽量放在高速级和限制传动比，以减小锥齿轮的直径和模数。

5）斜齿轮传动的平稳性较直齿轮传动好，常用在高速级或要求传动平稳的场合。

6）开式齿轮传动的工作环境较差，润滑条件不好，磨损较严重，寿命较短，应布置在低速级。

表 2-1　常用机械传动的主要性能和适用范围

选用指标		平带传动	V 带传动	链传动	齿轮传动		蜗杆传动
					圆　柱	圆　锥	
功率（常用值）P/kW		小 （≤20）	中 （≤100）	中 （≤100）	大 （最大达 50000）		小 （≤50）
单级传动比	常用值	2~4	2~4	2~5	3~5	2~3	7~40
	最大值	6	15	10	10	6~10	80
传动效率 η		中	中	中	高		低
许用线速度 v/(m/s)		≤25	≤25~30	≤40	6 级精度 ≤15~25 7 级精度 ≤10~17 8 级精度 ≤5~10	 ≤9 ≤6 ≤3	≤15~25
外廓尺寸		大	大	大	小		小
传动精度		低	低	中	高		高
工作平稳性		好	好	较差	一般		好
自锁能力		无	无	无	无		可有
过载保护作用		有	有	无	无		无
使用寿命		短	短	中	长		中
缓冲吸振能力		好	好	中	差		差
要求制造及安装精度		低	低	中	高		高
要求润滑条件		不需要	不需要	中	高		高
环境适应性		不能接触酸、碱、油类、爆炸性气体		好	一般		一般

7）一般采用常用机构（如螺旋传动、连杆机构、凸轮机构）来改变运动形式，这些机构常作为工作机的执行机构，因此布置在传动系统的最后一级。常用机构的特点和应用见表 2-2。

如果课程设计任务书中已经给出传动方案，学生则应分析这种方案的特点，也可以提出改进意见。

表 2-2　常用机构的特点和应用

运动形式	传动机构	特点和应用
间歇回转	槽轮机构	运转平稳，工作可靠，结构简单，效率较高。多用于实现不需经常调节转位角度的转位运动
	棘轮机构	常与连杆机构或凸轮机构组合使用，冲击较大，但转位角易调节。多用于转位角小于45°或转角大小常需要调节的低速间歇回转
往复直线运动	连杆机构	常用曲柄滑块机构，结构简单，制造容易，能传递较大载荷，耐冲击，但不宜高速。多用于对构件起始和终止有精确位置要求而对运动规律要求不严的场合
	凸轮机构	结构较紧凑，在往复移动中易于实现复杂的运动规律，如控制阀门的起闭。行程不能过大，凸轮工作面单位压力不能过大，重载容易磨损
	螺旋机构	工作平稳，可获得精确的位移量，易于自锁，特别适用于高速回转变为缓慢移动的场合。但效率低，不宜长期连续运转。往复可在任意时刻进行，无一定冲程
	齿轮齿条机构	结构简单紧凑，效率高，易于获得大行程。适用于移动速度较高的场合，但传动平稳性和精度不如螺旋机构
	绳传动	传递长距离直线运动最轻便。适用于起升重物的上下升降运动
往复摆动	连杆机构	常用曲柄摇杆机构或双摇杆机构，特点和适用场合与往复直线运动的连杆机构相同
	凸轮机构	特点和适用场合与往复直线运动的凸轮机构相同
	齿条齿轮机构	当齿条往复移动时可带动齿轮往复摆动。结构简单、紧凑、效率高。齿条的往复移动可由曲柄滑块机构获得，也可由气缸、液压缸活塞杆的往复移动获得
曲线运动	连杆机构	用实验方法、解析优化设计方法或连杆曲线图谱而获得近似连杆曲线
振动	凸轮机构	适用于中等频率、中等载荷的场合
	连杆机构	适用于频率较低、载荷较大的场合
	旋转偏重惯性机构	适用于频率较高、振幅不大且随载荷增大而减小的场合
	偏心轴强制振动机构	利用偏心轴强制振动。适用于频率较高、振幅不大且固定不变、工作稳定可靠的场合。由于偏心轴固定轴承受往复冲击，因而易损坏

2.1.2　减速器类型的选择

减速器具有传动比固定、结构紧凑、机体封闭并有较大刚度、传动可靠等特点，因而在传动装置中被广泛采用。一般情况下应尽量选用标准减速器。但在传动装置、结构尺寸、功率、传动比等方面有特殊要求，由标准不能选出时，需要自行设计制造。为了便于合理选择减速器，故将几种常用减速器的类型、特点及应用列于表2-3中，供选型时参考。

表 2-3　常用减速器的类型、特点及应用

类型	简图	推荐传动比	特点及应用
单级圆柱齿轮减速器		3~5	轮齿可为直齿、斜齿或人字齿。箱体通常用铸铁铸造，也可用钢板焊接而成。轴承常用滚动轴承，只有在重载或特高速时才用滑动轴承

（续）

类型		简图	推荐传动比	特点及应用
双级圆柱齿轮减速器	展开式	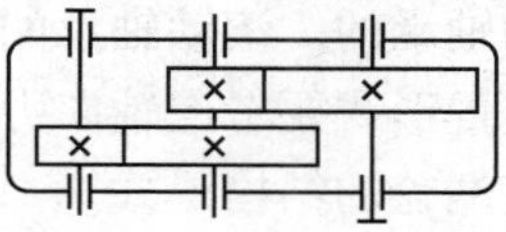	8~40	高速级常为斜齿，低速级可为直齿或斜齿。由于齿轮相对轴承布置不对称，要求轴的刚度较大，并使转矩输入、输出端远离齿轮，以减少因轴的弯曲变形而引起载荷沿齿宽分布不均匀。结构简单，应用最广
	分流式	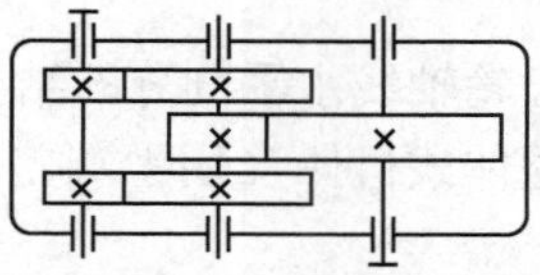		一般采用高速级分流。由于齿轮相对轴承布置对称，因此齿轮和轴承受力较均匀。为了使轴上总的轴向力较小，两对齿轮的螺旋线方向应相反。结构较复杂，常用于大功率、变载荷的场合
	同轴式	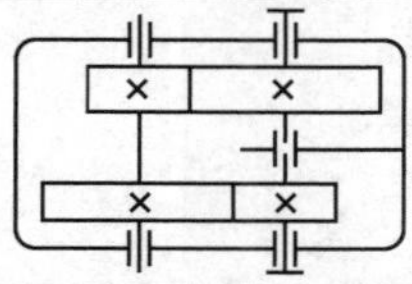		减速器的轴向尺寸较大，中间轴较长，刚度较差。当两个大齿轮浸油深度相近时，高速级齿轮的承载能力不能充分发挥。常用于输入轴和输出轴同轴线的场合
单级锥齿轮减速器		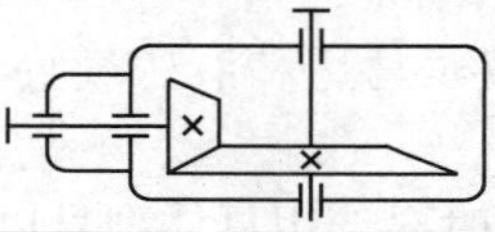	2~4	传动比不宜过大，以减小锥齿轮的尺寸，利于加工。仅用于两轴线垂直相交的传动中
圆锥、圆柱齿轮减速器		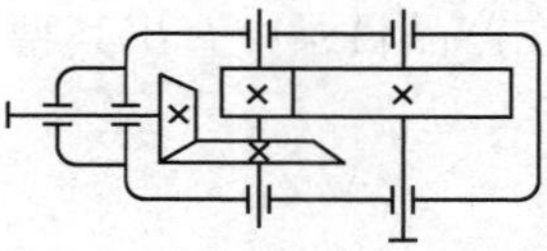	8~15	锥齿轮应布置在高速级，以减小锥齿轮的尺寸。锥齿轮可为直齿或曲线齿。圆柱齿轮多为斜齿，使其能与锥齿轮的轴向力抵消一部分
蜗杆减速器		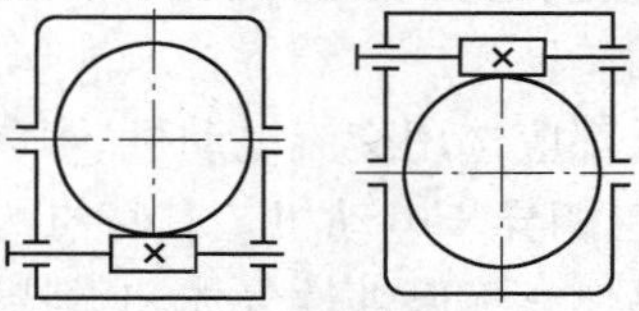	10~80	结构紧凑，传动比大，但传动效率低，适用于中、小功率，间隙工作的场合。当蜗杆圆周速度 $v \leqslant 4 \sim 5\mathrm{m/s}$ 时，蜗杆为下置式，润滑冷却条件较好；当 $v > 4 \sim 5\mathrm{m/s}$ 时，油的搅动损失较大，一般蜗杆为上置式
蜗杆、齿轮减速器		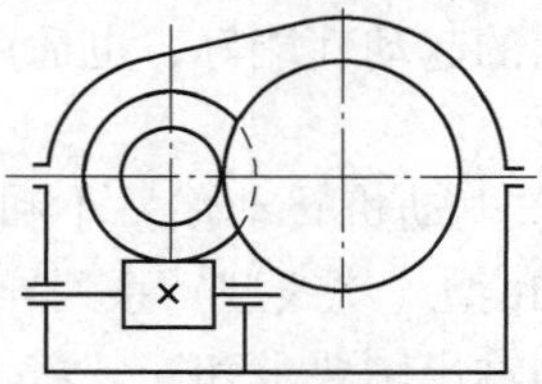	60~90	传动比大，结构紧凑，但效率低

2.1.3 初步确定减速器结构和零部件类型

在了解减速器结构的基础上，根据工作条件要求，初步确定以下内容：

1. 选定减速器传动级数

传动级数根据工作机转速要求，由传动件类型、传动比以及空间位置和尺寸要求而定。例如对圆柱齿轮传动，为了减小结构尺寸和重量，当减速器传动比 $i>8$ 时，宜采用二级以上的传动形式。

2. 确定传动件布置形式

没有特殊要求时，轴线尽量采用水平布置（卧式减速器）。对于二级圆柱齿轮减速器，由传递功率的大小和轴线布置要求来决定是采用展开式、分流式还是同轴式。蜗杆减速器的蜗杆位置是上置还是下置，由蜗杆圆周速度的大小来决定。

3. 初选轴承类型

一般减速器都采用滚动轴承，大型减速器也有用滑动轴承的。滚动轴承的类型由载荷和转速等要求决定。蜗杆轴受较大轴向力，其轴承类型及布置形式要考虑轴向力的大小。选择轴承时还要考虑轴承的调整、固定、润滑和密封，并确定端盖的结构形式。

4. 决定减速器机体结构

通常在没有特殊要求时，齿轮减速器机体都采用沿齿轮轴线水平剖分的结构，以便于装配。蜗杆减速器的机体可以沿蜗轮轴线剖分，也可以是整体式机体（用大端盖）结构。

5. 选择联轴器类型

高速轴常用弹性联轴器，低速轴常用可移式刚性联轴器。

拓展视频

第一台国产电动轮自卸车

2.2 原动机的选择

常用原动机可分为四大类型，即电动机、内燃机、液压马达和液压气缸等，如无特殊要求，常选用电动机作为原动机。

电动机是由专门工厂进行批量生产的标准部件，设计时要选用具体型号以便购置。选择电动机包括确定类型、结构、容量（功率）和转速，并在产品目录中查出其型号和尺寸。

2.2.1 选择电动机类型和结构形式

电动机分为交流电动机和直流电动机两种。由于直流电动机需要直流电源，结构较复杂，价格较高，维护不便，因此无特殊要求时不宜采用。

工业上一般用三相交流电源，因此，如无特殊要求都应选用交流电动机。其中，三相异步电动机应用最多，常用的有 YX3、YE2 或 YE3 系列三相异步电动机。其特点为结构简单、效率高、工作可靠、价格低廉、维护方便，适用于不易燃、无腐蚀性气体和无特殊要求的机械，如金属切削机床、运输机、风机、搅拌机等。由于它的起动性能好，也适用于某些要求起动转矩较高的机械，如压缩机等。

在经常起动、制动和反转的场合（如起重机等），要求电动机转动惯量小和过载能力大，应选用起重及冶金用三相异步电动机 YZ 型（笼型）或 YZR 型（绕线型）系列异步电动机。

电动机除按功率、转速排成系列之外，为适应不同的输出轴要求和安装需求，电动机机体又有几种安装结构型式。根据不同的防护要求，电动机结构还有开启式、防护式、封闭式和防爆式等区别。电动机的额定电压一般为 380V。

电动机类型要根据电源种类（交流或直流），工作条件（温度、环境、空间位置尺寸等），载荷特点（变化性质、大小和过载情况），起动性能和起动、制动、反转的频繁程度，转速高低和调速性能要求等条件来确定。近年来，出现了很多节能电动机，可根据市场的供应情况、价格因素等酌情选用。

2.2.2 确定电动机的容量

电动机容量（额定功率）的选择是否合适直接影响到电动机的工作效率和经济性。容量小于工作要求，就不能保证工作机的正常工作，或使电动机长期过载而过早损坏；容量过大则电动机价格高，能力不能被充分利用，由于经常在不满载状态下运行，效率和功率因数都较低，增加电能消耗，造成很大浪费。

电动机的容量主要根据电动机运行时的发热条件来决定。电动机的发热与其运行状态有关。对于长期连续运转、载荷不变或变化很小、常温下工作的机械，只有所选电动机的额定功率 P_{ed} 等于或稍大于工作机所需的电动机功率 P_d，即 $P_{ed} \geqslant P_d$，电动机在工作时才不会过热，通常可以不必校验发热和起动力矩。其具体计算步骤如下：

1. 计算工作机所需功率

工作机所需功率 P_w 应由机器的工作阻力和运动参数确定。课程设计中，可由设计任务书中给定的工作机参数（F、v、T_w、n_w）按下式计算

$$P_w = \frac{Fv}{1000} \tag{2-1}$$

或

$$P_w = \frac{T_w n_w}{1000} \tag{2-2}$$

式中　P_w——工作机所需的功率（kW）；

F——工作机的工作阻力（N）；

v——工作机的线速度（m/s）；

T_w——工作机的转矩（N·m）；

n_w——工作机的转速（r/min）。

2. 计算电动机所需功率 P_d

$$P_d = \frac{P_w}{\eta} \tag{2-3}$$

式中　η——传动装置的总效率，它等于组成传动装置的各部分运动副效率的乘积，即

$$\eta = \eta_1 \eta_2 \eta_3 \cdots \eta_n \tag{2-4}$$

式中，η_1，η_2，η_3，…，η_n 分别为每一传动副（齿轮、蜗杆、带或链）、每对轴承、每个联轴器及卷筒等的效率。传动副的效率数值可按表 8-20 选取。

计算总效率时要注意以下几点：

1）在资料中查到的效率数值为一个范围时，一般可取中间值，如工作条件差、加工精度低、用润滑脂润滑或维护不良时则取低值，反之取高值。

2）同类型的几对传动副、轴承或联轴器，要分别考虑效率。如有两级同类齿轮传动副时效率为 $\eta_{齿} \cdot \eta_{齿} = \eta_{齿}^2$。

3）轴承效率均指一对轴承而言。

3. 确定电动机额定功率 P_{ed}

根据 P_d 值，按 $P_{ed} \geqslant P_d$ 的要求，从第 17 章有关电动机标准中选择相应的电动机型号。

2.2.3　确定电动机的转速

容量相同的同类型电动机，有几种不同的转速系列供使用者选择，如三相异步电动机常用的有四种转速，即 3000r/min、1500r/min、1000r/min、750r/min（相应的电动机转子的极对数为 2、4、6、8）。同步转速为由电流频率与极对数而定的磁场转速。电动机空载时才能

达到同步转速，负载时的转速都低于同步转速。

低转速电动机的极对数多，转矩也大，因此外廓尺寸及重量都较大，价格较高，但可以使传动装置的总传动比较小，使传动装置的体积、重量较小；高转速电动机则相反。因此确定电动机转速时要综合考虑，分析比较电动机及传动装置的性能、尺寸、重量、价格等因素。对YX或YE系列电动机，通常多选用同步转速为1500r/min和1000r/min的电动机。如无特殊要求，一般不选用750r/min的电动机。

为合理设计传动装置，根据电动机主动轴转速要求和各传动副的合理传动比范围，可推算出电动机的转速范围，即

$$n_d' = i' n_w = (i_1' i_2' i_3' \cdots i_n') n_w \tag{2-5}$$

式中 n_d'——电动机可选转速范围（r/min）；

i'——传动装置总传动比的合理范围；

i_1'，i_2'，i_3'，…，i_n'——各级传动副传动比的合理范围（见表2-1）；

n_w——工作机主动轴转速（r/min）。

根据选定的电动机类型、结构、容量，对电动机可选的转速进行比较，选定电动机转速后，即可在第17章中查出电动机型号、性能参数和主要尺寸。这时应将电动机型号、额定功率、满载转速、外形尺寸、电动机中心高、轴身尺寸和键连接尺寸等记下备用。

设计计算传动装置时，通常用实际需要的电动机功率 P_d。如按电动机额定功率 P_{ed} 设计，则传动装置的工作能力可能超过工作机的要求而造成浪费。有些通用设备为留有储备能力，以备发展或适应不同工作的需要，也可以按额定功率 P_{ed} 设计传动装置。传动装置的转速则可按电动机在额定功率工作时的转速 n_m（满载转速，它比同步转速低）计算，这一转速与实际工作时的转速相差不大。

2.3 传动装置的总传动比的计算和分配

由选定的电动机满载转速 n_m 和工作机主动轴转速 n_w，可得传动装置总传动比为

$$i = \frac{n_m}{n_w} \tag{2-6}$$

总传动比为各级传动比 i_1、i_2、i_3、…、i_n 的乘积，即

$$i = i_1 i_2 i_3 \cdots i_n \tag{2-7}$$

分配总传动比，即各级传动比如何取值，是设计中的重要问题。传动比分配得合理，可使传动装置得到较小的外廓尺寸和较轻的重量，以实现降低成本和结构紧凑的目的；也可以使传动零件获得较低的圆周速度以减小运动载荷或降低传动精度等级；还可以得到较好的润滑条件。要同时达到这几方面的要求比较困难，因此应按设计要求考虑传动比分配方案，满足某些主要要求。

分配传动比时应考虑以下原则：

1）各级传动的传动比应在合理范围内（见表2-1），不超过允许的最大值，以符合各种传动形式的工作特点，并使结构比较紧凑。

2）应注意使各级传动零件尺寸协调，结构匀称合理。例如，由带传动和单级圆柱齿轮减速器组成的传动装置中，一般应使带传动的传动比小于齿轮传动的传动比，如果带传动的

传动比过大，就有可能使大带轮半径大于减速器中心高，使带轮与地基相碰，即 $d_a/2>H$（见图 2-1），造成安装不便。又如图 2-2 所示的二级齿轮减速器中，由于高速级传动比过大，致使高速级大齿轮与低速轴相碰。

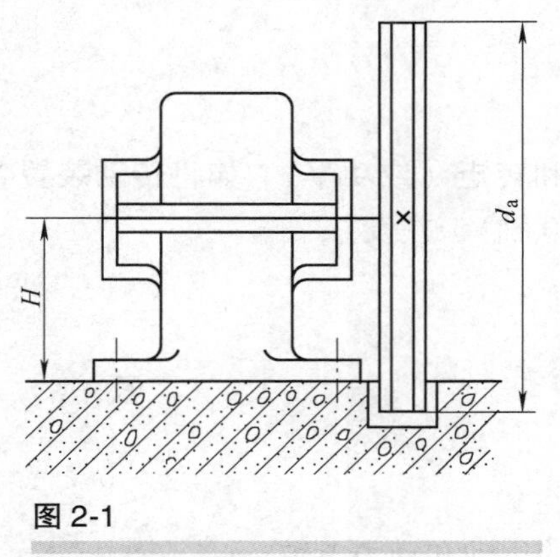

图 2-1

带轮与地基相碰

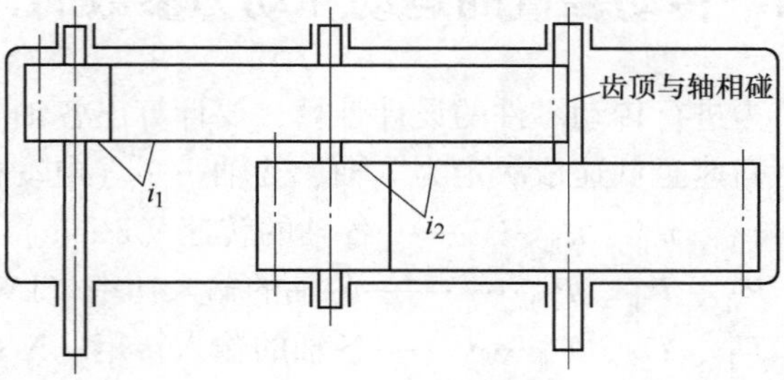

齿顶与轴相碰
i_1
i_2

图 2-2

高速级大齿轮与低速轴相碰

3）尽量使传动装置外廓尺寸紧凑或重量较小。如图 2-3 所示的二级齿轮减速器，在总中心距和总传动比相同时，粗实线所示方案（高速级传动比 $i_1=5.51$，低速级传动比 $i_2=3.63$）具有较小的外廓尺寸，这是由于 i_2 较小时低速级大齿轮直径较小的缘故。

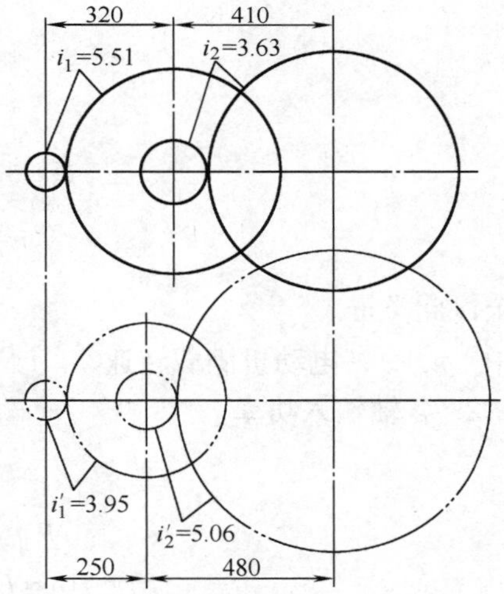

320　410
$i_1=5.51$　$i_2=3.63$
$i_1'=3.95$　$i_2'=5.06$
250　480

图 2-3

传动比分配方案比较

4）要考虑传动零件之间不会干涉碰撞。尽量使各级大齿轮浸油深度合理（即要使低速级大齿轮浸油稍深，高速级大齿轮能浸到油）。在卧式减速器设计中，希望各级大齿轮直径相近，以避免为了各级齿轮都能浸到油，而使某大齿轮浸油过深造成搅油损失增加。

对各类减速器，考虑上述某些原则，下面给出的是一些分配传动比的参考数据：

对二级展开式圆柱齿轮减速器，有

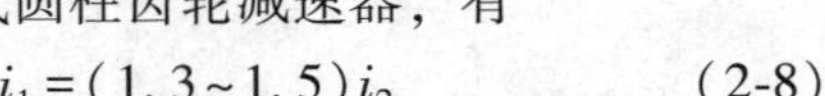

$$i_1=(1.3\sim1.5)i_2 \tag{2-8}$$

式中　i_1、i_2——高速级和低速级的传动比。若高速级采用斜齿轮传动时，i_1/i_2 取值应大一些。

对同轴式二级圆柱齿轮减速器，有

$$i_1=i_2\approx\sqrt{i} \tag{2-9}$$

二级圆柱齿轮减速器，要求获得最小的外形尺寸或最轻重量时，可参看《机械工程手册》等资料中的传动比分配方法，也可以用优化设计方法求解。

分配的各级传动比只是初步选定的数值，实际传动比要由传动零件参数准确计算，例如齿轮传动为齿数比，带传动为带轮直径比。因此，工作机的实际转速，要在传动件设计计算完成后进行核算，如不在允许误差范围内，应重新调整传动零件的参数，甚至重新分配传动比。设计要求中未规定转速的允许误差时，传动比一般允许在±(3%~5%) 范围内变化。

2.4 传动装置的运动和动力参数的计算

为进行传动零件的设计计算，要计算出各轴的转速和转矩（或功率）。如将传动装置各轴由高速至低速依次定为Ⅰ轴、Ⅱ轴……（电动机轴为0轴），并设：

n_{I}、n_{II}、n_{III}……——各轴的转速（r/min）；
P_{I}、P_{II}、P_{III}……——各轴的输入功率（kW）；
T_{I}、T_{II}、T_{III}……——各轴的输入转矩（N·m）；
$\eta_{0\mathrm{I}}$、$\eta_{\mathrm{I}\,\mathrm{II}}$、$\eta_{\mathrm{II}\,\mathrm{III}}$……——相邻两轴间的传动效率；
$i_{0\mathrm{I}}$、$i_{\mathrm{I}\,\mathrm{II}}$、$i_{\mathrm{II}\,\mathrm{III}}$……——相邻两轴间的传动比。

则可按电动机轴至工作机运动传递路线推算，得到各轴的运动和动力参数。

1. 各轴转速

$$n_{\mathrm{I}}=\frac{n_{\mathrm{m}}}{i_{0\mathrm{I}}} \tag{2-10}$$

$$n_{\mathrm{II}}=\frac{n_{\mathrm{I}}}{i_{\mathrm{I}\,\mathrm{II}}}=\frac{n_{\mathrm{m}}}{i_{0\mathrm{I}}\,i_{\mathrm{I}\,\mathrm{II}}} \tag{2-11}$$

$$n_{\mathrm{III}}=\frac{n_{\mathrm{II}}}{i_{\mathrm{II}\,\mathrm{III}}}=\frac{n_{\mathrm{m}}}{i_{0\mathrm{I}}\,i_{\mathrm{I}\,\mathrm{II}}\,i_{\mathrm{II}\,\mathrm{III}}} \tag{2-12}$$

其余以此类推。

式中 n_{m}——电动机满载转速。

2. 各轴输入功率

$$P_{\mathrm{I}}=P_{\mathrm{d}}\eta_{0\mathrm{I}} \tag{2-13}$$

$$P_{\mathrm{II}}=P_{\mathrm{I}}\eta_{\mathrm{I}\,\mathrm{II}}=P_{\mathrm{d}}\eta_{0\mathrm{I}}\eta_{\mathrm{I}\,\mathrm{II}} \tag{2-14}$$

$$P_{\mathrm{III}}=P_{\mathrm{II}}\eta_{\mathrm{II}\,\mathrm{III}}=P_{\mathrm{d}}\eta_{0\mathrm{I}}\eta_{\mathrm{I}\,\mathrm{II}}\eta_{\mathrm{II}\,\mathrm{III}} \tag{2-15}$$

其余以此类推。

式中 P_{d}——电动机所需要的输出功率。

3. 各轴输入转矩

$$T_{\mathrm{I}}=9550\,\frac{P_{\mathrm{I}}}{n_{\mathrm{I}}} \tag{2-16}$$

$$T_{\mathrm{II}}=9550\,\frac{P_{\mathrm{II}}}{n_{\mathrm{II}}} \tag{2-17}$$

$$T_{\mathrm{III}}=9550\,\frac{P_{\mathrm{III}}}{n_{\mathrm{III}}} \tag{2-18}$$

其余以此类推。

[例 2-1]

图 2-4 所示为带式输送机的传动方案。已知运输带的卷筒直径 $D=400\text{mm}$，有效拉力 $F=3000\text{N}$，速度 $v=1.5\text{m/s}$，运输带单向运转，载荷变化不大，三相交流电源，电压为 380V。试选择电动机，分配传动比，计算各轴的运动和动力参数。

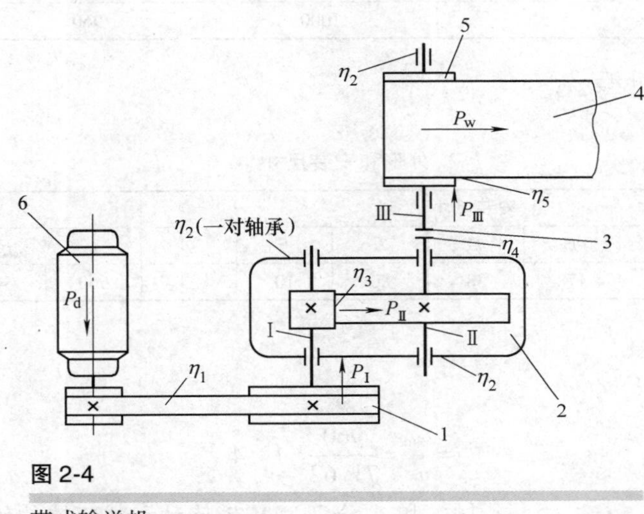

图 2-4

带式输送机

1—带传动　2—减速器　3—联轴器　4—输送带

5—滚筒　6—电动机

解：1. 选择电动机

1）选择 YX3 系列三相异步电动机。

2）电动机的容量。由电动机至工作机的总传动效率：$\eta=\eta_1\eta_2^3\eta_3\eta_4\eta_5$。

式中各部分效率由表 8-20 查得：普通 V 带的效率 $\eta_1=0.96$，一对滚动轴承的效率 $\eta_2=0.99$（初选球轴承），闭式齿轮传动效率 $\eta_3=0.97$（初定 8 级精度），滑块联轴器的效率 $\eta_4=0.97$，卷筒传动的效率 $\eta_5=0.96$。

总效率为

$$\eta=0.96^2\times0.99^3\times0.97^2=0.84$$

电动机所需功率为

$$P_d=\frac{Fv}{1000\eta}=\frac{3000\times1.5}{1000\times0.84}\text{kW}=5.36\text{kW}$$

3）确定电动机的转速。卷筒轴工作转速为

$$n_w=\frac{60\times1000v}{\pi D}=\frac{60\times1000\times1.5}{\pi\times400}\text{r/min}=71.62\text{r/min}$$

按表 2-1 传动比例范围，取 V 带传动的传动比 $i_1'=2\sim4$，一级圆柱齿轮减速器传动比 $i_2'=3\sim5$，则总传动比合理范围为 $i'=6\sim20$，故电动机转速的可选范围为

$$n_d'=(i'n_w)=[(6\sim20)\times71.62]\text{r/min}=430\sim1432\text{r/min}$$

符合这一范围的同步转速有两种，即750r/min和1000r/min。由第17章有关电动机标准，优先选用同步转速为1000r/min的电动机，型号为YX3-132M2-6。其主要性能见表2-4。

表2-4 主要性能

电动机型号	额定功率/kW	同步转速/(r/min)	满载转速/(r/min)	$\frac{堵转转矩}{额定转矩}$
YX3-132M2-6	5.5	1000	960	2.0

外形和安装尺寸见表2-5。

表2-5 外形和安装尺寸 (单位：mm)

机座号	安装尺寸							外形尺寸			
	H	*A*	*B*	*D*	*E*	*F*	*G*	*L*	*HD*	*AC*	*AD*
132M	132	216	178	38	80	10	33	560	345	275	210

2. 分配各级传动比

总传动比为

$$i=\frac{n_m}{n_w}=\frac{960}{71.62}=13.4$$

由式（2-7）可知，$i=i_1 i_2$，式中 i_1 和 i_2 分别为V带传动和减速器的传动比。按传动比分配注意事项，$i_带<i_齿$，初步取 $i_1=2.8$，$i_2=i/i_1=13.4/2.8=4.79$（V带的实际传动比要在设计V带传动时，由大、小带轮的标准直径计算确定；减速器的实际传动比要在设计齿轮传动时，由大、小齿轮的齿数确定）。

3. 计算运动和动力参数

（1）各轴转速

Ⅰ轴 $$n_{\mathrm{I}}=\frac{n_m}{i_1}=\frac{960}{2.8}\mathrm{r/min}=342.86\mathrm{r/min}$$

Ⅱ轴 $$n_{\mathrm{II}}=\frac{n_{\mathrm{I}}}{i_2}=\frac{342.86}{4.79}\mathrm{r/min}=71.58\mathrm{r/min}$$

卷筒轴 $$n_{\mathrm{III}}=n_{\mathrm{II}}=71.58\mathrm{r/min}$$

（2）各轴输入功率

Ⅰ轴 $$P_{\mathrm{I}}=P_d\eta_1=(5.36\times0.96)\mathrm{kW}=5.15\mathrm{kW}$$

Ⅱ轴 $$P_{\mathrm{II}}=P_{\mathrm{I}}\eta_2\eta_3=(5.15\times0.99\times0.97)\mathrm{kW}=4.95\mathrm{kW}$$

卷筒轴 $$P_{\mathrm{III}}=P_{\mathrm{II}}\eta_2\eta_4=(4.95\times0.99\times0.97)\mathrm{kW}=4.75\mathrm{kW}$$

（3）各轴输入转矩

Ⅰ轴 $$T_{\mathrm{I}}=9550\frac{P_{\mathrm{I}}}{n_{\mathrm{I}}}=\left(9550\times\frac{5.15}{342.86}\right)\mathrm{N\cdot m}=143.45\mathrm{N\cdot m}$$

Ⅱ轴 $$T_{\mathrm{II}}=9550\frac{P_{\mathrm{II}}}{n_{\mathrm{II}}}=\left(9550\times\frac{4.95}{71.58}\right)\mathrm{N\cdot m}=660.41\mathrm{N\cdot m}$$

卷筒轴　　$T_{\text{Ⅲ}}=9550\dfrac{P_{\text{Ⅲ}}}{n_{\text{Ⅲ}}}=\left(9550\times\dfrac{4.75}{71.58}\right)\text{N}\cdot\text{m}=633.73\text{N}\cdot\text{m}$

将计算数值列于表 2-6 中。

表 2-6　**计算数值**

轴　　号	转速 n/（r/min）	输入功率 P/kW	输入转矩/N·m	传动比 i	传动效率 η
电动机轴	960	—	—	2.8	0.96
Ⅰ轴	342.86	5.15	143.45	4.79	0.96（$\eta_2\eta_3$）
Ⅱ轴	71.58	4.95	660.41	1	0.96（$\eta_2\eta_4$）
卷筒轴	71.58	4.75	633.73		

第 3 章
传动零件的设计计算

传动零件是传动装置的主要组成部分，它直接决定了传动装置的工作性能、结构布置和尺寸大小。此外，支承零件和连接零件通常也是根据传动零件来设计或选取的。因此，当传动装置的总体设计完成以后，应当先设计各级传动零件，然后再设计相应的支承零件和箱体等。

传动零件的设计计算包括确定传动零件的材料、热处理方法、参数、尺寸和主要结构，这些工作都是为装配草图的设计而做的准备。传动零件详细的结构尺寸和技术要求（如齿轮的轮毂、轮辐、圆角、斜度等尺寸）的确定应结合装配草图设计或零件图设计进行。

由传动装置运动及动力参数计算得出的数据及设计任务书给定的工作条件，即为传动零件设计计算的原始数据。

各传动零件的设计计算方法，读者已在“机械设计基础”课程中学过，可参考教材复习有关内容。下面就传动零件设计计算的要求和需要注意的问题作简要的提示。

3.1 减速器外部零件的设计要点

减速器外部常用的传动零件有 V 带传动、滚子链传动和开式齿轮传动。通常首先设计计算这些传动零件。在这些传动零件参数（如带轮的基准直径、链轮齿数等）确定后，外部传动的实际传动比便可确定，然后修正减速器的传动比，再进行减速器内传动零件的设计，这样可减小整个传动装置的传动比累积误差。

通常，由于设计学时的限制，减速器以外的传动零件只需确定重要的参数和尺寸，而不进行详细的结构设计。装配图只画减速器部分，一般不画外部传动零件。但是，减速器的轴伸结构与其上的传动零件或联轴器的结构有关。是否在装配图上画出减速器以外的传动零件或联轴器的安装结构，将由指导教师视情况而定。

3.1.1 V 带传动

设计 V 带传动须确定带的型号、带轮直径和宽度；计算出带的长度、中心距、带的根数及作用在轴上的力的大小和方向。

确定带轮直径时，为了提高 V 带的疲劳寿命，应注意小带轮的直径不要选得过小，要满足 $d_{d1} \geqslant d_{dmin}$，大、小带轮直径均应符合标准系列。设计时应注意带轮结构尺寸与其相关零件的相互关系，如小带轮孔径是否与电动机轴一致、长度是否相适应、小带轮顶圆半径是否小于电动机中心高 H（如图 3-1 中带轮的 d_a 和 B 均过大）、大带轮是否因半径过大而与机座相碰（见图 2-1）等。

设计 V 带传动时，所取设计参数应保证带传动具有良好的工作性能。如满足带速 5m/s $\leqslant v \leqslant$ 25~30m/s（普通 V 带）或 5m/s $\leqslant v \leqslant$ 35~40m/s（窄 V 带）、小带轮包角 $\alpha_1 \geqslant 120°$、一般带的根数 $z \leqslant 4$~5 等方面的要求。

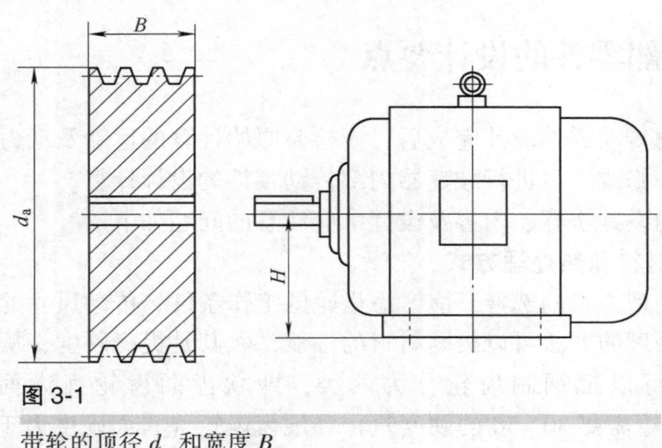

图 3-1

带轮的顶径 d_a 和宽度 B

带轮参数确定后，由带轮直径及滑动率计算实际传动比和从动轮转速，并以此修正设计减速器所要求的传动比和输入转矩。

3.1.2　链传动

设计链传动时应确定链的节距、齿数、链轮直径、轮毂宽度、中心距以及作用在轴上的力。应尽量取较小的链节距，必要时采用双排链。齿数最好取奇数或不能整除链节数的数，链节数最好取为偶数。为不使大链轮尺寸过大，速度较低的链传动的齿数不宜取得过多。

3.1.3　开式齿轮传动

设计开式齿轮传动时应确定齿轮的材料、齿数、模数、分度圆直径、齿顶圆直径、齿宽、轮毂宽度及作用在轴上的力，开式齿轮一般只需计算轮齿的弯曲强度。考虑到齿面磨损的影响，应将求得的模数加大 10%~15%，取标准值。开式齿轮用于低速级，通常采用直齿。开式齿轮传动的支承刚度较小，应取小的齿宽系数。设计时，应注意齿轮结构尺寸是否与工作机等协调。

3.1.4　联轴器的选择

选择联轴器包括选择联轴器的类型和型号。

联轴器的类型应根据工作要求来选择。在选用电动机轴与减速器高速轴之间连接用的联轴器时，由于轴的转速较高，为减小起动载荷，缓和冲击。应选用具有较小转动惯量和具有弹性的联轴器，如弹性套柱销联轴器等。在选用减速器输出轴与工作机之间连接用的联轴器时，因轴的转速较低，传递转矩较大，且减速器与工作机常不在同一机座上，要求有较大的轴线偏移补偿，因此常选用承载能力较高的刚性可移式联轴器，如鼓形齿式联轴器、滑块联轴器等。若工作机有振动冲击，为了缓和冲击，以免振动影响减速器内传动件的正常工作，则可选用弹性联轴器，如弹性柱销联轴器等。

联轴器的型号按计算转矩、轴的转速和轴径来选择，要求所选联轴器的许用转矩应大于计算转矩，许用转速也应大于传动轴的工作转速。还应注意联轴器毂孔直径范围是否与所连接两轴的直径大小相适应，若不适应，则应重选联轴器的型号或改变轴径。

3.2 减速器内部零件的设计要点

在减速器外部的传动零件设计完成后，应检验原始计算的运动及动力参数有无变动。如有变动，应做相应的修改，再进行减速器内部传动零件的设计计算。

圆柱齿轮传动的设计步骤、内容及设计中应注意的问题如下。

1. 选择齿轮的材料和热处理方式

齿轮材料及热处理方式的选择，应考虑齿轮的工作条件、传动尺寸的要求、制造设备条件等。因为，用热处理的方法可以提高材料的性能，尤其是提高硬度，从而提高材料的承载能力。按齿面硬度可以把钢制齿轮分为两类，即软齿面齿轮（齿面硬度小于或等于350HBW，大、小齿轮需要30~50的硬度差）和硬齿齿轮（齿面硬度大于350HBW，大、小齿轮不需要硬度差）。提高齿面硬度还可以降低减速器的体积。若传递功率大，且要求结构紧凑，可选用碳钢、合金钢或合金铸钢，并采用表面淬火或渗碳淬火等热处理方式；若一般要求，则可选用碳钢铸钢或铸铁，采用正火或调质等热处理方式。目前国际上齿轮制造正向着高精度、高性能的方向发展，从而使机械传动装置体积小、重量轻并且传动功率大。另外，齿轮材料的选择，要考虑齿轮毛坯的制造方法。当齿轮顶圆直径 $d_a \leqslant 400 \sim 500$mm 时，一般采用锻造毛坯；当 $d_a > 400 \sim 500$mm 或结构形状复杂不宜锻制时，因受锻造设备能力的限制，采用铸铁或铸钢制造。

同一减速器中的各级小齿轮（或大齿轮）的材料尽可能相同，以减少材料牌号和简化工艺要求。

另外，斜齿轮具有传动平稳、承载能力高的优点，所以在减速器中多采用斜齿轮。直齿轮不产生轴向力，可简化轴承组合结构，在圆周速度不大的场合选用直齿轮也是可行的。当设计两级三轴展开式圆柱齿轮减速器时，为满足教学要求，至少应选用一对齿轮为斜齿，一般选高速级齿轮为斜齿。

2. 进行齿轮传动工作能力（强度）计算，确定齿轮的主要参数

齿轮传动的计算准则和方法，应根据齿轮工作条件和齿面硬度来确定。对于软齿面齿轮传动，应按齿面接触疲劳强度计算齿轮直径或中心距，验算齿根弯曲疲劳强度；对于硬齿面齿轮传动，应按齿根弯曲疲劳强度计算模数，验算齿面接触疲劳强度。

圆柱齿轮的模数必须取标准值，且在动力传动中，一般模数应不小于2mm，且低速级齿轮模数应大于或等于高速级齿轮模数。

设计的减速器若为大批生产，为提高零件的互换性，中心距等参数可参考标准减速器选取；若为单件或小批生产，中心距等参数可不必取标准减速器的数值。但为便于制造和测量，由强度计算得出的中心距，一般要圆整为 0 或 5 结尾的整数；齿数要取整数；斜齿轮螺旋角应在合理范围（8°~20°）之内；螺旋角须精确计算到秒。圆整中心距时，直齿轮传动，可以调整模数 m 和齿数 z，或采用角度变位，而斜齿轮可以通过调整螺旋角来凑中心距，但要满足 $a=\frac{m_n}{2\cos\beta}(z_1+z_2)$ 的几何参数间的关系。

3. 几何尺寸的计算

当齿轮的主要参数确定以后，需要计算齿轮的主要几何尺寸，为装配草图的设计做好准备。对于与直径有关的尺寸，如分度圆、节圆、齿顶圆、齿根圆直径，须精确计算至小数点后三位小数；齿宽应当圆整。一对圆柱齿轮，小齿轮齿宽应比大齿轮宽 5~10mm。

4. 结构设计

齿轮的结构设计是在装配草图的设计过程中完成的，详见第 5 章装配草图设计的第二阶段。

5. 齿轮作用力的计算

根据每对传动齿轮主动轮传递的转矩和分度圆直径等，按教材中的计算公式，计算每对传动齿轮的圆周力、径向力和轴向力（斜齿轮），为装配草图设计中进行轴和滚动轴承的校核做好准备。

3.3　初算轴的直径

联轴器和滚动轴承的型号是根据轴端直径确定的，而且轴的结构设计是在初步计算轴径的基础上进行的，故先要初算轴径。轴径可按扭转强度法进行估算，即

$$d=C\sqrt[3]{\frac{P}{n}} \tag{3-1}$$

式中　P——轴传递的功率（kW）；

n——轴的转速（r/min）；

C——轴的许用扭切应力所决定的系数，若轴的材料为 45 钢，通常取 $C=107\sim118$。

C 值应考虑轴上弯矩对轴强度的影响，当只受转矩或弯矩相对转矩较小时，C 取小值；当弯矩相对转矩较大时，C 取大值。在多级齿轮减速器中，高速轴的转矩较小，C 取较大值；低速轴的转矩较大，C 取较小值；中间轴取中间值。对其他材料牌号的轴，其 C 值参阅有关教材。

初算的轴径 d 一般作为输入、输出轴外伸端最小直径；对中间轴，可作为最小直径，即轴承处的轴径；若作为装齿轮处的轴径，则 C 应取较大值。

若减速器高速轴外伸端用联轴器与电动机相连，则外伸轴径应考虑电动机轴及联轴器毂孔的直径尺寸，外伸轴直径和电动机轴直径应相差不大，它们的直径应在所选联轴器毂孔最大、最小直径的允许范围内。但输入轴（高速轴）由于转速高，转矩小，按许用扭切应力计算所得的轴径往往较小，与标准联轴器的孔径相差较大，这时，轴径宜适当放大，以满足联轴器的孔径要求。此时推荐减速器高速轴外伸段轴径，用电动机轴直径 D 估算，即 $d=$

$(0.8\sim1.2)D$。若输入端装有带轮，则计算所得的最小轴径亦可酌情放大，以保证悬臂端有足够的刚度，轴承有一定的寿命。

根据初算的轴径、受力情况和结构要求，就可初步选定滚动轴承型号，并记下轴承宽度、外径等备用。

[例 3-1]

某带式输送机的单级圆柱齿轮减速器传动装置中，其高速轴通过联轴器与电动机相连。已选定电动机型号为 Y132M1-6，其功率 $P=4\text{kW}$，满载转速 $n=960\text{r/min}$，电动机轴径 $D=38\text{mm}$，轴伸长 $E=80\text{mm}$。试确定减速器高速轴外伸段轴径并选择联轴器。

解：（1）初步选定减速器高速轴外伸段轴径

$$d=(0.8\sim1.2)D=[(0.8\sim1.2)\times38]\text{mm}=30.4\sim45.6\text{mm}$$

（2）选择联轴器　根据传动装置的工作条件拟选用弹性柱销联轴器（GB/T 5014—2003）。计算转矩 T_c 为

$$T_c=K_A T=(1.5\times39.8)\text{N}\cdot\text{m}=59.7\text{N}\cdot\text{m}$$

式中　T——高速轴所传递的公称转矩，即

$$T=9550\frac{P}{n}=\left(9550\times\frac{4}{960}\right)\text{N}\cdot\text{m}=39.8\text{N}\cdot\text{m}$$

K_A——工作情况系数，由参考文献［3］查得工作机为运输机时，取 $K_A=1.25\sim1.5$，本例中 $K_A=1.5$。

根据 $T_c=59.7\text{N}\cdot\text{m}$，从表 12-4 可查得 LX2 号联轴器就可以满足转矩要求（$T_n=560\text{N}\cdot\text{m}$，$T_n>T_c$），也能满足电动机及减速器高速轴轴径的要求［$d_1$、$d_2=20\sim35\text{mm}$，$[n](=6300\text{r/min})>n(=960\text{r/min})$］，但电动机端的联轴器孔需加大 3mm。

（3）确定减速器高速轴外伸段直径

$$d=32\text{mm}$$

第 4 章 减速器的典型结构

减速器是由封闭在箱体内的齿轮传动或蜗杆传动组成的独立部件，为了提高电动机的效率，原动机提供的回转速度一般比工作机所需的转速高。因此，齿轮减速器、蜗杆减速器常安装在机械的原动机与工作机之间，用以降低输入的转速并相应地增大输出的转矩，在机器设备中被广泛采用。

减速器的种类繁多，其结构随其类型和要求的不同而异，但基本结构有很多相似之处，主要由箱体、轴系零件和附件三部分组成。图 4-1 所示为一级圆柱齿轮减速器的结构图，现结合该图简要介绍减速器的结构。

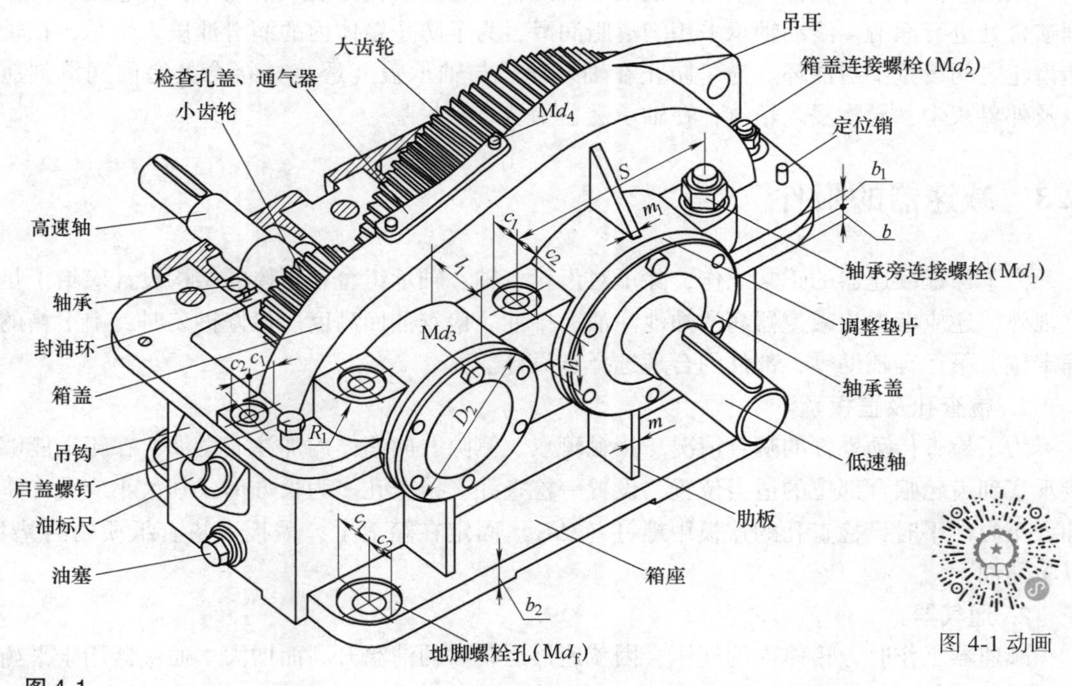

图 4-1

一级圆柱齿轮减速器的结构图

4.1 箱体

减速器的箱体用于支承和固定轴系零件，承受载荷，保证传动件轴线相互位置的正确性，保证良好的润滑和密封。因而箱体必须具有良好的结构工艺性、足够的强度和刚度。为了增加箱体的刚度，通常在箱体轴承座处制出肋板。

为了便于轴系零件的安装和拆卸，箱体通常制成剖分式。剖分面一般取在轴线所在的水平面内（即水平剖分），以便于加工。箱盖和箱座之间采用普通螺栓（Md_1、Md_2）连接，用圆锥销定位。为了使轴承座旁的连接螺栓（Md_1）尽量靠近轴承座孔，并增加轴承座的刚性，在轴承座旁制出了凸台。

箱体通常用灰铸铁（HT150 或 HT200）铸成，对于受冲击载荷的重型减速器也可采用铸钢箱体。单件生产时为了简化工艺、降低成本，可采用钢板焊接箱体。

4.2 轴系零件

在图 4-1 中，高速轴与小齿轮、大齿轮与低速轴分别用普通平键作周向固定。轴上零件用轴肩、套筒、封油环和轴承盖作轴向固定。两轴均采用深沟球轴承作支承，承受径向载荷的作用。轴承盖用螺钉（Md_3）紧固在箱体上，轴承盖与箱体座孔外端面之间垫有调整垫片组，以调整轴承游隙，保证轴承正常工作。

该减速器中的齿轮传动采用油池浸油润滑，大轮齿的轮齿浸入油池中，靠它把润滑油带到啮合处进行润滑。滚动轴承采用润滑脂润滑，为了防止箱体内的润滑油进入轴承，在轴承和齿轮之间设置了封油环。为了防止在轴外伸段与轴承盖（透盖）接合处箱内润滑剂泄漏以及外界灰尘、异物浸入箱体，在轴承透盖中装有密封圈。

4.3 减速器的附件

为了保证减速器的正常工作，除了对齿轮、轴、轴承组合和箱体的结构设计应给予足够重视外，还应考虑为减速器润滑油池注油、排油、检查油面高度、检修拆装时，上下箱的精确定位、吊运等辅助零、部件的合理选择和设计。

1. 检查孔及盖板

为了检查传动零件的啮合情况、接触斑点、侧隙并向箱体内加注润滑油，在箱盖能够直接观察到齿轮啮合部位的适当位置，设置一检查孔。检查孔多为长方形，其大小应允许将手伸入箱内。平时，检查孔的盖板用螺钉（Md_4）固定在箱盖上，盖板下垫有纸质密封垫片，以防漏油。

2. 通气器

减速器工作时，箱体内的气压会因减速器运转时的油温升高而增大。通气器用于平衡箱体内外的压力，从而提高了箱体分箱面、轴伸端缝隙处的密封性能，通气器多装在箱盖顶部或检查孔盖上，以便箱内的膨胀气体自由逸出。

3. 启盖螺钉

装配减速器时，常在箱盖和箱座的结合面处涂上水玻璃或密封胶，以增强密封效果，但却给开启箱盖带来困难。为此，在箱盖侧边的凸缘上开设螺纹孔，并拧入启盖螺钉。开启箱盖时，拧动启盖螺钉，迫使箱盖与箱座分离。

4. 定位销

在精加工轴承座孔前，在箱盖和箱座的连接凸缘上配装定位销，以保证箱盖和箱座的装配精度，同时也保证了轴承座孔的精度。两定位圆锥销设在箱体纵向两侧连接凸缘上，且不对称布置，以加强定位效果。

5. 油面指示器

为了检查箱体内的油面高度，及时补充润滑油，应在油箱便于观察和油面稳定的部位，装设油面指示器。油面指示器分油标尺和油标两类，图 4-1 中采用的是油标尺。

6. 放油螺塞（油塞）

换油时，为了排放污油和清洗剂，应在箱体底部、油池最低位置开设放油孔，平时放油孔用放油螺塞（细牙）旋紧，放油螺塞和箱体结合面之间加了防漏垫圈。

7. 起吊装置

为了便于搬运，在箱体上设置起吊装置。图 4-1 中箱盖上铸有两个吊耳，用于起吊箱盖。箱座上铸有两个吊钩，用于吊运整台减速器。

第5章

减速器装配图的设计和绘制

5.1 概述

装配图是表达各零件相互关系、结构形状以及尺寸的图样，也是机器进行组装、调试和维护等环节的技术依据。因此，设计工作一般总是从装配图的设计开始。而装配草图的设计又是整个设计工作中的重要阶段。由于大部分零件的结构和尺寸都是在这个阶段决定的，所以这个阶段必须综合考虑零件的强度、刚度、制造工艺、装配、调整和润滑等各方面的要求，还要协调各传动件的结构和尺寸，进行轴的强度计算和结构设计、滚动轴承的组合设计、箱体及附件设计。该阶段的设计内容既多又复杂，有些地方还不能一次确定，常采用边画、边算、边修改的“三边”设计方法逐步完成。

装配草图设计包括计算、结构设计、制图，常需交叉进行。其基本任务有：

进行轴的结构设计，确定轴承的型号、轴的支点距离和作用在轴上零件的力的作用点，进行轴的强度和轴承的寿命计算，完成轴系零件的结构设计及减速器的结构设计。

绘制装配草图的过程中，因为有些零件的结构尺寸将会有所修改，所以着笔要轻，线条要细，还要保持图面清洁。初步绘制装配草图时，零件的倒角、倒圆、剖面线等不必画出。但应指出，所定零件的尺寸大小应严格遵守选定的比例，以便取得准确的零件结构形状、尺寸数据及零件间的相互位置尺寸数据。当装配草图完成后，经过加深或重新绘成正式的装配图。

5.2 设计装配图的准备

为了使装配图设计工作顺利进行，在绘制装配草图之前，必须做好以下工作。

5.2.1 必要的感性与理性知识

仔细阅读有关资料；参观或拆装减速器，弄懂各零部件的功能、类型和结构，以及相互之间的关系，熟悉减速器的结构；认真读懂几张典型的减速器装配图样，做到对所设计的内容心中有数。

5.2.2　必要的技术数据

绘制装配图时应具备的必要设计资料及数据如下。

1. 传动简图（如设计题目所示的简图，见图 1-3、图 1-4、图 1-6）

根据简图选择能最清楚表达减速器内部主要结构的视图作为主要视图（如齿轮减速器的俯视图），进行该视图的草图设计。

2. 传动零件的主要尺寸数据

绘制主要视图时，所需传动零件的尺寸数据为中心距、分度圆和齿顶圆直径、齿轮宽度、传动轴的最小直径等。

3. 传动零件的位置尺寸

传动零件之间的位置尺寸和它们距箱体内壁的尺寸均属于位置尺寸。齿轮减速器各零件间位置尺寸的数据如图 5-1、图 5-2 及表 5-1 所示，或按制造和装配的要求拟订。

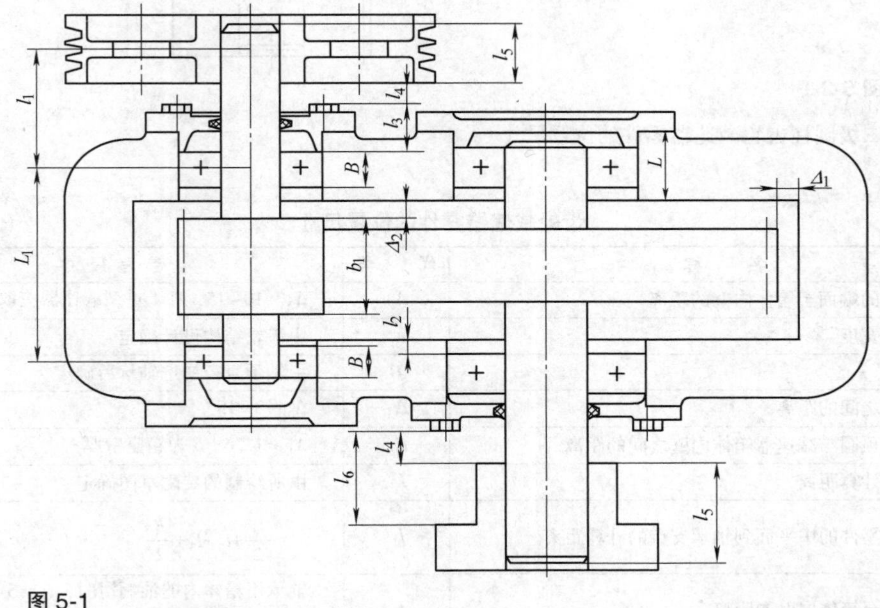

图 5-1

一级圆柱齿轮减速器零件的位置尺寸

5.2.3　装配图的视图选择

圆柱齿轮减速器的装配图常需三个视图（主视图、俯视图和侧视图）来表示。必要时应附加剖视图或局部视图。选择视图时，可参考相应的减速器图样。

5.2.4　布置图面

布置图面的顺序大体如下。

1. 确定绘图的有效面积

一般一级减速器用 1 号图纸绘制装配图即可，二级减速器用 0 号或 1 号图纸。绘制时按规定先绘出图框线及标题栏（见第 8 章），图纸上所剩的空白图面即为绘图的有效面积。

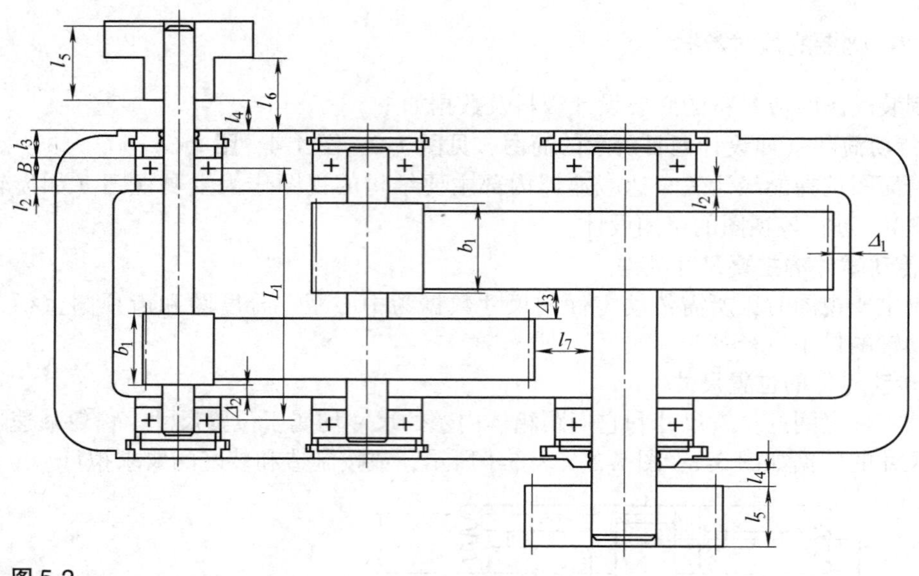

图 5-2

二级圆柱齿轮减速器零件的位置尺寸

表 5-1 齿轮减速器零件的位置尺寸 （单位：mm）

名　称	代　号	参考尺寸
传动零件的端面至箱体内壁的距离	Δ_2	$\Delta_2 \approx 10 \sim 15$，对于重型减速器应取大值
小齿轮的宽度	b_1	由齿轮结构设计确定
轴承宽度	B	由轴颈直径初选轴承后确定
齿轮端面之间的距离	Δ_3	$\Delta_3 \approx 8 \sim 15$
大齿轮齿顶圆与减速器箱体内壁之间的距离	Δ_1	$\Delta_1 \geqslant 1.2\delta$，$\delta$ 为箱座壁厚
轴承支点计算距离	L_1	由所绘制的装配草图确定
箱外旋转零件的中平面到轴承支点的计算距离	l_1	$l_1 \approx \frac{l_5}{2}+l_4+l_3+\frac{B}{2}$
轴承端面至箱体内壁的距离	l_2	轴承用箱体内的油润滑时，$l_2 \approx 3 \sim 5$； 轴承用脂润滑时，初步可取 $l_2 \approx 10 \sim 15$
轴承盖内端面至外端面（或端盖螺钉头顶面）的距离	l_3	由轴承盖的结构形式和固定轴承的方法确定
箱体外旋转零件至轴承盖外端面（或螺钉头顶面）的距离	l_4	$l_4 \approx 15 \sim 20$
旋转零件的轴段长度	l_5	由旋转零件的轮毂长度确定
联轴器至轴承盖螺钉头顶面的距离	l_6	由联轴器形式确定
齿轮齿顶圆与轴之间的距离	l_7	$l_7 \geqslant 10$
箱体内壁至轴承座孔外端面距离	L	$L=\delta+c_1+c_2+(5\sim8)$ c_1、c_2 见表 5-7，δ 见表 5-6

2. 选定比例

在绘图的有效面积内，应根据传动件的中心距、顶圆直径及齿轮宽等主要尺寸，估计出减速器的轮廓尺寸，妥善地安排视图所占的最大面积、尺寸线、零件编号、技术要求、标题栏、明细栏及减速器技术特征等所占的位置，全面考虑这些因素才能正确决定视图的比例。初作设计的人，最好参考相应的减速器图样来确定比例。为了加强设计的真实感，应优先用1：1的比例。若减速器的尺寸相对图样尺寸过大或过小时，也可选用其他比例（见表8-2）。

3. 布置图面

布置图面时，要和具体设计对象相联系，也可找相应的减速器图样做仔细对比后确定。若图面布置不合适（如图形偏于一边），将会给今后的设计工作带来很大麻烦。布图时，应全面考虑视图及其他要素所占幅面，合理布置图面，如图5-3所示。

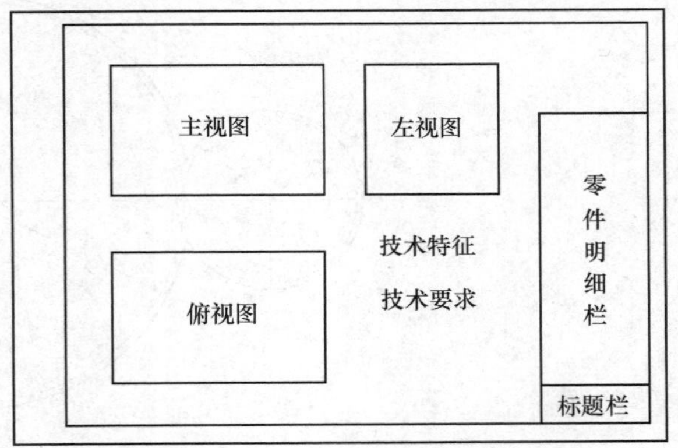

图5-3
视图布置参考图

5.3 初绘装配草图——第一阶段

对于齿轮减速器，一般是俯视图最能看清减速器的工作原理和轴系零件之间的装配关系。根据经验，这一部分反复修改的次数最多。为此，在装配草图绘制的第一阶段，要先在图纸上按照1：1或1：2的比例画好最能清楚地集中表达主要装配关系的俯视图，然后再把它和另外两个视图一起绘制出来。

传动零件、轴和轴承是减速器的主要零件，其他零件的结构尺寸随之而定。绘图时，先画主要零件，后画次要零件；由箱内零件画起，内外兼顾，逐步向外画；先画零件的中心线及轮廓线，后画细节结构。画图时要以一个视图为主，兼顾其他视图。

初绘装配草图的步骤如下。

5.3.1 传动零件中心线、轮廓线及箱体内壁线的确定

1. 画出各视图中传动零件的中心线

先画主视图的各级轴的轴线，然后画俯视图的各个轴线。

2. 画出齿轮的轮廓

先在主视图上画出齿轮的齿顶圆，然后在俯视图上画出齿轮的齿顶圆和齿宽。为保证全齿宽啮合并降低安装要求，通常取小齿轮比大齿轮宽5~10mm（见图5-4）。二级圆柱齿轮减速器可以从中间轴开始，后画高速级或低速级齿轮，中间轴上的两齿轮端面间距为8~15mm（见图5-6）。

3. 画出箱体的内壁线

先在主视图上，距大齿轮齿顶圆 $\Delta_1 \geq 1.2\delta$ 的距离画出箱盖的内壁线，取 δ_1 为箱盖壁厚，画出部分外壁线，作为轮廓尺寸。然后画俯视图，按小齿轮端面与箱体内壁间的距离 $\Delta_2 \geq \delta$ 的要求，画出沿箱体长度方向的两条内壁线。沿箱体宽度方向，只能先画出距大齿轮齿顶圆 $\Delta_1 \geq 1.2\delta$ 的一侧内壁线。小齿轮一侧内壁涉及箱体结构，暂不画出，留在画主视图时再画，如图5-4~图5-6所示。

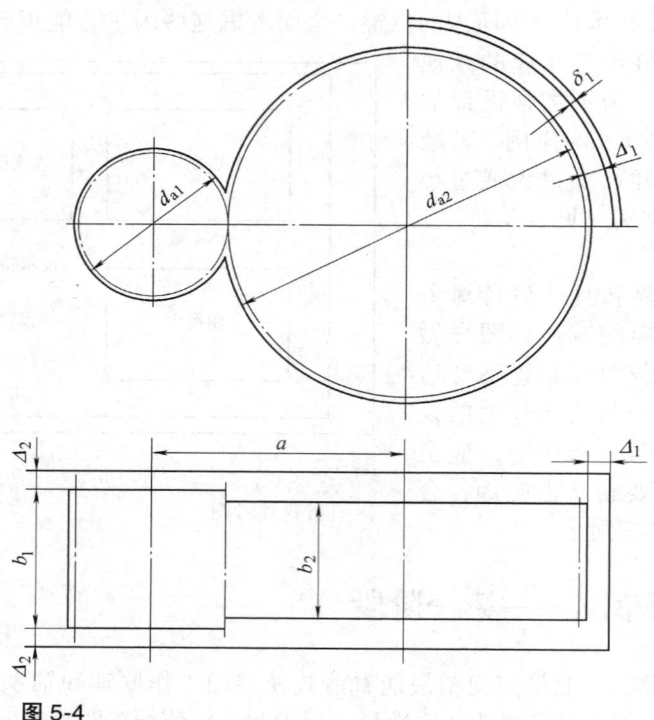

图 5-4

一级圆柱齿轮减速器内壁线绘制

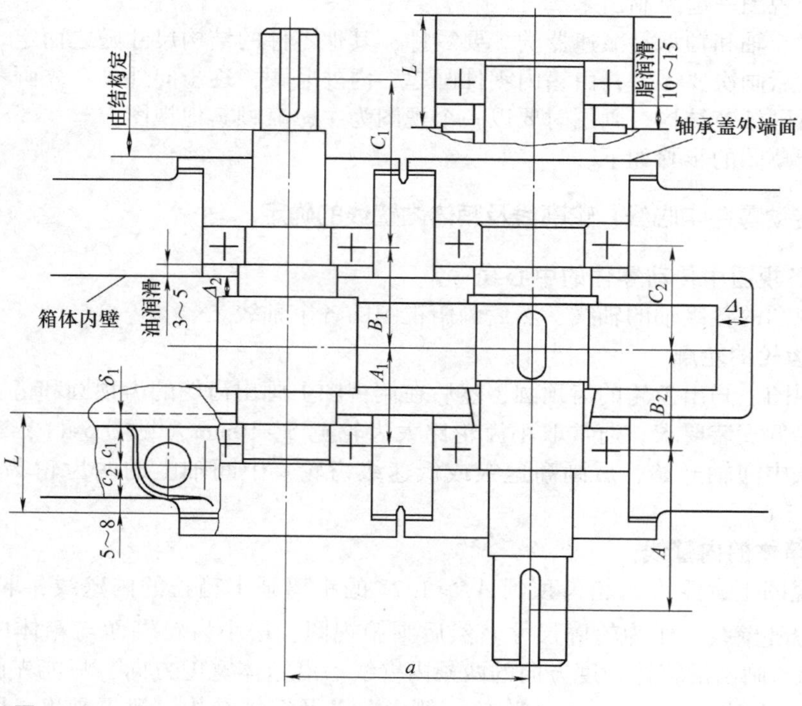

图 5-5

一级圆柱齿轮减速器初绘装配草图

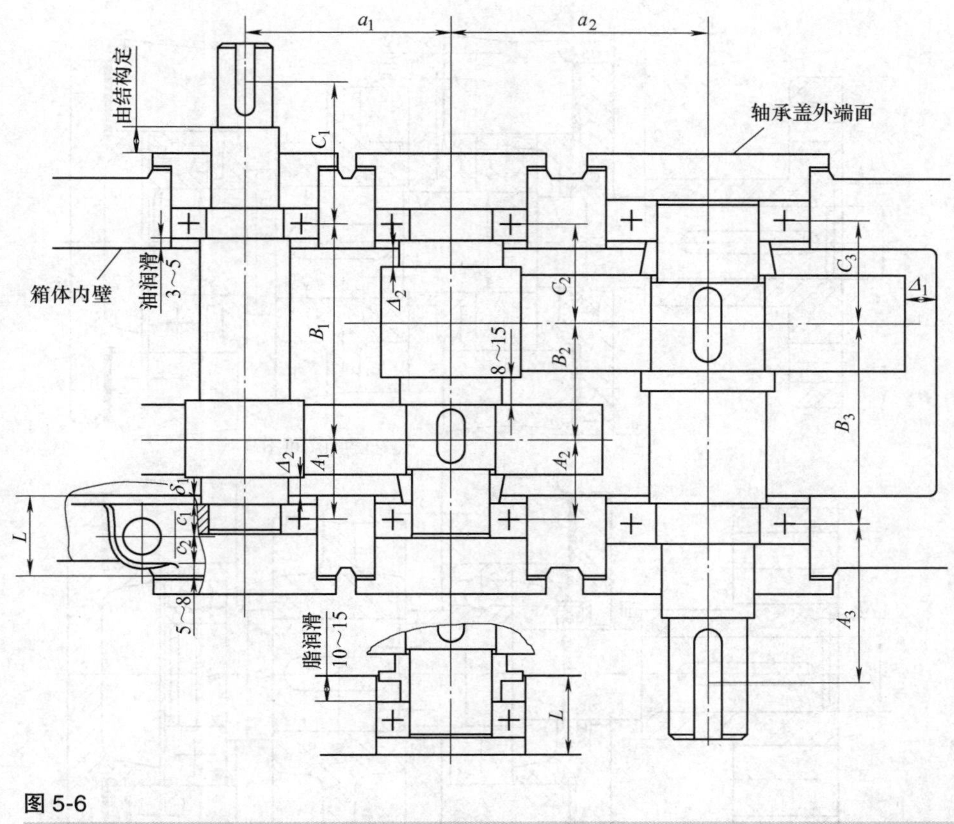

图 5-6

二级圆柱齿轮减速器初绘装配草图

5.3.2　箱体轴承座的确定

轴承座孔宽度 L 一般取决于轴承旁连接螺栓 Md_1 所需的扳手空间尺寸 c_1 和 c_2，（c_1+c_2）即为凸台宽度。轴承座孔外端面需要加工，为了减少加工面，凸台还需向外凸出 5～8mm，因此轴承座孔总宽度 $L=\delta_1+c_1+c_2+$（5～8）mm，如图 5-5 和图 5-6 所示。

5.3.3　轴的结构设计

轴的结构设计，是在上述初定轴的直径基础上进行的。轴的结构主要取决于轴上所装的零件、轴承的布置和轴承密封方式。齿轮减速器中的轴做成阶梯轴，如图 5-7 所示。阶梯轴装配方便，轴肩可用于轴上零件的定位和传递轴向力。但是，在设计阶梯轴时，应力求台阶数最少，以减少换刀次数和刀具种类，从而保证结构的良好工艺性。目前出现了设计光轴（见图 5-8）的趋势。在设计光轴时，应注意两个问题，一是在同一个公称直径下，各段轴的公差和表面粗糙度不同；二是装在轴上的任何整体零件都应该无过盈地装到本身的配合位置，以避免装配时擦伤表面。

阶梯轴结构尺寸的确定包括：径向尺寸和轴向尺寸两部分。各轴段径向尺寸的变化和确定主要取决于轴上零件的安装、定位、受力状况以及轴的加工精度要求等。而各轴段的长度

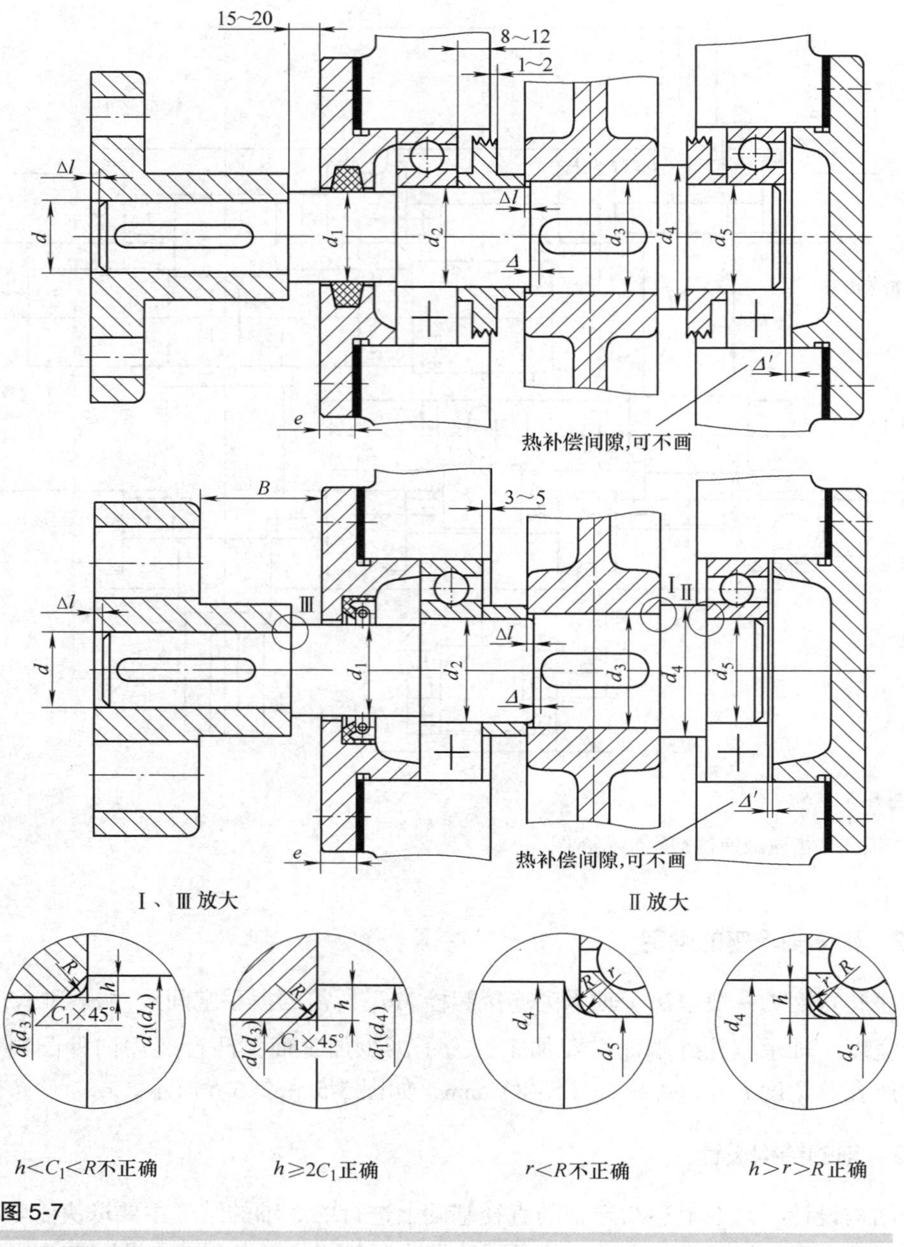

图 5-7

阶梯轴及其支承结构

则根据轴上零件的位置、配合长度、轴承组合结构以及箱体的有关尺寸来确定。

1. 确定轴的径向尺寸

确定各轴段的直径，应考虑对轴肩大小的尺寸要求及与轴上零件、密封件的尺寸匹配。对用于固定轴上零件或传递轴向力的定位轴肩，如图 5-7 中直径 d 和 d_1，d_3 和 d_4，d_4 和 d_5 形成的轴肩，直径变化值要大些。但轴肩的尺寸大小有标准规定，不能任意选取。对齿轮、带轮、链轮、联轴器等的定位轴肩尺寸见表 5-2。对滚动轴承内圈的定位轴肩直径见滚动轴

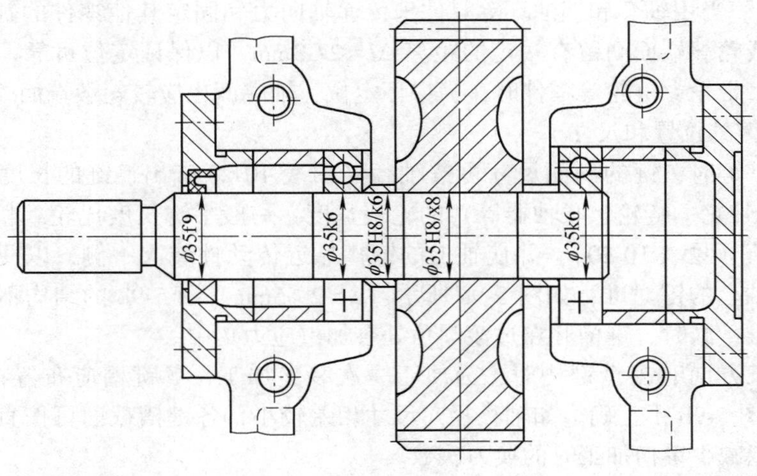

图 5-8
光轴的结构

承相关表格中的安装尺寸。

表 5-2　定位轴肩的尺寸　（单位：mm）

图　例	d	r	C_1	d_1
	>18~30 >30~50 >50~80 >80~120	1.0 1.6 2.0 2.5	1.6 2.0 2.5 3.0	$d_1 = d + (3 \sim 4)C_1$，计算值应按标准直径圆整

对于仅仅是为了轴上零件装拆方便或区别不同的加工表面时，其直径变化值应较小，甚至采用同一公称直径而取不同的尺寸偏差值，如图 5-7 中 d_1 和 d_2，d_2 和 d_3 的直径差取 1~3mm 即可。

在确定装有滚动轴承、毡圈密封、橡胶密封等标准件的轴段直径时，除了满足轴肩大小的要求外，其轴径应根据标准件查取相应的标准值，如要装配滚动轴承，轴径 d_2 和 d_5 应取滚动轴承内圈的标准轴径，见表 11-1~表 11-3，d_1 应根据所采用的密封圈查取标准直径，见表 13-7~表 13-10。

相邻轴段的过渡圆角半径，见表 8-11。当轴表面需要磨削加工或切削螺纹时，应在该轴段上留有砂轮越程槽或螺纹退刀槽，其尺寸见表 8-12、表 10-3。

2. 确定轴的轴向尺寸

轴上安装零件的各轴段长度，由其上安装的零件宽度及其他结构要求确定。在确定这些轴段长度时，必须注意轴肩的位置，因为它将影响零件的安装和轴向固定的可靠性。当轴肩起固定零件和承受轴向力的作用时，轴的端面变化位置应与零件端面平齐，如图 5-7 中的 d

和 d_1，d_3 和 d_4。当用轴套和挡油环等零件来传递轴向力和固定其他零件的轴向位置时，轴端面应与轴套或轮毂端面间留有一定的距离 $\Delta l = 2 \sim 3\text{mm}$，以保证定位可靠。当轴的外伸段安装有联轴器、带轮、链轮等零件时，为保证定位，轴端面也应较轮毂端面缩进 Δl 的距离。

3. 轴上键槽的位置和尺寸

轴上装有平键时，键的剖面尺寸可按轴径 d 由表 10-20 查出。键的长度应略小于零件（齿轮、蜗轮、带轮、链轮、联轴器等）的轮毂宽度。一般平键长度比轮毂长度短 5~10mm 并圆整为标准值（见表 10-20），并使轴上的键槽靠近传动件装入一侧，以便于装配时轮毂上的键槽易与轴上的键对准，如图 5-9a 所示，$\Delta = 2 \sim 5\text{mm}$。图 5-9b 的结构不正确，因 Δ 值过大而对准困难，同时，键槽开在过渡圆角处会加重应力集中。

当轴沿键长方向有多个键槽时，为便于一次装夹加工，各键槽应布置在同一直线上，图 5-9a 正确，图 5-9b 不正确。如轴径径向尺寸相差较小，各键槽截面可按直径较小的轴段取同一尺寸，以减少键槽加工时的换刀次数。

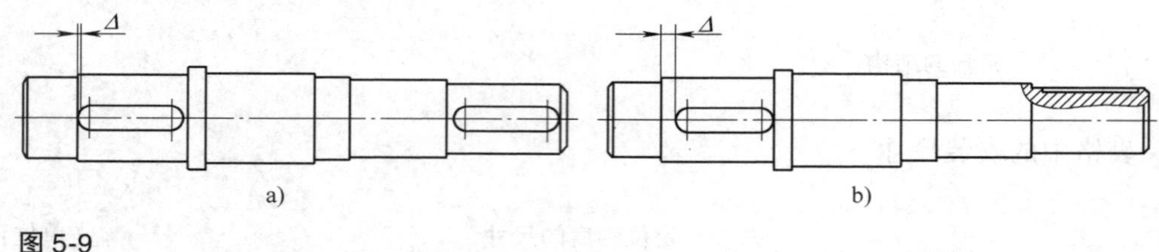

图 5-9

轴上键槽的位置

a）正确 b）不正确

4. 轴的外伸长度

轴的外伸长度取决于轴承盖结构（详见第 14 章）和轴伸出端安装的零件。在图 5-7 中，轴上零件端面距轴承盖的距离为 B。如轴端装有联轴器，则必须留有足够的装配尺寸。例如，当装有弹性套柱销联轴器（见图 5-10a）时，B 就必须满足装配尺寸 A 的要求（A 可由联轴器型号确定）。采用不同的轴承端盖结构，轴外伸的长度也不同。当采用凸缘式端盖（见图 5-10b）时，轴外伸端长度必须考虑拆卸端盖螺钉所需要的长度 L（L 可参考端盖螺钉长度确定），以便不拆联轴器就可打开减速器箱盖。当外接零件的轮毂不影响螺钉的拆卸（见图 5-7、图 5-10c）或采用嵌入式端盖时，箱体外旋转零件至轴承盖外端面或轴承盖螺钉头顶面距离 l_4 一般不小于 15~20mm（见图 5-1、图 5-2）。

轴穿越箱体段的长度需待箱体轴承孔处凸缘的宽度、轴承盖厚度及轴外伸端所安装的零件的位置和尺寸等确定后才能最后确定。

5. 初选轴承型号、确定轴承安装位置

一般减速器均选用滚动轴承。滚动轴承的类型选择取决于轴承承受载荷的大小、方向、性质及轴的转速高低。一般普通圆柱齿轮减速器常优先选用深沟球轴承；对于斜齿圆柱齿轮传动，如轴承承受载荷不是很大，可选用角接触球轴承；对于载荷不平稳或载荷较大的减速器，宜选用圆锥滚子轴承。滚动轴承是标准件，设计时只需要选择轴承的型号。

根据上述轴的径向尺寸，即可确定轴承的内径代号，然后试选一尺寸系列代号，并查出该轴承型号所对应的轴承外廓尺寸。同一根轴上尽量选用同一规格的轴承，使轴承座孔尺寸

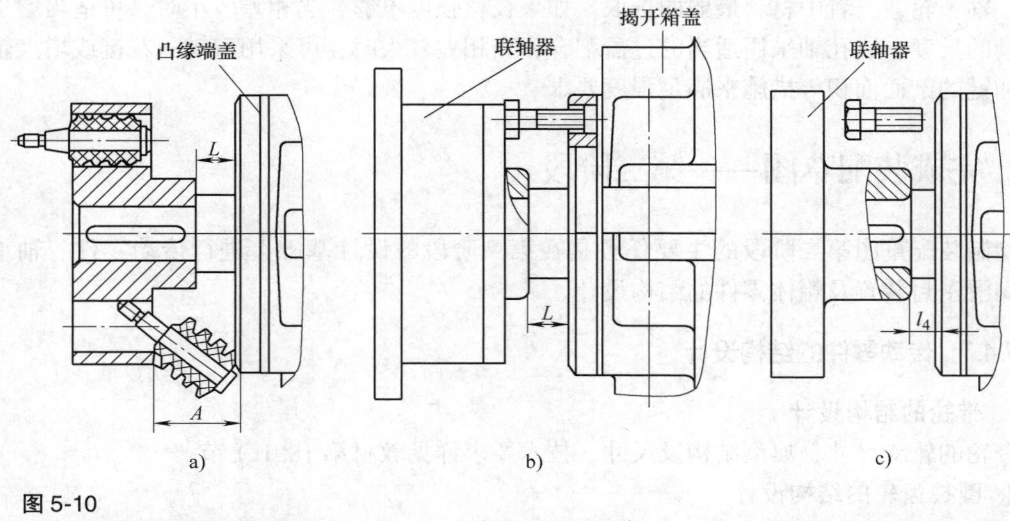

图 5-10

轴外伸端长度的确定

相同，以便轴承座孔一次镗出，从而易于保证两孔有较高的同轴度。

根据轴承润滑方案定出轴承在箱体座孔内的位置，画出轴承外廓。对于箱体内壁距轴承端面的距离 Δ_2，当采用脂润滑时，$\Delta_2=8\sim12$mm；当采用箱体内的油润滑时，$\Delta_2=3\sim5$mm。

当按以上要求和方法确定并画出轴、轴承和轴承盖的外廓时，就可初步绘出减速器的装配草图（见图 5-5、图 5-6）。然后就可以进行下列计算。

5.3.4　轴的强度、轴承寿命和键连接的校核计算

1. 确定轴上力的作用点及支点跨距

当采用角接触轴承时，轴承支点取在距轴承距离为 a 处，a 值可由表 11-2 中查出。传动件的力作用点可取在轮缘宽度的中部。带轮、齿轮和轴承位置确定之后，即可从装配图上确定受力点和支点的位置，如图 5-5、图 5-6 所示。根据轴、键、轴承的尺寸，便可进行它们的校核计算。

2. 校核轴的强度

对一般机器的轴，只需用当量弯矩法校核轴的强度。对于重要的轴，须全面考虑影响轴强度的应力集中等各种因素，用安全系数法校核各危险断面的疲劳强度。

如果校核不通过，应对轴的一些参数，如轴径、圆角半径等作适当修改；如果强度裕度较大，不必马上改变轴的结构参数，待轴承寿命以及键连接强度校核以后，再综合考虑是否修改或如何修改的问题。实际上，许多机械零件的尺寸都是由结构确定的，并不完全取决于强度。

3. 校核轴承寿命

轴承计算寿命若低于减速器使用期限时，可取减速器检修期限作为轴承预期工作寿命。验算结果若不能满足要求，可以改用其他尺寸系列的轴承，必要时可改变轴承类型或轴承内径。

4. 校核键连接强度

键连接强度的校核计算，主要是验算其抗挤压强度是否满足要求。许用挤压应力应按连

接键、轴、轮毂三者中材料最弱的选取。如果校核强度不够，当相差较小时，可适当增加键和键槽的长度，或孔轴采用适当的过盈配合；当相差较大时，可采用双键、花键或增大轴径以增加键的剖面面积等措施来满足强度要求。

5.4　完成装配草图——第二阶段

绘制装配草图第二阶段的主要任务是在第一阶段的设计基础上进行传动零件、轴承组合、润滑密封装置及箱体零件的结构设计。

5.4.1　传动零件的结构设计

1. 带轮的结构设计

带轮的轮缘尺寸、典型结构及尺寸、技术要求详见教材第18.1.1节。

2. 圆柱齿轮的结构设计

齿轮的结构形式与其几何尺寸、毛坯、材料、加工方法、使用要求等因素有关。通常先按齿轮直径选择适宜的结构形式，然后再根据推荐的经验公式和数据进行结构设计。

按毛坯的不同，齿轮结构可分为锻造齿轮、铸造齿轮等类型。

（1）锻造齿轮　由于锻造后钢材的力学性能好，所以，对于齿顶圆直径 d_a<500mm 的齿轮通常采用锻造齿轮。根据齿轮尺寸大小的不同，可有以下几种结构型式：

1）齿轮轴：对于钢制齿轮，当齿根圆直径与轴径相近，齿轮的齿根至键槽的距离 $x<2.5m_n$（见图5-11）时，可将齿轮与轴制成一体，称为齿轮轴（见图5-12a）。这时轮齿可用滚齿或插齿加工。当设计齿轮时，有时会遇到齿根圆直径 d_f 小于两端相邻的轴径 d，如图5-12b所示，这时必须用滚齿法加工齿轮。对于直径稍大的小齿轮，应尽量把齿轮与轴分开，以便于齿轮的制造和装配。

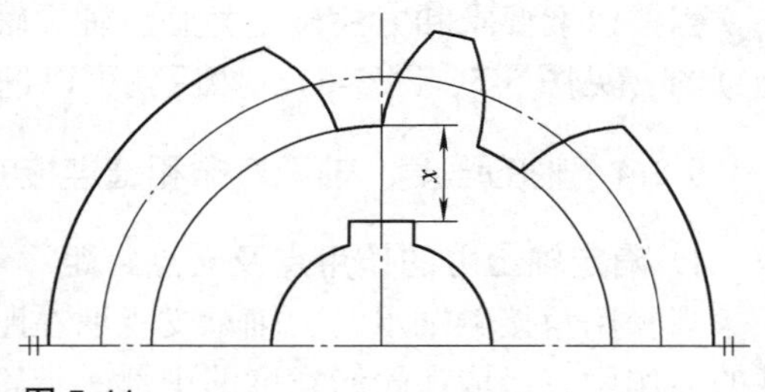

图5-11

齿轮的齿根至键槽的距离 x

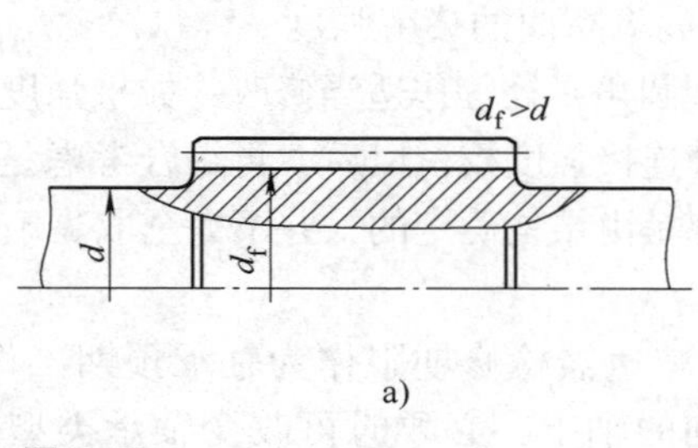

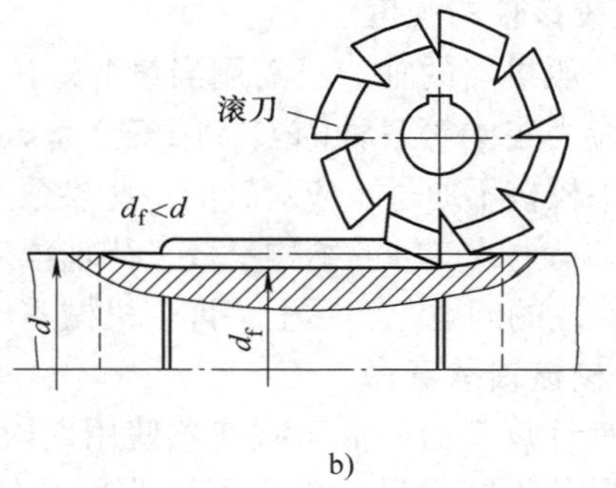

图5-12

齿轮轴的结构

a）$d_f>d$　b）$d_f<d$

2）实心式齿轮：当齿顶圆直径 d_a≤200mm 时，可采用实心式齿轮（见图 18-3）。

3）辐板式齿轮：当齿项圆直径 d_a≤500mm 时，为了减轻重量，节约材料，常采用辐板式结构（见图 18-4）。锻造齿轮的辐板式结构又分为模锻和自由锻两种形式，前者用于批量生产。

（2）铸造齿轮　由于锻造设备的限制，通常齿顶圆直径 d_a>400mm 的齿轮采用铸造（见图 18-5、图 18-6）。

齿轮的结构尺寸，如轮缘内径 D_1、辐板厚度 C、辐板孔径 d_0、轮毂直径 d_1 和长度 l 等，参考图 18-3～图 18-6 中的经验公式计算确定，但尽量圆整，以便于制作和测量。

圆柱齿轮的结构形式及尺寸计算详见第 18 章。

5.4.2　支承组合的结构设计

支承组合的结构设计主要包括轴承的支承刚度、同轴度，轴承的定位和固定，轴承的安装调整等几个方面。

1. 滚动轴承的支承刚度和同轴度

滚动轴承的支承必须具有足够的刚度，为此，设计减速器箱体时，应增加轴承支座处的壁厚，并设置加强肋。为保证同一轴上各轴承座孔的同轴度，同轴线的各孔应一次镗出。因此，应选用相同外径的轴承。若轴承外径很难一致，两端的孔径仍可相同，而在较小轴承的外径之外加一套杯。

2. 滚动轴承的轴向固定

滚动轴承的轴向固定是指内圈与轴、外圈与座孔间相对位置的固定，这可保证轴和轴上零件在减速器内有确定的位置，并能承受轴向力。轴承轴向固定的方法较多，见表 5-3、表 5-4。

表 5-3　**轴承内圈的轴向固定装置**

结构型式	特　点
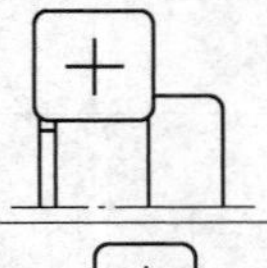	轴肩单向固定。能承受较大的轴向力，结构简单、紧凑
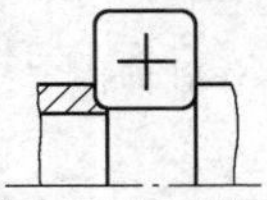	轴套—轴肩双向固定。轴套结构尺寸自行设计
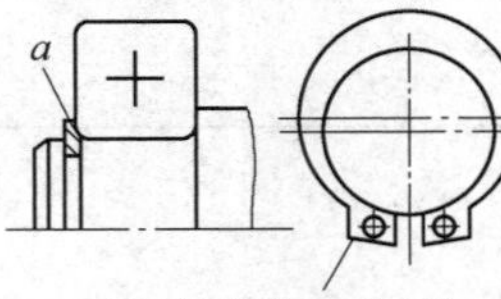 a (GB/T 894.1—1986)	弹性挡圈固定。主要用于轴向载荷较小及转速不高的场合
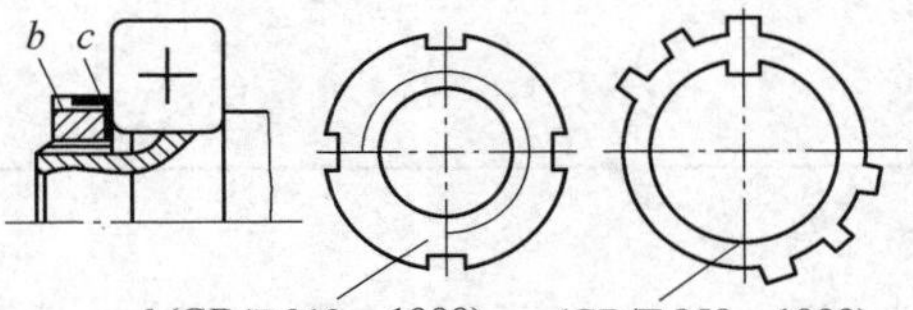 b (GB/T 812—1988)　c (GB/T 858—1988)	圆螺母加止动垫圈。止动垫圈起防松作用，连接可靠，但轴上需制出螺纹及止动槽，对轴的强度有所削弱，用在中间轴段时影响尤大。可用于转速较高，轴向力较大等场合

（续）

结构型式	特点
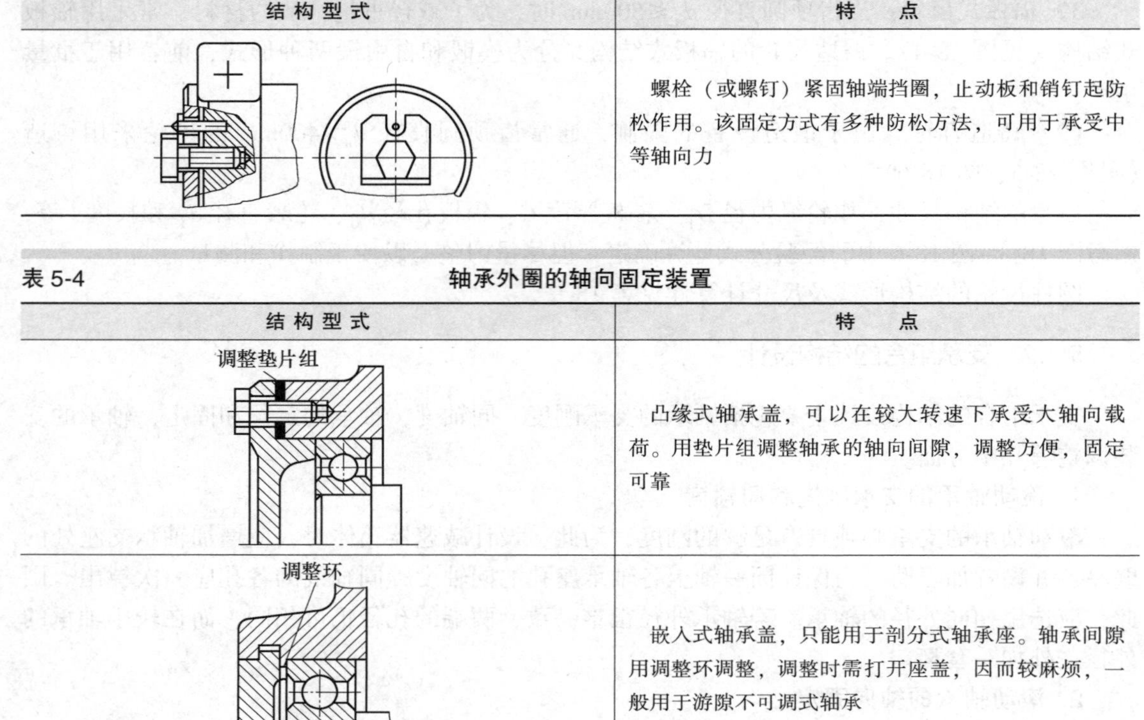	螺栓（或螺钉）紧固轴端挡圈，止动板和销钉起防松作用。该固定方式有多种防松方法，可用于承受中等轴向力

表 5-4 轴承外圈的轴向固定装置

结构型式	特点
	凸缘式轴承盖，可以在较大转速下承受大轴向载荷。用垫片组调整轴承的轴向间隙，调整方便，固定可靠
	嵌入式轴承盖，只能用于剖分式轴承座。轴承间隙用调整环调整，调整时需打开座盖，因而较麻烦，一般用于游隙不可调式轴承
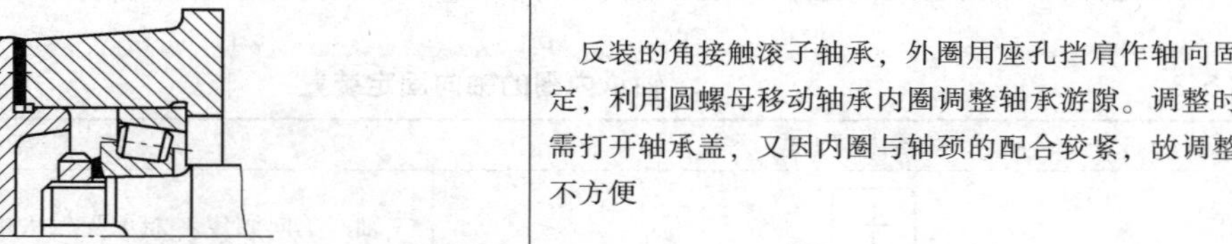	反装的角接触滚子轴承，外圈用座孔挡肩作轴向固定，利用圆螺母移动轴承内圈调整轴承游隙。调整时需打开轴承盖，又因内圈与轴颈的配合较紧，故调整不方便
	利用座孔挡肩作轴向固定，这种结构不便于座孔镗制
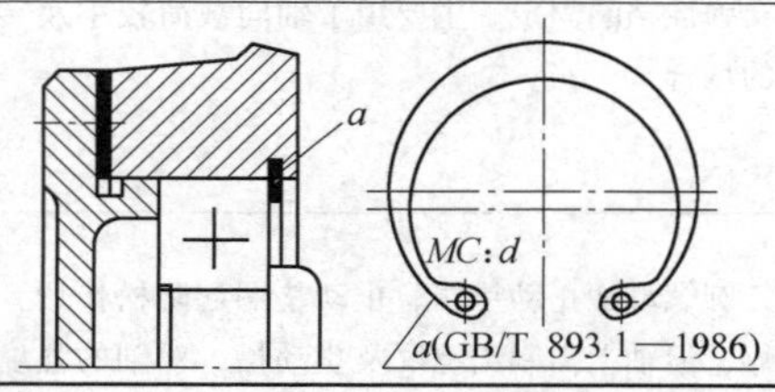	弹性挡圈，其轴向承载能力较低，多用于向心轴承

3. 轴承的支承形式及调整方式

一般齿轮减速器常用两端单向固定的轴系固定方式（见图 5-7），并利用凸缘式轴承端盖与箱体外端面之间的一组垫片调整轴承间隙。对于嵌入式轴承端盖，应在轴承外圈与端盖之间装入不同厚度的调整环来调整轴承的轴向间隙。

为了保证锥齿轮传动的啮合精度，常利用套杯与轴承端盖间的一组垫片的厚度来调整锥齿轮轴的轴向位置，使两锥齿轮锥顶重合，而调整轴承间隙则是利用轴承端盖与座孔端面间的一组垫片完成的（见图 5-13）。

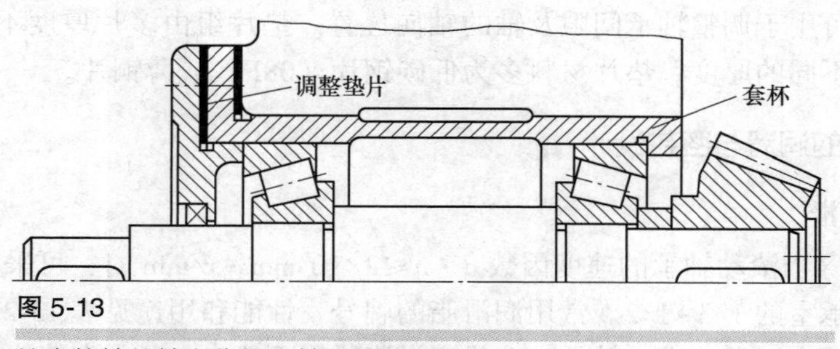

图 5-13
锥齿轮轴的轴向位置和轴承间隙的调整

4. 轴承端盖、套杯、调整垫片组

轴承端盖用于固定轴承，承受轴向力及调整轴承间隙。轴承盖的结构分为凸缘式和嵌入式两种，每种形式中按是否有通孔又分为透盖和闷盖。轴承盖所用的材料一般为灰铸铁 HT150 或普通碳素钢 Q251、Q235。凸缘式轴承盖安装拆卸、调整轴承间隙都较为方便，易密封，故得到广泛应用。但外缘尺寸较大，还需有一组螺钉来连接；嵌入式轴承盖结构简单、紧凑、无需螺钉、外径小，使机体外表比较光滑，能减少零件总数和减轻机体总重量，但装拆和调整轴承间隙都较麻烦，密封性能较差，座孔上需加工环形槽。

轴承盖设计时应注意下列问题：

1）凸缘式轴承盖与座孔配合处较长时，为了减少接触面，应在端部铸造或车出一段较小的直径，使配合长度为 l，为避免拧紧螺钉时端盖歪斜，一般取 $l=(0.1\sim0.15)D$，D 为轴承外径。

2）当轴承采用箱体内的润滑油润滑时，为使润滑油由油沟流入轴承，应在轴承盖的端部加工出 4 个缺口（见图 5-14），装配时该缺口不一定能对准油沟，故应在其端部车出一段较小的直径，以便让油先流入环状间隙，再经缺口进入轴承腔内。

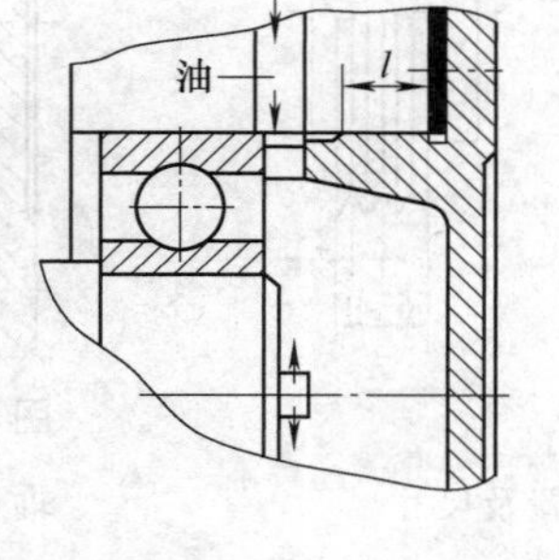

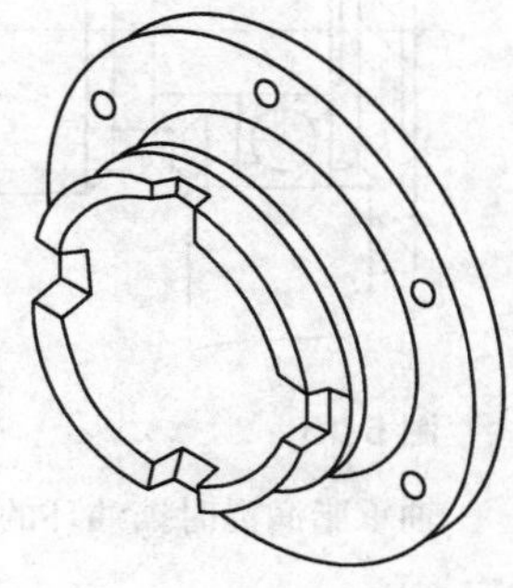

图 5-14
油润滑轴承凸缘式轴承端盖结构

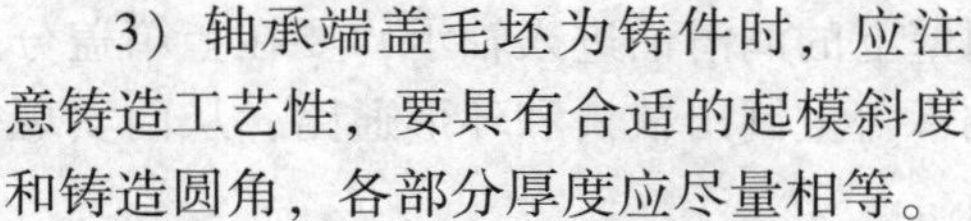

3）轴承端盖毛坯为铸件时，应注意铸造工艺性，要具有合适的起模斜度和铸造圆角，各部分厚度应尽量相等。

凸缘式、嵌入式轴承盖的结构和尺寸详见图 14-1、图 14-2。

轴承套杯的主要作用是：

1）当几个轴承组合在一起用于同一支点时，采用套杯，便于轴承的固定和拆装。

2）利用套杯调整轴的轴向位置，普遍用于小锥齿轮结构中。

3）当同一轴上两端轴承外径不相等时，可用套杯使两轴承座孔直径保持一致，以便一次镗孔，从而有效保证同轴度。

套杯结构尺寸可参考表14-6自行设计，设计时必须使套杯外径大于蜗杆齿顶圆直径或小锥齿轮齿顶圆直径，套杯壁厚一般取7~12mm。

调整垫片组可用于调整轴承间隙及轴的轴向位置。垫片组由多片厚度不同的垫片组成。可根据需要组成不同的厚度。垫片材料多为低碳钢片（08F）或薄铜片。

5.4.3 轴承的润滑与密封设计

1. 轴承的润滑

（1）脂润滑　当滚动轴承的速度因数 $d \cdot n \leqslant 2\times10^5$mm·r/min 时，可采用脂润滑，润滑脂的填充量为轴承室的1/3~1/2。常用润滑脂的牌号、性能和用途见表13-2。当轴承采用脂润滑时，为防止箱内润滑油进入轴承，造成润滑脂稀释而流出，通常在箱体轴承座内端面一侧装设挡油环，如图5-15所示。

当小斜齿轮布置在轴承附近，而且斜齿轮直径小于轴承外径时，由于斜齿轮有沿齿轮轴向排油作用，使齿轮啮合过程挤出的润滑油大量喷入轴承，尤其在高速时更为严重，增加了轴承的阻力。因此，当轴承采用油润滑时，也应在小齿轮与轴承之间装设挡油环（见图5-16）。图5-16中 a 处的挡油环为冲压件，适用于成批生产；图5-16中 b 处的挡油环由车加工而成，适用于单件或小批量生产。

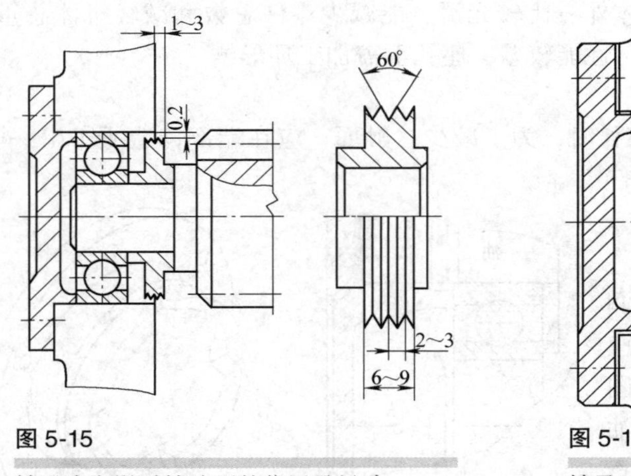

图 5-15

轴承脂润滑时挡油环的位置及尺寸

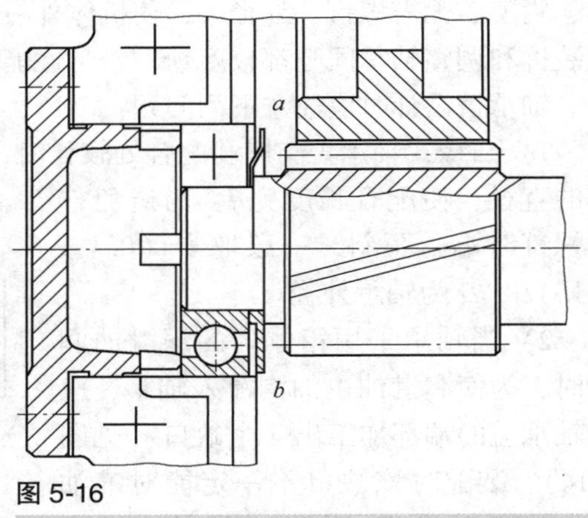

图 5-16

轴承油润滑时的挡油环

（2）油润滑　当滚动轴承的速度因数 $d \cdot n > 2\times10^5$mm·r/min 时，且浸油齿轮能够将油溅到箱体内壁上时，轴承可采用油润滑，为使箱盖内壁上的润滑油进入轴承，要在上箱盖分箱面处制出坡口、在箱座分箱面上制出油沟以及在轴承盖上制出缺口和环形通路，从而实现轴承的油润滑，油路和油沟结构及尺寸如图5-17所示。

采用油润滑时，油的黏度可根据轴承的速度因数 $d \cdot n$ 值和工作温度 t 值（见图5-18）确定。黏度确定后可参考表13-1、表13-3确定润滑油牌号，润滑油的选择应优先考虑传动件的需要。

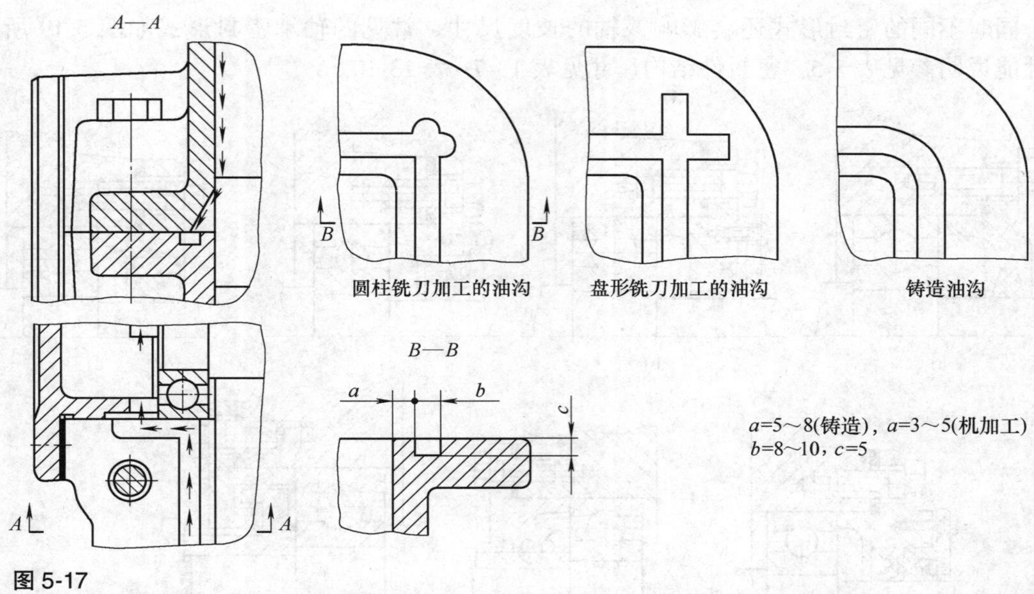

图 5-17

油路和油沟结构及尺寸

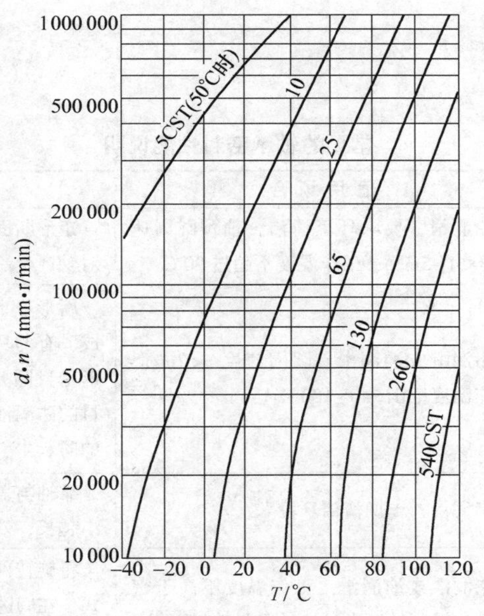

图 5-18

滚动轴承润滑油黏度选择

当齿轮圆周速度 $v>3\text{m/s}$，且润滑油黏度不高时，飞溅的润滑油能形成油雾从而轻松实现对轴承的润滑，此时不必制出油沟。

2. 轴承的密封

在减速器输入轴或输出轴外伸处，为防止润滑剂向外泄漏及外界灰尘、水分和其他杂质渗入，导致轴承磨损或腐蚀，应该设置密封圈装置。常用密封类型有很多，密封效果也不相同，同时不同的密封形式还会影响该轴的长度尺寸。常见的轴承密封形式如图 5-19 所示，其性能说明参见表 5-5，密封件结构尺寸见表 13-7~表 13-10。

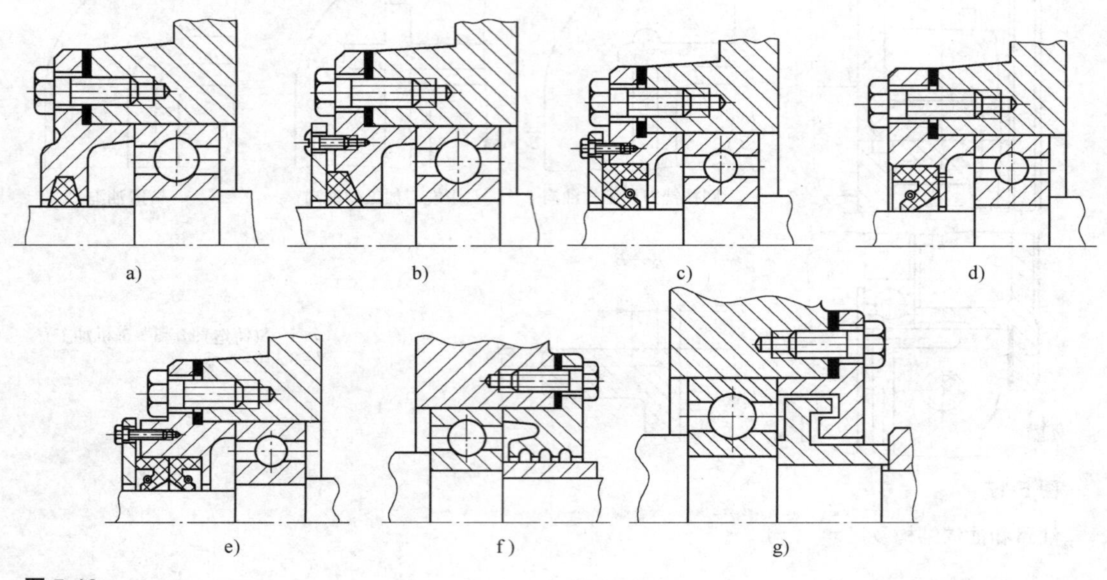

图 5-19

常见的轴承密封形式

表 5-5 常见的轴承密封性能说明

密封类型	图名及图号	适用场合	说明
接触式密封	毛毡圈密封（图 5-19a、b）	脂润滑，要求环境清洁，轴颈圆周速度 $v\leqslant 4\sim 5\mathrm{m/s}$，工作温度不超过 90℃	矩形断面的毛毡圈被安装在梯形槽内，它对轴产生一定的压力从而起到密封作用
	唇形密封圈密封（图 5-19c、d、e）	脂润滑或油润滑，圆周速度 $v<7\mathrm{m/s}$，工作温度范围-40~100℃	唇形密封圈用皮革、塑料或耐油橡胶制成，有的具有金属骨架，有的没有骨架，唇形密封圈是标准件。图 5-19c 密封唇朝里，目的防漏油；图 5-19d 密封唇朝外，主要目的防灰尘、杂质进入
非接触式密封	间隙密封（图 5-19f）	脂润滑，干燥清洁环境	靠轴与盖间的细小环形间隙密封，间隙越小越长，效果越好，间隙取 0.1~0.3mm
	迷宫式密封（图 5-19g）	脂润滑或油润滑，工作温度不高于密封用润滑脂的滴点，这种密封效果可靠	将旋转件与静止件之间的间隙做成迷宫形式，在间隙中充填润滑油或润滑脂以加强密封效果

5.4.4 减速器的箱体及附件设计

减速器箱体是用于支承和固定轴承的组合结构，以保证传动零件正常啮合、良好润滑和密封，其结构和受力都比较复杂。箱体的结构设计是在保证刚度、强度要求的前提下，同时考虑密封可靠、结构紧凑、有良好的加工和装配工艺性、维修及使用方便等方面的要求而进行的设计。

箱体的设计和轴系组合结构的设计应相互协调、配合、交叉进行。箱体的结构设计是按先箱体、后附件，先主体、后局部，先轮廓、后细节的原则进行的，需注意视图的选择、表达及视图关系。

由于箱体的结构和受力情况比较复杂，故其结构尺寸通常根据经验设计确定。图 5-20 及图 4-1 所示为常见的铸造箱体的结构图，箱体各部分的结构尺寸可参考图 5-21 并按表 5-6 所列公式确定。

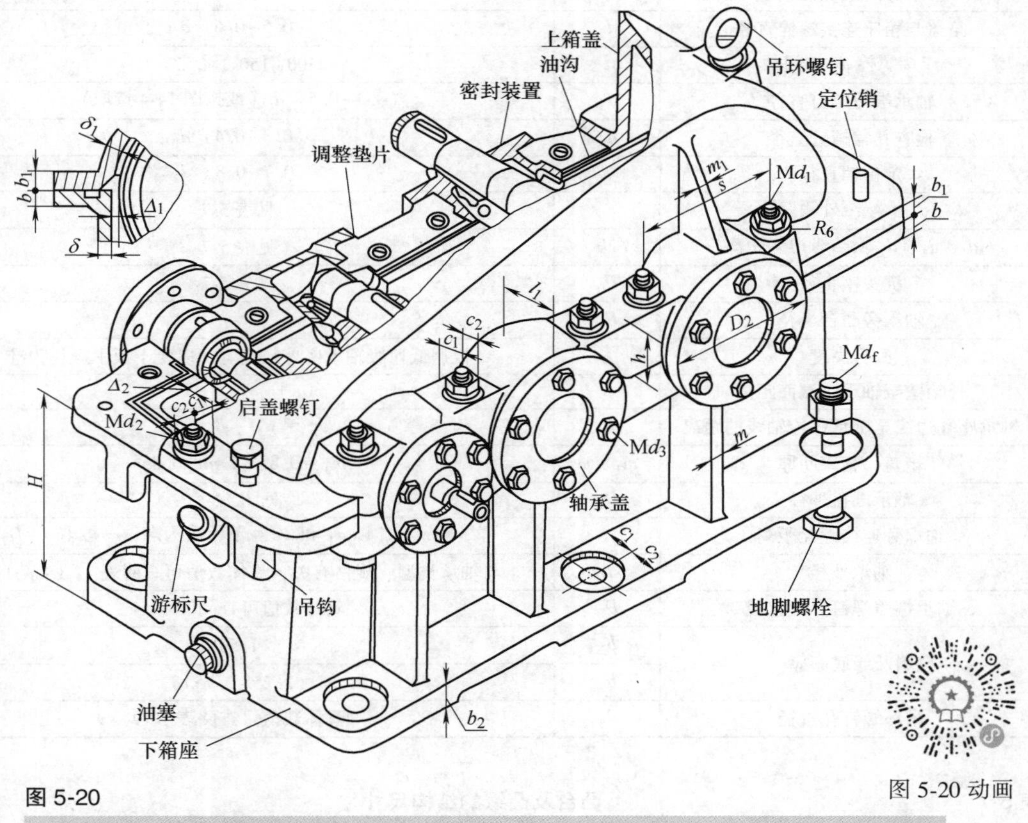

图 5-20　二级圆柱齿轮减速器的结构图

图 5-20 动画

表 5-6　铸铁减速器箱体结构尺寸　（单位：mm）

名　　称	符　　号	铸铁减速器的尺寸关系	
		圆柱齿轮减速器	
箱座壁厚	δ	一级	二级
		$0.025a+1\geq 8$	$0.025a+3\geq 8$
		考虑铸造工艺，所有壁厚都不应小于 8。二级减速器 a 为低速级齿轮中心距	
箱盖壁厚	δ_1	一级	二级
		$(0.8\sim0.85)\delta\geq 8$	$(0.8\sim0.85)\delta\geq 8$
箱座凸缘厚度	b	1.5δ	
箱盖凸缘厚度	b_1	$1.5\delta_1$	

（续）

名 称	符 号	铸铁减速器的尺寸关系 圆柱齿轮减速器
箱座底凸缘厚度	b_2	2.5δ
地脚螺栓直径	d_f	$0.036a+12$
地脚螺栓数目	n	$a\leqslant 250$ 时，$n=4$；$250<a\leqslant 500$ 时，$n=6$；$a>500$ 时，$n=8$
轴承旁连接螺栓直径	d_1	$0.75d_f$
箱盖与箱座连接螺栓直径	d_2	$(0.5\sim0.6)\ d_f$
连接螺栓 d_2 的间距	l	100~150（参考）
轴承端盖螺钉直径	d_3	$(0.4\sim0.5)\ d_f$（或按图 14-4 选取）
检查孔盖螺钉直径	d_4	$(0.3\sim0.4)\ d_f$
定位销直径	d	$(0.7\sim0.8)\ d_2$
d_f、d_1、d_2 至外箱壁距离	c_1	见表 5-7
d_f、d_1、d_2 至凸缘边缘距离	c_2	见表 5-7
沉头座直径	D_0	见表 5-7
轴承旁凸台半径	R_1	c_2
凸台高度	h	根据低速级轴承座外径确定，以便于扳手操作为准
外箱壁至轴承座端面距离	l_1	$c_1+c_2+(5\sim8)$
轴承座孔边缘至轴承螺栓轴线的距离	l_8	$l_8\approx(1\sim1.2)d_1$
箱盖、箱座肋厚	m_1、m	$m_1\approx0.85\delta_1$，$m\approx0.85\delta$
轴承端盖外径	D_2	见图 14-4
轴承旁连接螺栓距离	s	尽量靠近，以 d_1 和 d_3 互不干涉为准，一般取 $s\approx D_2$
轴承外径	D	与轴承类型、规格有关，具体数值可查阅表 11-1~表 11-3
轴承端盖螺钉分布直径	D_0	具体数值可查阅图 14-4
斜凸缘底座厚	b_3	1.5δ
	b_4	$(2.25\sim2.75)\delta$
吊环螺钉孔直径	d_5	具体数值可查阅表 10-9

表 5-7 凸台及凸缘的结构尺寸

螺栓直径	M6	M8	M10	M12	M14	M16	M18	M20	M22	M24	M27	M30
$c_{1\min}$	12	14	16	18	20	22	24	26	30	34	38	40
$c_{2\min}$	10	12	14	16	18	20	22	24	26	28	32	35
沉头座直径 D_0	13	18	22	26	30	33	36	40	43	48	53	61
$R_{0\max}$	5					8				10		
$r_{1\max}$	3						5			8		

1. 箱体的结构设计

设计减速器箱体结构时需注意以下几方面问题：

(1) 注意提高箱体的支承刚度

1）在轴承座上设置加强肋。为保证轴承座的支承刚度，轴承座孔应有一定的壁厚。当轴承座孔采用凸缘式轴承盖时，根据安装轴承盖螺钉的需要确定的轴承座厚度就可以满足刚度的要求。使用嵌入式轴承盖的轴承座一般也采用与用凸缘式轴承盖时相同的厚度，如

图 5-22 所示。为了提高轴承座刚度还应设置加强肋或凸台结构，如图 5-22、图 5-23 所示。

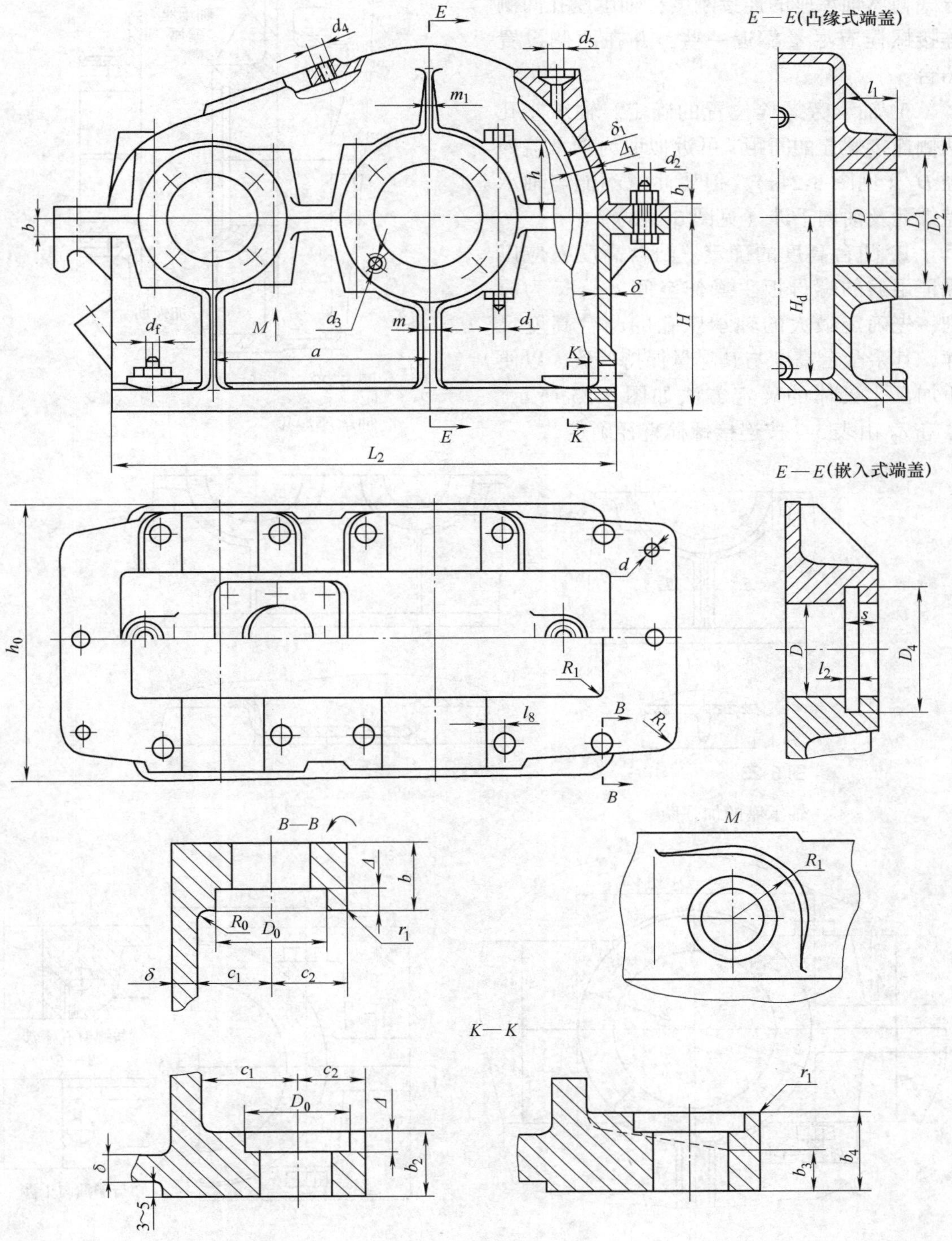

图 5-21

箱体结构及尺寸

2）剖分式轴承座设置凸台。为保证剖分式箱体轴承座的连接刚度，轴承座孔两侧连接螺栓应尽量靠近一些，并在两侧设置凸台。

① 轴承旁螺栓位置的确定。轴承座孔两侧连接螺栓的间距 s 可近似取为轴承盖外径 D_2（见图 5-24a），但要注意不能与轴承盖螺孔及油沟干涉（见图 5-24b）。

② 凸台高度的确定。凸台高度 h 应以保证足够的螺母扳手操作空间 c_1、c_2 为原则，先确定最大的轴承座孔的凸台高度尺寸，其余凸台高度与其尽量保持一致，以便于加工，具体的确定方法如图 5-25 所示。c_1 和 c_2 由表 5-7 按连接螺栓直径确定。

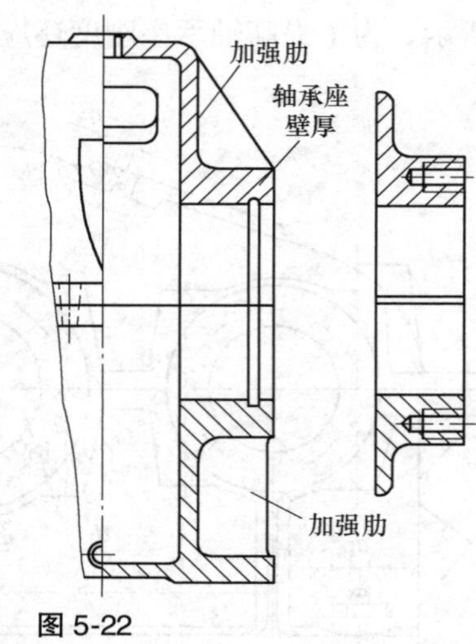

图 5-22

轴承座厚度

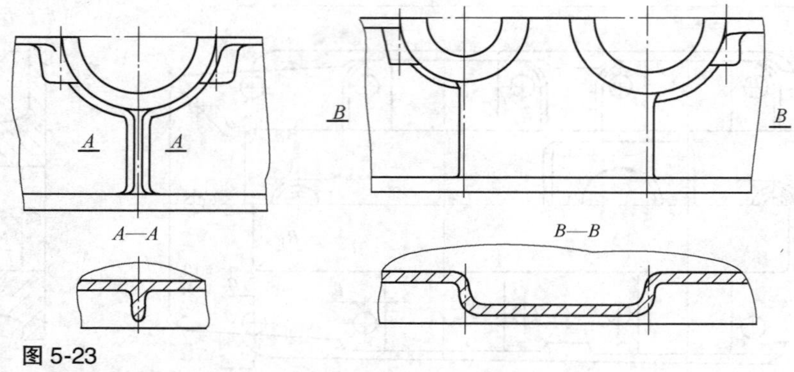

图 5-23

轴承座的加强肋

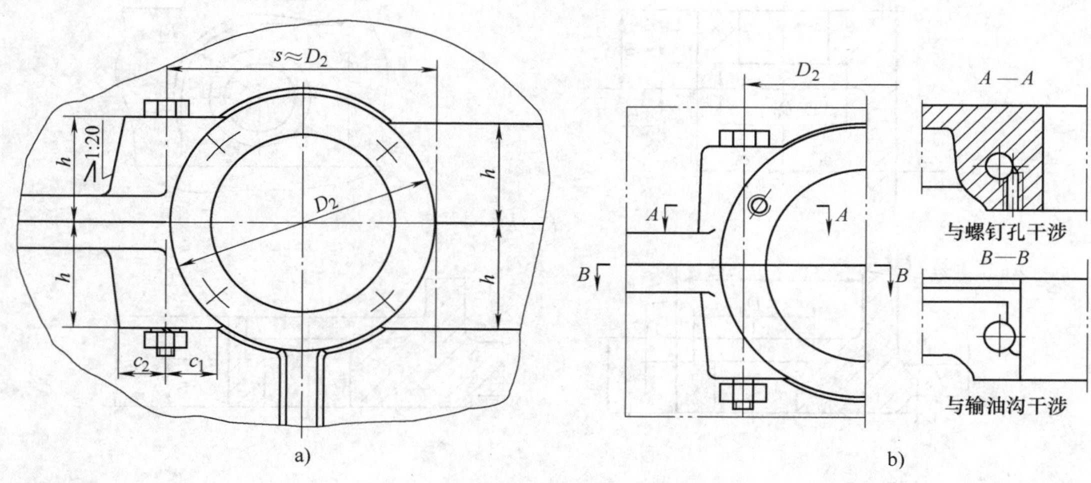

图 5-24

轴承座凸台结构

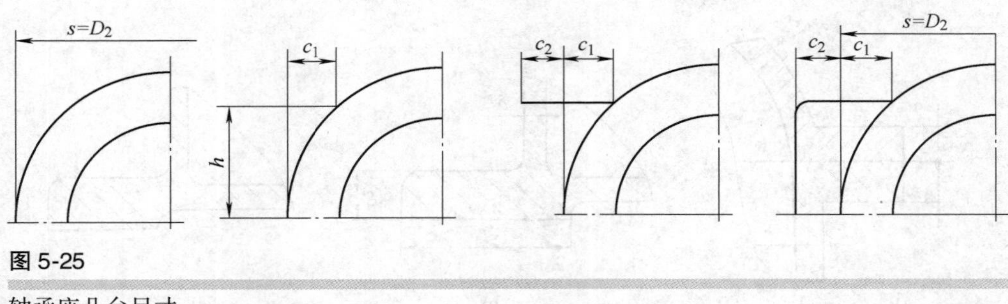

图 5-25

轴承座凸台尺寸

③ 小齿轮端箱体外壁圆弧半径 R 的确定。当小齿轮轴承旁螺栓凸台位于箱体外壁之内时，应使 $R \geqslant R'+10\text{mm}$，从而定出小齿轮端箱体外壁和内壁的位置，再投影到俯视图中定出小齿轮齿顶一侧的箱体内壁。凸台三视图关系如图 5-26 所示，图 5-26a 所示凸台位于箱体外壁之内，图 5-26b 凸台位于箱体外壁之外。

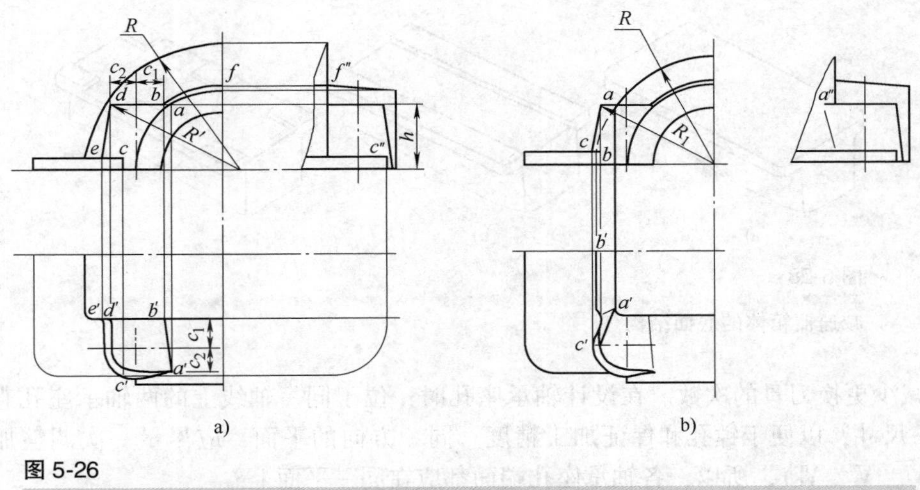

图 5-26

小齿轮一侧箱盖圆弧的确定与凸台三视图

④ 凸缘厚度的确定。为了保证箱盖与箱座的连接刚度，箱盖与箱座连接处凸缘的厚度 b_1、b 要比箱壁略厚，一般取箱壁厚度的 1.5 倍。为了保证箱体支承的刚度，箱座底板的厚度 b_2 也应大于箱座壁厚，一般取为 2.5 倍，如图 5-27 所示。其中图 5-27c 因底座凸缘过窄，为不正确设计；图 5-27a 中取 $b_1=1.5\delta_1$，$b=1.5\delta$；图 5-27b 中取 $b_2=2.5\delta$，$l_4=c_1+c_2+2\delta$。

（2）箱体要有良好的工艺性

1）箱体的壁厚应保证铸造生产工艺性。在设计铸造箱体时，应保证铸造生产工艺要求。考虑到液态金属流动的畅通性，铸件壁厚不可太薄，外壁、内壁与加强肋的厚度见表 8-14，最小壁厚要求见表 8-15。为便于造型时取模，铸件表面沿起模方向应有 1∶10～1∶20 的起模斜度。若采用消失模铸造时，不考虑起模斜度。

2）箱体加工应保证机加工工艺性。在设计箱体结构时，还应保证机械加工的工艺要求。尽可能减少机加工面积和更换刀具的次数，从而提高劳动生产率，并减小刀具磨损。

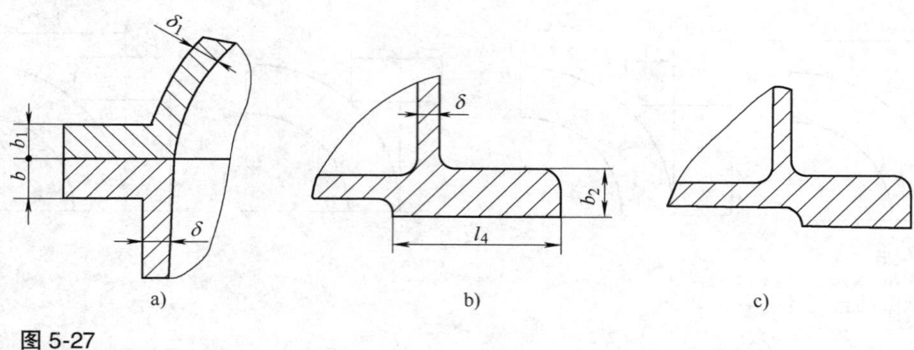

图 5-27

箱体连接凸缘及底座凸缘

① 减少机加工面积。如图 5-28 所示的箱座底面的结构形状中，其中图 5-28a 加工面积太大，也难以支承；图 5-28b、c 所示结构较好。其中，图 5-28c 适用于大型箱体。

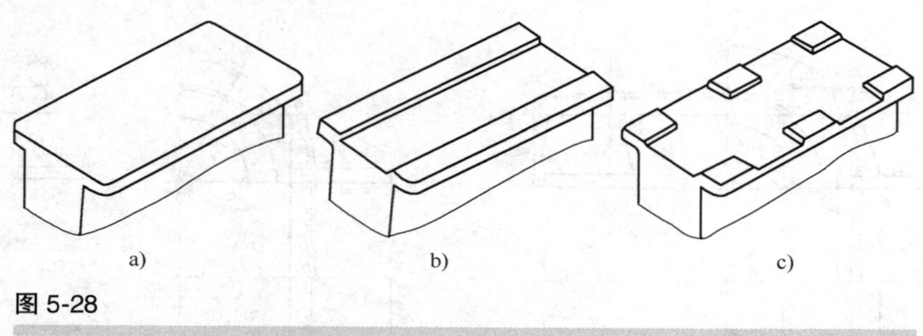

图 5-28

减速器箱体的底面结构

② 减少更换刀具的次数。在设计轴承座孔时，位于同一轴线上的两轴承座孔直径应尽量取同一尺寸，以便于镗孔和保证加工精度。同一方向的平面，应尽量一次调整加工（见图 5-29Ⅳ、Ⅴ、Ⅵ），所以，各轴承座孔端面都应在同一平面上。

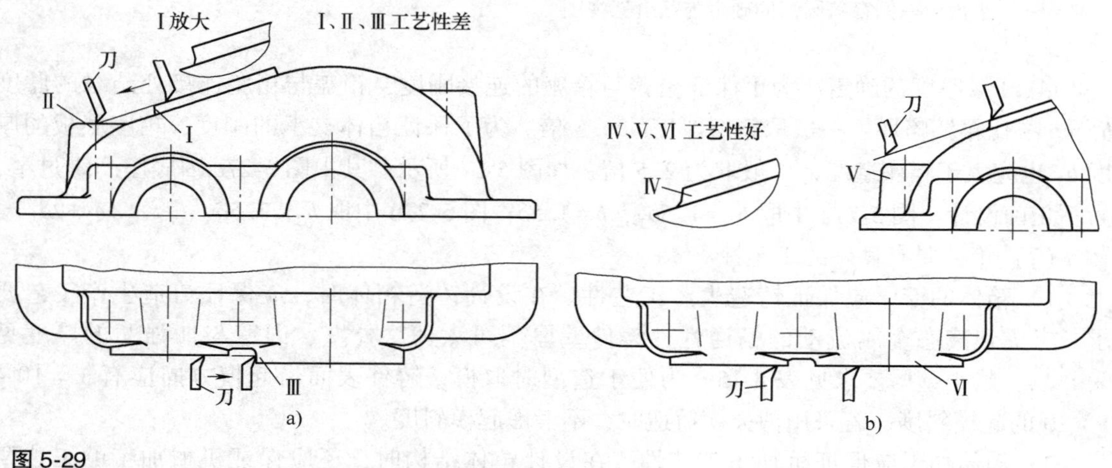

图 5-29

同一方向上的平面位置

③ 加工面与非加工面应分开。箱体任何一处加工面与非加工面必须严格分开（见图 5-30）。箱体与其他零件结合处（如箱体轴承端面与轴承盖、检查孔与检查孔盖、螺塞孔与螺塞及吊环螺钉孔与吊环螺钉等）的支承面应做出凸台，凸起高度为 3~8mm。螺栓头及螺母的支承面也需要设计凸台或沉头座，并铣平或锪平，一般取下凹深度以锪平为准，或取 2~3mm。图 5-31 所示为凸台和沉头座的铣平、锪平加工方法。

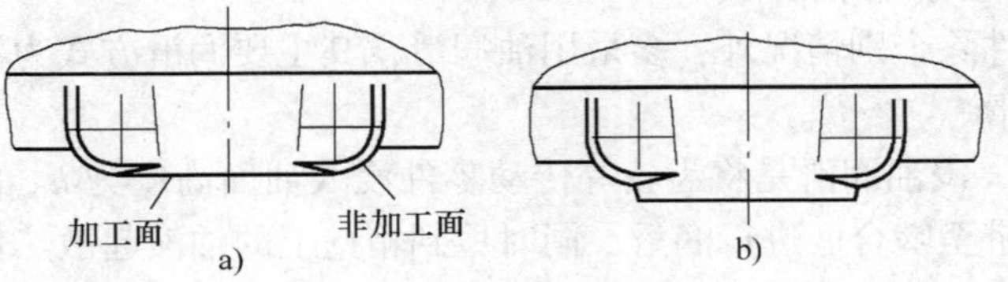

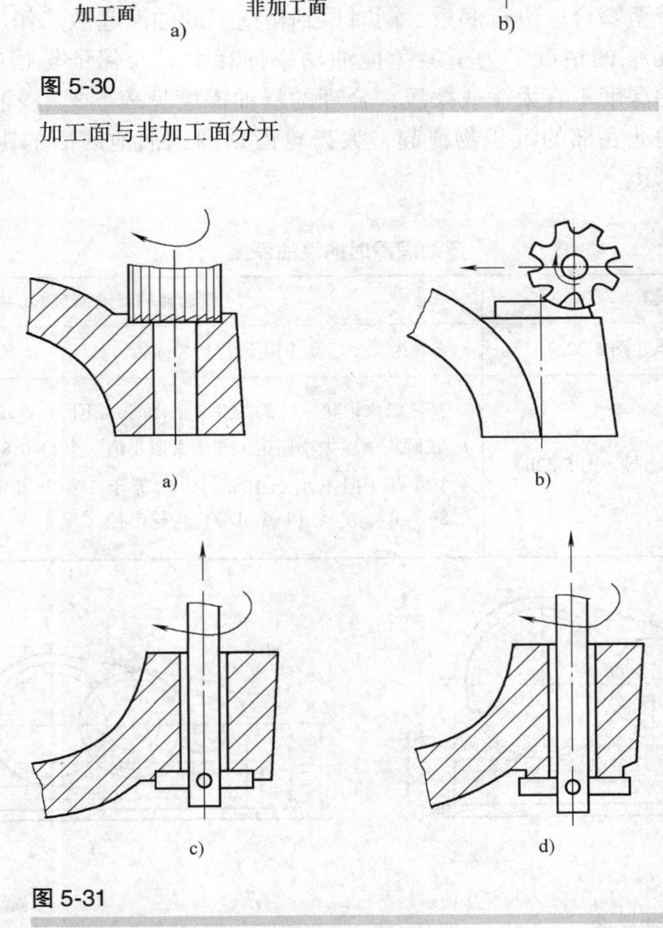

图 5-30
加工面与非加工面分开

图 5-31
凸台和沉头座的铣平、锪平加工方法

（3）箱体凸缘连接螺栓 d_2 的布置应合理　连接箱盖与箱座的螺栓组应对称布置，并且不应与吊环、吊钩、定位销、油标尺等相互干涉。螺栓数及螺栓直径由箱体结构及尺寸大小而定。螺栓的间距在 100~150mm 之间，最小不小于扳手空间位置。

（4）减速器中心高位置的确定　减速器中心高 H 应综合考虑润滑、散热等方面的要求，按下列经验公式确定，即

$$H>\frac{d_a}{2}+(30\sim50)+\delta+(3\sim5)$$

当减速器输入轴与电动机轴用联轴器直接相连时，减速器中心高最好与电动机轴中心高相等，利于机座的制造与安装。

2. 减速器的润滑与密封设计

减速器中传动件除个别情况外，多采用油润滑，其主要润滑方式为浸油润滑。对于高速传动，则为喷油润滑。

（1）浸油润滑　浸油润滑是将齿轮等传动零件浸入油面高度为 h_0 的润滑油中，当传动件回转时，把油液带至啮合区进行润滑，同时甩到箱壁上的油液起散热作用。这种方式适合齿轮圆周速度 $v<12\text{m/s}$ 的情况。为了避免搅油功率损耗太大及保证轮齿啮合的充分润滑，传动件浸入油池中的深度不宜太深或太浅，合理的浸油深度见表5-8。浸油润滑时，为了避免大齿轮回转时将油池底部的沉积物搅起，大齿轮齿顶圆到油池底面的距离不应小于30～50mm，如图5-32所示。

表5-8　浸油润滑时的浸油深度

减速器类型	传动件的浸油深度
一级圆柱齿轮减速器（图5-32a）	h 约为1个齿高，但不小于10mm
二级或多级圆柱齿轮减速器（图5-32b）	高速级大齿轮，h_s 约为0.7个齿高，但不小于10mm。低速级大齿轮，h_s 按圆周速度大小而定，速度大取小值。当 $v=0.8\sim1.2\text{m/s}$ 时，h_s 约为1个齿高（但不小于10mm），约等于1/6个齿轮半径；当 $v\leqslant0.5\sim0.8\text{m/s}$ 时，$h_s\leqslant$（1/6～1/3）齿轮半径

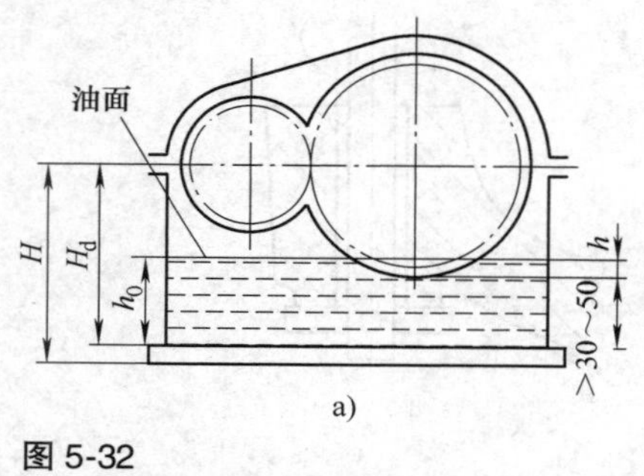

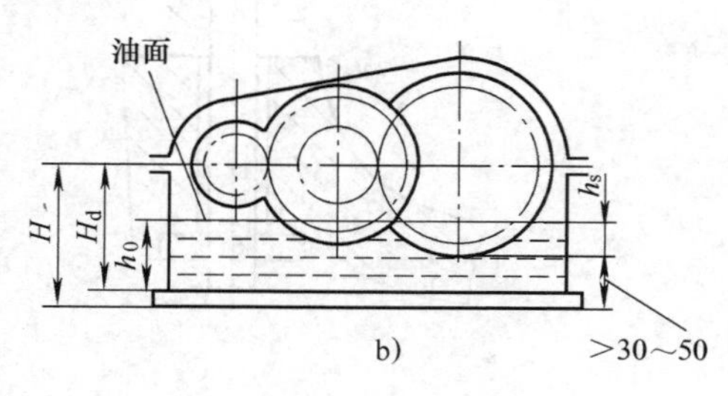

图5-32
浸油润滑及浸油深度

对于二级或多级齿轮减速器，如果低速级大齿轮浸油过深，可采用带油轮润滑（见图5-33）或将减速器箱座和箱盖的剖分面做成倾斜式的（见图5-34）。

（2）喷油润滑　当齿轮圆周速度 $v>12\text{m/s}$ 时，因粘在轮齿上的油会被离心力甩掉，而且搅油使油温升高、起泡或氧化等，此时宜用喷油润滑，即利用液压泵将油通过油嘴喷到啮合区，对传动进行润滑，如图5-35所示。喷油润滑也常用于速度并不高但工作繁重的重型减速器，或需要利用润滑油进行冷却的重要减速器。

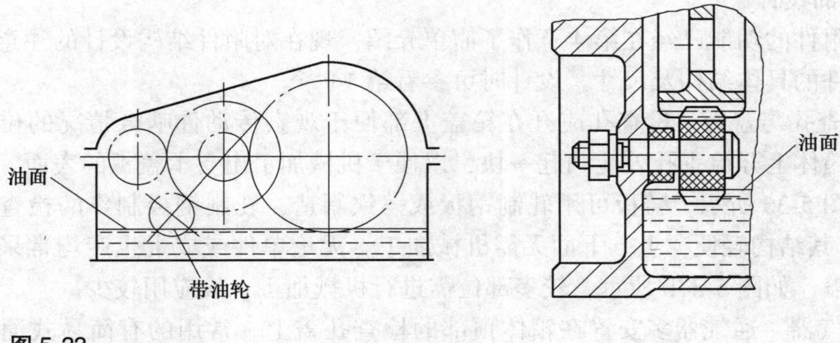

图 5-33

带油轮润滑

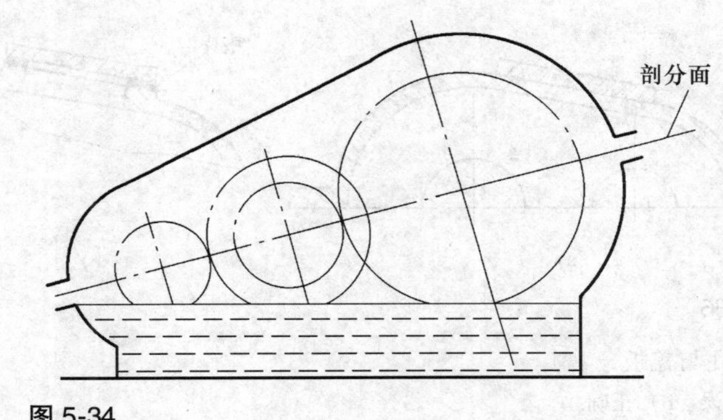

图 5-34

倾斜剖面减速器

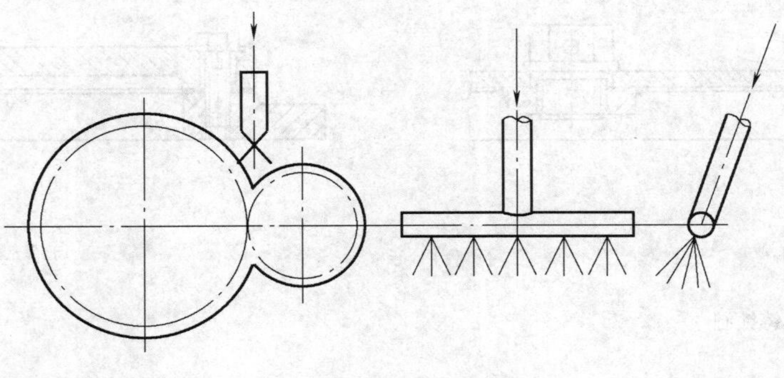

图 5-35

喷油润滑

减速器中需要密封的部位除了轴承部件之外，一般还有箱体结合面或放油孔结合面处等。箱盖与箱座结合面的密封常用涂密封胶的方法实现。因此，对结合面的几何精度和表面粗糙度都有一定要求，为了提高结合面的密封性，可在结合面上开油沟，使渗入结合面之间的油重新流回箱体内部。检查孔或放油孔结合面处一般要加封油圈以加强密封效果。

3. 附件的设计

减速器附件的功能已经在第4章作了简单介绍，现在对附件结构设计的注意事项补充如下。有关附件的具体结构及尺寸，设计时可参看第14章。

（1）检查孔与盖板　检查孔应开在箱盖上部便于观察传动件啮合情况的位置。检查孔要有盖板，箱体上开检查孔处应凸起一块，以便于机械加工出支承盖板的表面，并用垫片加强密封，如图5-36所示。盖板可用轧制钢板或铸铁制造，轧制钢板制作的检查孔盖，如图5-37a所示，其结构轻便，上、下面无需机械加工，无论单件或成批生产均常采用；铸铁制作的检查孔盖，如图5-37b所示，较多部位需进行机械加工，故应用较少。

（2）通气器　通气器多安置在箱体顶部的检查孔盖上。常用的有简易式通气器和有过滤网式通气器两种结构，简易式通气器结构简单，用于较清洁的场合。在多尘环境中，应选用过滤网式通气器。通气器的结构形式及尺寸参看第14章（见表14-2、表14-3）。

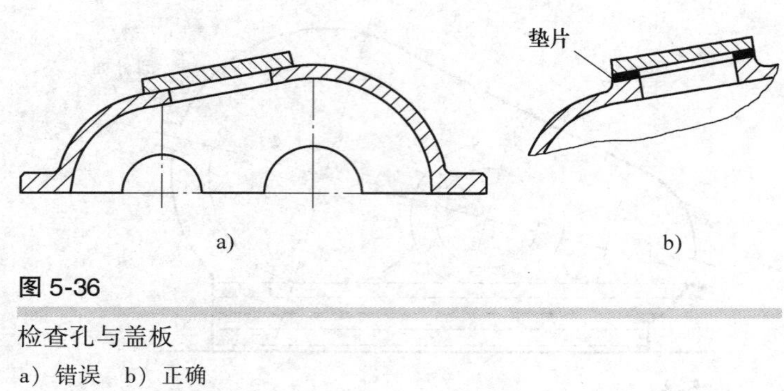

图5-36
检查孔与盖板
a）错误　b）正确

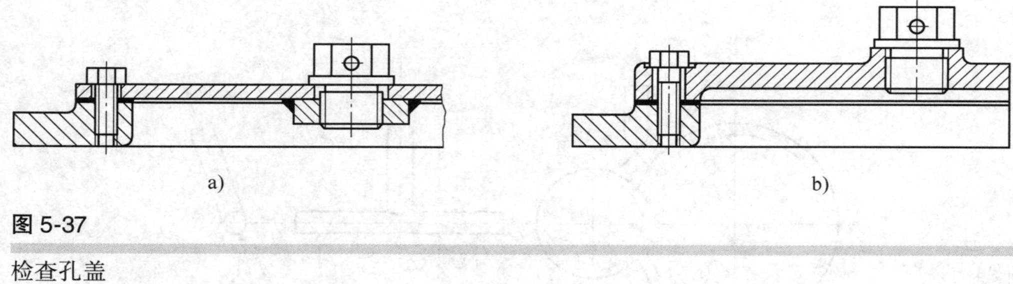

图5-37
检查孔盖
a）钢板制　b）铸铁制

（3）油标尺和油标　油标尺（油尺）和油标用于指示箱体内油面高度，应设置在便于检查和油面较稳定之处。油尺结构简单，在减速器中应用最多。油尺在减速器上安装，可采用螺纹连接，也可采用孔配合连接。检查油面高度时拔出油尺，以杆上油痕判断油面高度。油尺上两条刻度线的位置，分别对应最高油面（$h_{0\max}$）和最低油面（$h_{0\min}$），如图5-38所示。

如果需要在运转过程中检查油面，为避免因油搅动而影响检查效果，可在油尺外装隔离套，如图5-39所示。

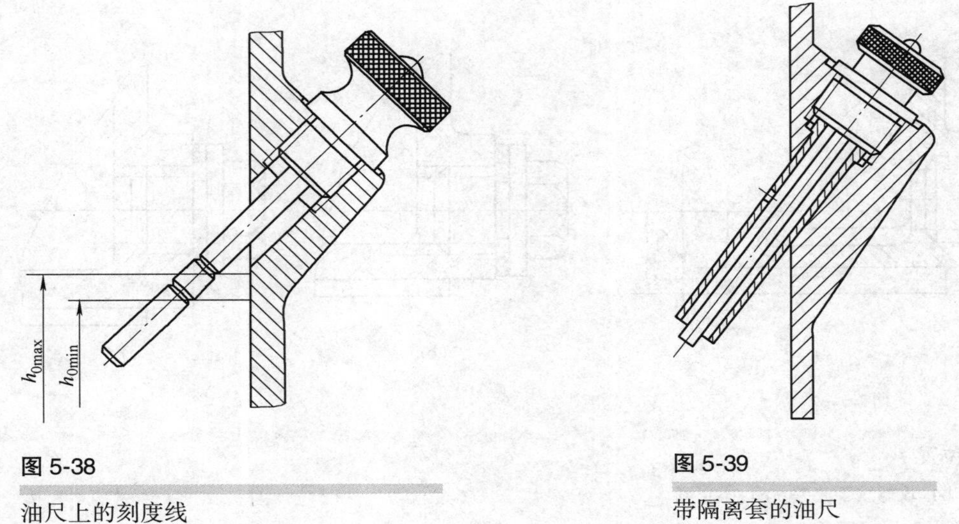

图 5-38

油尺上的刻度线

图 5-39

带隔离套的油尺

油尺多安装在箱体侧面，设计时应合理确定油尺插孔的位置及倾斜角度，既要避免箱体内的润滑油溢出，又要便于油尺的插取及油尺插孔的加工，如图 5-40 所示。当箱座较矮不便采用侧装时，可采用带有通气器的直装式油尺。

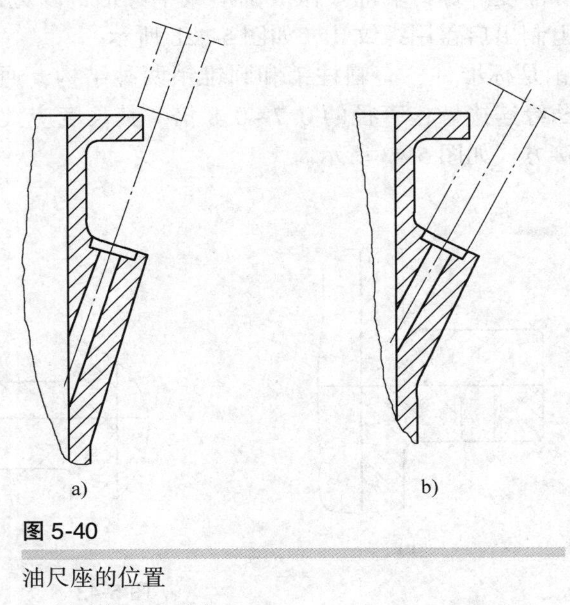

图 5-40

油尺座的位置

a）不正确　b）正确

油标有圆形及长形油标两种，可直接观察油面高度。当箱座高度较小时，宜选用油标。油尺和油标的结构尺寸可参看第 14 章（见表 14-4～表 14-6）。

（4）放油孔和螺塞　为了将箱体内的污油排放干净，应在油池的最低位置处设置放油孔，如图 5-41 所示，并安置在减速器不与其他部件靠近的一侧，以便于放油。平时放油孔用螺塞堵住，并配有封油垫圈。螺塞及封油垫圈的结构尺寸见第 14 章（见表 14-7）。

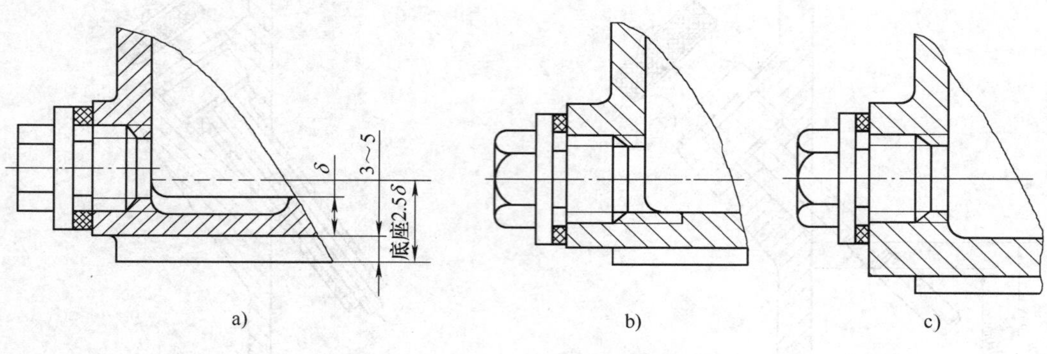

图 5-41

放油孔的位置

a）正确 b）攻螺纹工艺差 c）不正确

（5）启盖螺钉 为防止漏油，在箱体与箱盖结合面处常涂有密封胶或水玻璃，结合面被粘住，不易分开。为便于开启箱盖，可在箱盖凸缘上装设1~2个启盖螺钉。拆卸箱盖时，可先拧动此螺钉，以使箱盖与箱体分离。启盖螺钉的直径一般等于凸缘连接螺栓直径，螺纹有效长度应大于箱盖凸缘厚度。螺钉端部要做成圆形或半圆形，以免损伤螺纹，如图5-42a所示；亦可在箱座凸缘上制出启盖用螺纹孔，如图5-42b所示。

（6）定位销 定位销是标准件，有圆柱销和圆锥销两种结构，通常采用圆锥销。一般取定位销的直径为箱体凸缘连接螺栓直径的0.7~0.8倍，其长度应大于箱体连接凸缘总厚度，以便于装拆，其连接方式如图5-43所示。

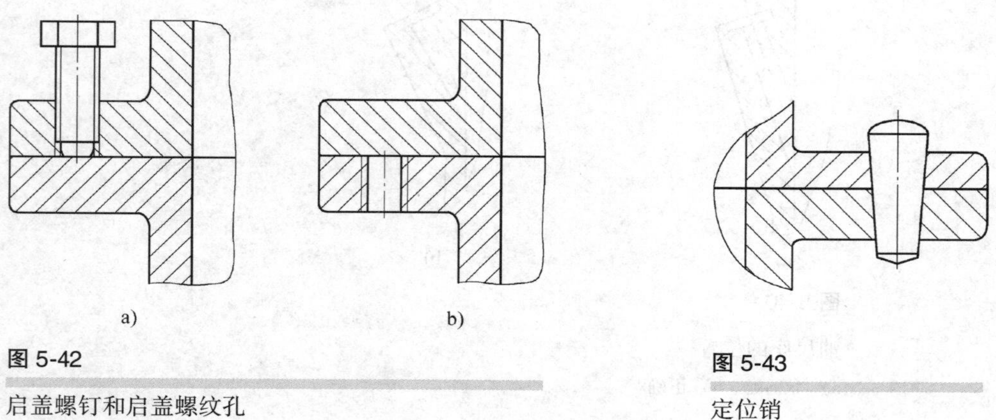

图 5-42

启盖螺钉和启盖螺纹孔

图 5-43

定位销

（7）起吊装置 起吊装置包括吊环螺钉、吊耳或吊钩。吊环螺钉是标准件，可按重量选取。如图5-44所示，吊环螺钉设置在箱盖上，多用于起吊箱盖，也可用于起吊轻型减速器整体。

采用吊环螺钉会增加机械加工量，为此常在箱盖上铸出吊耳或吊环，其功能与吊环螺钉

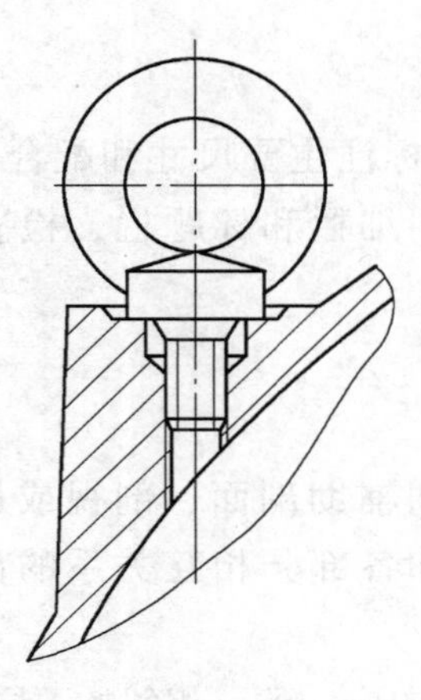
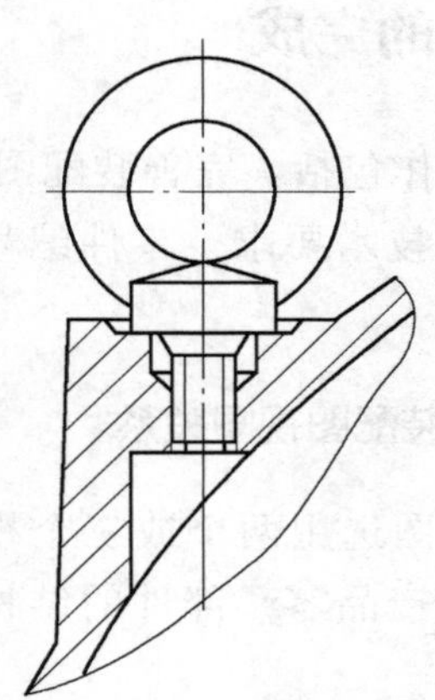

图 5-44
吊环螺钉

相同。为了吊运较重的下箱或整台减速器体，可在下箱体两端铸出吊钩。

起吊装置的结构及尺寸见第 10 章表 10-9、第 14 章表 14-7。

4. 完成装配草图

在箱体和附件的设计完成后，进一步完成装配草图的三视图，然后对装配草图进行检查。若发现问题，应在草图上予以修正。检查的主要内容如下。

1）装配草图应与传动方案简图一致。

2）图面布置、图样比例、视图表达必须符合国家标准，且投影正确。应留下足够的空间来标注尺寸、书写技术特性和绘制标题栏、明细栏。

3）各部分的结构设计是否合理。结构设计方面应重点检查的地方有：

① 齿轮结构。配对齿轮啮合部位；齿轮轴的条件；辐板式齿轮结构尺寸及与生产批量的关系。

② 轴的结构尺寸、轴上零件的固定和定位；轴的各段直径和长度是否合理；轴上各零件是否固定（周向固定和轴向固定）和定位。

③ 轴承组合结构的设计是否合理；轴承的类型和放置；轴承端盖的结构；密封的结构；封油环的结构和位置，整个组合装置的固定形式。

④ 附件的设计是否合理；检查孔凸台及孔盖的结构；吊环螺钉、吊耳和吊钩的结构与位置；油面指示器的位置和结构；放油孔凸台的位置；定位销的尺寸和布局；通气器的结构选择是否合理等。

⑤ 机体各部分结构与尺寸是否合理；轴承旁凸台的高度，c_1、c_2 是否保证，三视图投影关系是否正确；中心高是否正确；各部分凸缘高度和宽度是否正确；螺栓、定位销、启盖螺钉的布置是否合理；箱体各部分是否有合理的结构工艺性。

该阶段完成后的二级圆柱齿轮减速器装配草图如图 5-45（见书后插页）所示。

5.5 装配图的完成

本阶段的工作包括：完善装配图中各个视图，标注主要尺寸和配合、标注减速器的技术特性、编写技术要求、零件编号、编制零件明细栏和标题栏，检查装配图及加深视图等。

5.5.1 完善装配图视图关系

减速器装配图选用两个或三个视图，必要时加辅助剖面、剖视或局部视图。在完整、准确地表达产品零、部件的结构形状、尺寸和各部分相互关系的前提下，视图数量应较少。

画剖视图时，同一零件在各剖视图中的剖面线方向应一致，相邻的不同零件，其剖面线应取不同方向或间距，以示区别。对于厚度≤2mm的零件，其剖面可以涂黑。

装配图上某些结构可以采用机械制图标准中规定的简化画法，如螺栓、螺母、滚动轴承等。对于相同类型、尺寸、规格的螺栓连接可以只画一个，其余用中心线表示。

装配图绘制好后，先不要加深，待零件图设计完成后，修改装配图中某些合理的结构或尺寸，然后再加深完成装配图设计。

5.5.2 标注主要尺寸和配合

根据使用要求，在装配图中应标注以下几类尺寸：

1）特性尺寸。表明减速器性能和规格的尺寸，如传动零件中心距及其极限偏差。

2）配合尺寸。表明减速器内零件之间装配关系的尺寸。主要零件的配合处都应标出尺寸、配合性质和公差等级。如轴与传动零件、轴承、联轴器的配合尺寸，轴承与轴承座孔的配合尺寸等。配合与精度的选择对于减速器的工作性能、加工工艺及制造成本影响很大，应根据设计资料认真选定。减速器主要零件的荐用配合见表15-5，供设计时参考。

3）安装尺寸。表明减速器安装在基础上或安装其他零、部件所需的尺寸。如箱体底面尺寸；地脚螺栓孔的中心距、直径和定位尺寸；减速器中心高；轴外伸端配合长度和直径；轴外伸端面与减速器某基准轴线的距离等。

4）外形尺寸。表明减速器总长、总宽和总高的尺寸。以供包装运输和车间布置时参考。

标注尺寸时，应使尺寸线的布置整齐、清晰，尺寸应尽量标注在视图外面，并尽可能集中标注在反映主要结构的视图上。

5.5.3 标注减速器的技术特性

应在装配图上的适当位置，列表标注减速器的技术特性，见表5-9。

表 5-9　二级圆柱斜齿轮减速器的技术特性

输入功率 P/kW	输入转速 n/(r/min)	效率 η	总传动比 i	传动特性							
				第一级				第二级			
				m_n	z_2/z_1	β	公差等级	m_n	z_2/z_1	β	公差等级

5.5.4　编写技术要求

装配图的技术要求是用文字来说明在视图上无法表达的有关装配、调整、检验、润滑、维护等方面的内容，主要包括：

1. 齿轮或蜗杆传动啮合侧隙和接触斑点要求

齿轮和蜗杆传动啮合时，非工作齿面间应留有侧隙，用以防止齿轮副或蜗杆副因误差和热变形而使轮齿卡住，并为齿面间形成油膜而留有空间，保证轮齿的正常润滑条件。为了保证传动质量，必须规定齿轮副法向侧隙的最小和最大极限值（j_{nmin} 和 j_{nmax}）。关于圆柱齿轮减速器的最小法向侧隙可查看有关资料。侧隙的检查可以用塞尺或压铅丝法进行。

接触斑点由传动件精度来确定，具体数值详见第 16 章表 16-18、表 16-19。检查接触斑点的方法是，在主动件齿面上涂色，并将其转动，观察从动件齿面着色情况，由此分析接触区的位置及接触面积的大小。

当侧隙及接触斑点不符合要求时，可对齿面进行刮研、磨合或调整传动件的啮合位置。

2. 滚动轴承的轴向间隙（游隙）的要求

在安装和调整滚动轴承时，必须保证一定的轴向游隙，否则会影响轴承的正常工作。对于可调游隙轴承（如角接触球轴承和圆锥滚子轴承），其轴向游隙值可详见第 11 章表 11-2、表 11-3。对于深沟球轴承，一般应留有 $\Delta'=0.20\sim0.40$mm 的轴向间隙（见图 5-7）。

3. 减速器的密封要求

在箱体剖分面、各接触面及密封处均不允许出现漏油和渗油现象。剖分面上允许涂密封胶或水玻璃，但不允许塞入任何垫片或填料。为此，在拧紧连接螺栓前，应用 0.05mm 的塞尺检查其密封性。

4. 润滑剂的牌号和容量大小

润滑剂对减少运动副间的摩擦、降低磨损和散热冷却起着重要作用。关于传动件与轴承所用润滑剂的选择参见第 13.1 节。润滑油一般半年左右要更换一次。若轴承用润滑脂润滑，一般以填充轴承内部空间容积的 1/3～1/2 为宜。

5. 减速器的试验要求

减速器装配完成后，应做空载试验和负载试验。空载试验是在额定转速下，正、反各转 0.5h，要求运转平稳、噪声小、连接不松动、不漏油、不渗油等。负载试验是在额定转速和额定功率下进行，要求油池温升不超过 35℃，轴承温升不超过 40℃。

6. 减速器清洗和防蚀要求

经试运转检验合格后，所有零件要用煤油或汽油清洗，箱体内不允许有任何杂物存在。箱体内壁应涂上防蚀涂料，箱体不加工面应涂以油漆。

5.5.5 零件编号

为便于读图、装配和进行生产准备工作，必须对装配图中每个不同零件、部件进行编号。零件编号应符合机械制图标准的有关规定。零件编号方法，可以采用标准件和非标准件统一编号，也可以把标准件和非标准件分开，分别编号。

零件编号要齐全且不重复，对相同零件和独立部件只能有一个编号。

编号应安排在视图外边，并沿水平方向及垂直方向，按顺时针或逆时针方向顺序排列整齐。

5.5.6 编制零件明细栏及标题栏

明细栏是减速器所有零件、部件的详细目录，应注明各零件、部件的编号名称、数量、材料、标准规格等。明细栏应自下而上按顺序填写。对标准件需按规定标记书写，材料应注明牌号。

标题栏应布置在图样的右下角，用以说明减速器的名称、视图比例、件数、重量和图号等。

标题栏和明细栏的格式可参见第 8 章表 8-3。

5.5.7 检查装配图及加深视图

1. 检查装配图

完成装配图后，应再作一次仔细检查，主要内容包括：

1）视图数据量是否足够，能否清楚地表达减速器的工作原理和装配关系。

2）各零件、部件的结构是否正确合理，加工、装拆、调整、维护、润滑等是否可行和方便。

3）尺寸标注是否正确、完整，配合和精度的选择是否适当。

4）技术要求、技术特性表达是否完善、正确。

5）零件编号是否齐全，标题栏和明细栏是否符合要求，有无多余和遗漏。

6）制图是否符合国家制图标准。

2. 加深视图

在对装配图中错误进行甄别并修改后，可以进行加深。

5.6 一级圆柱齿轮减速器装配图绘制步骤详解

步骤 1：（主、俯视图）选择适当的比例，根据齿轮中心距确定主视图、俯视图中心线位置（共 6 条线），如图 5-46 所示。

图 5-46

一级圆柱齿轮减速器装配图绘制步骤 1

步骤2：（主、俯视图）根据齿轮参数绘制齿轮，主视图中的分度圆用点画线绘制；俯视图中两齿轮啮合区共5条线（3条实线、1条虚线、1条点画线，详见表8-6），如图5-47所示。若小齿轮齿根圆较小，应采用一体的齿轮轴式结构齿轮。

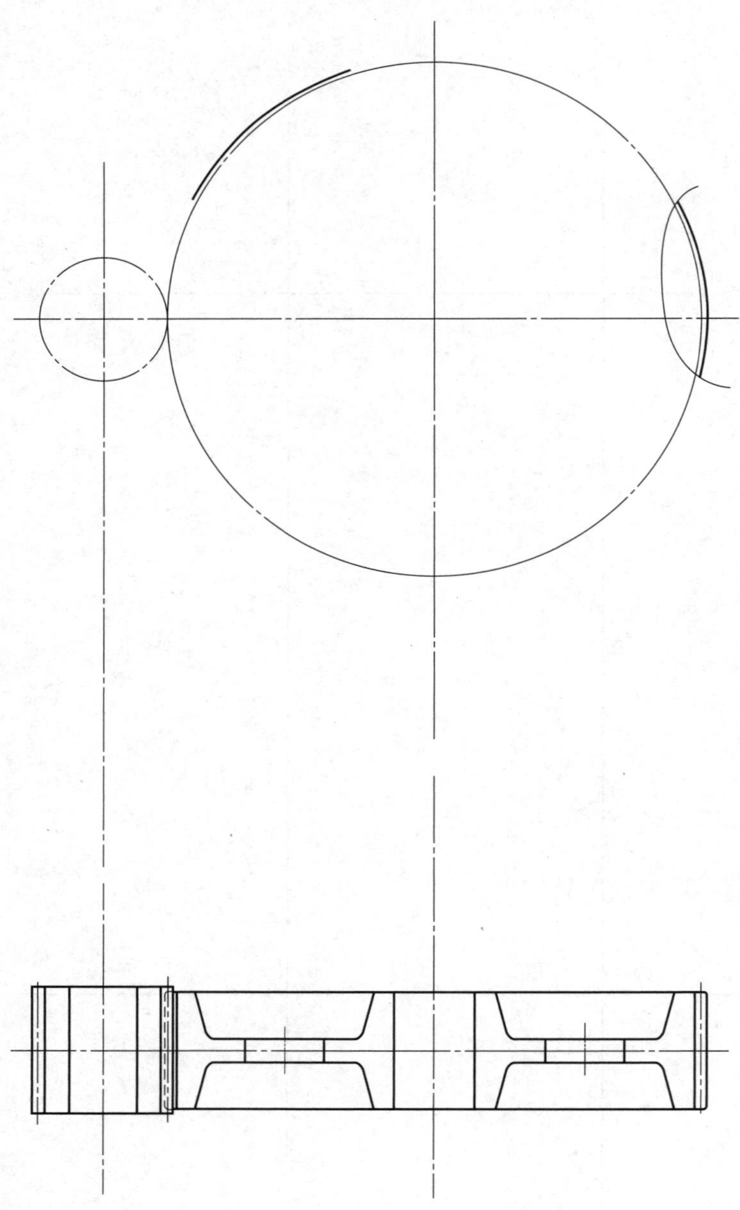

图5-47

一级圆柱齿轮减速器装配图绘制步骤2

步骤 3：（俯视图）根据表 5-1 中 $\Delta_2 \approx 10 \sim 15$mm，由小齿轮端面确定沿箱体长度方向的两条内壁线位置；根据 $\Delta_1 \geqslant 1.2\delta$，确定大齿轮右侧内壁线的位置，如图 5-48 所示。小齿轮一侧内壁线位置待定，详见图 5-4 和图 5-5。

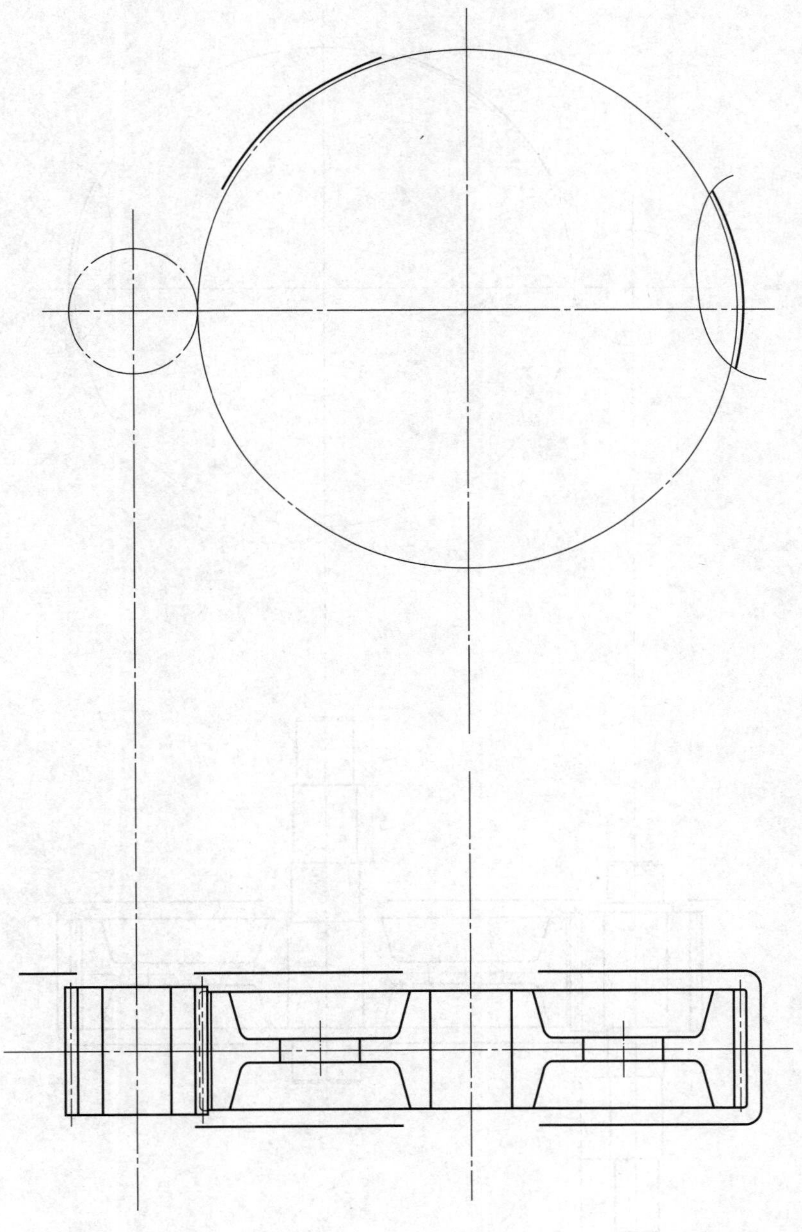

图 5-48

一级圆柱齿轮减速器装配图绘制步骤 3

步骤4：（俯视图）根据轴的尺寸参数绘制高速轴和低速轴，注意轴短毂长，如图5-49所示。每根轴的 L_1 和 L_2 段暂时不画，待完成步骤6，根据箱体外旋转零件至轴承端盖的距离确定后再画出。

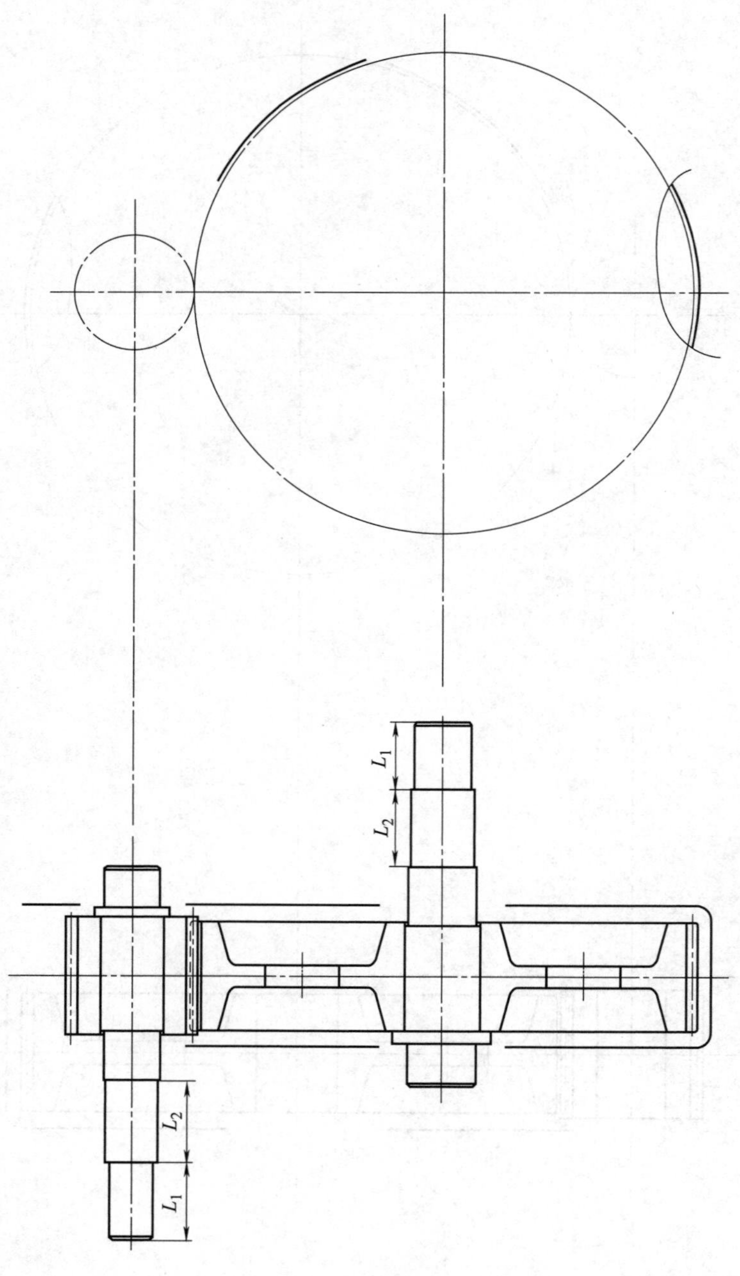

图5-49

一级圆柱齿轮减速器装配图绘制步骤4

步骤 5：（俯视图）根据表 5-6 中壁厚 δ，由内壁线确定外壁线（虚线）的位置；根据表 5-7 中轴承旁连接螺栓、凸缘连接螺栓和地脚螺栓扳手空间 c_1 确定连接螺栓分布中心线的位置，再由 c_2 确定凸台、凸缘外边沿位置，如图 5-50 所示。

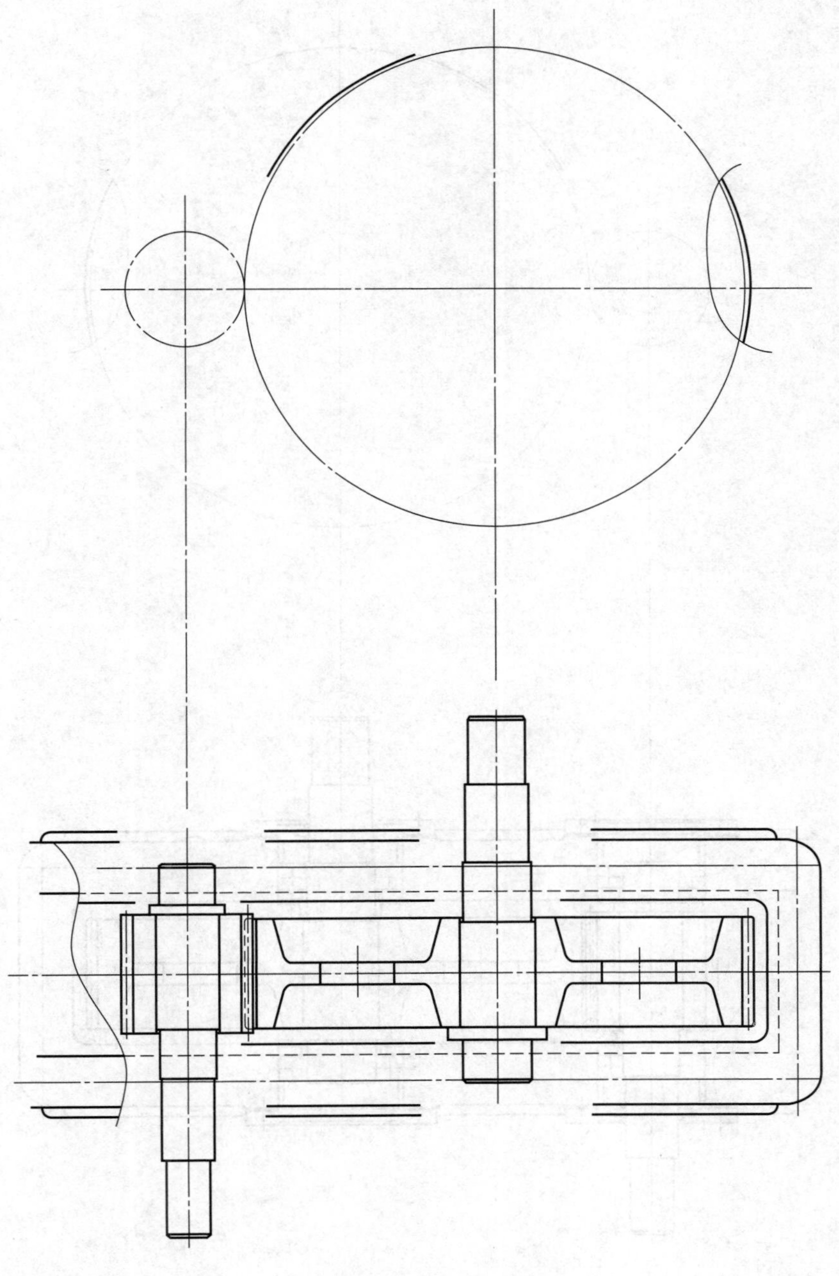

图 5-50

一级圆柱齿轮减速器装配图绘制步骤 5

步骤6:(俯视图)根据轴的结构设计及选定的轴承型号、轴承端盖,按标准绘制轴上零件;轴承座孔外端面需要加工,为减少加工面,箱体上安装轴承端盖处需设置5~8mm的凸台,如图5-51所示。

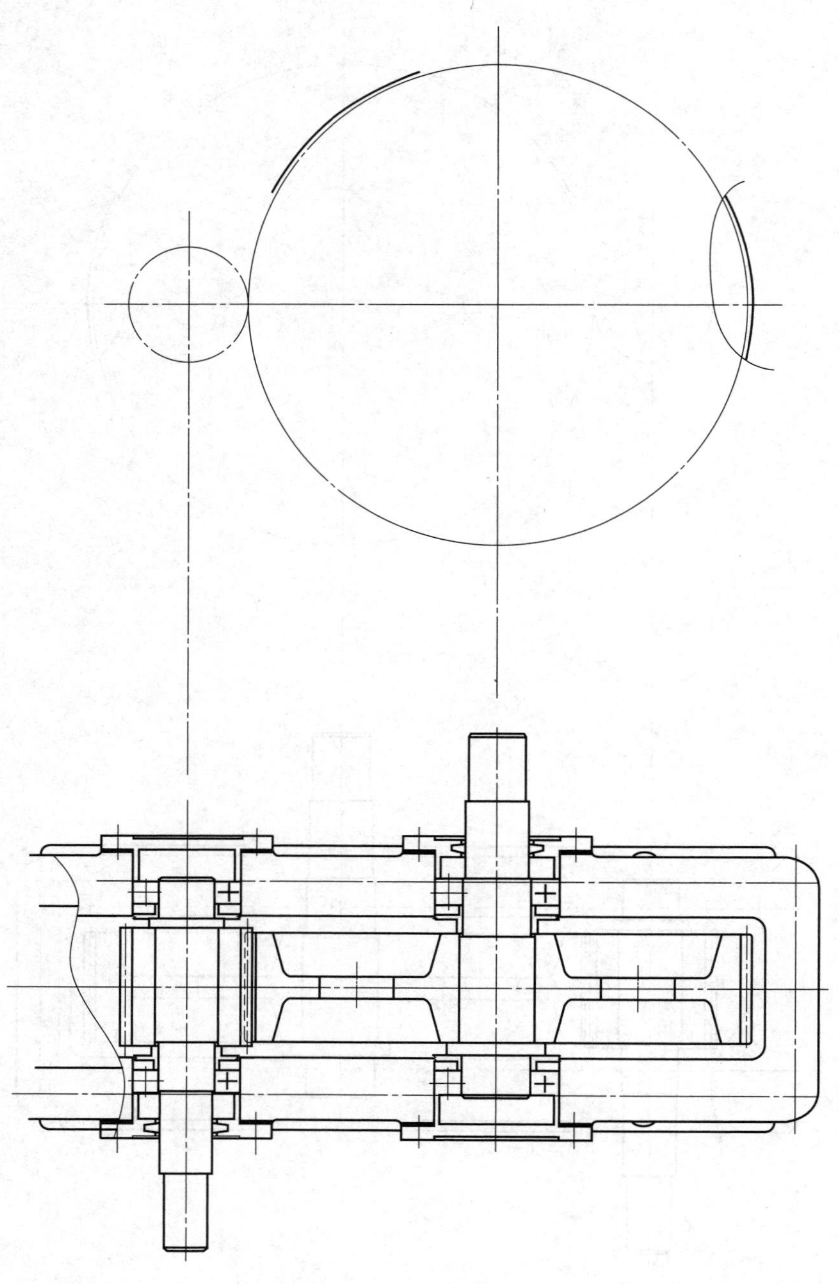

图5-51

一级圆柱齿轮减速器装配图绘制步骤6

步骤 7：（主视图）根据俯视图投影画出两轴承端盖，并绘制轴承座加强筋，如图 5-52 所示。

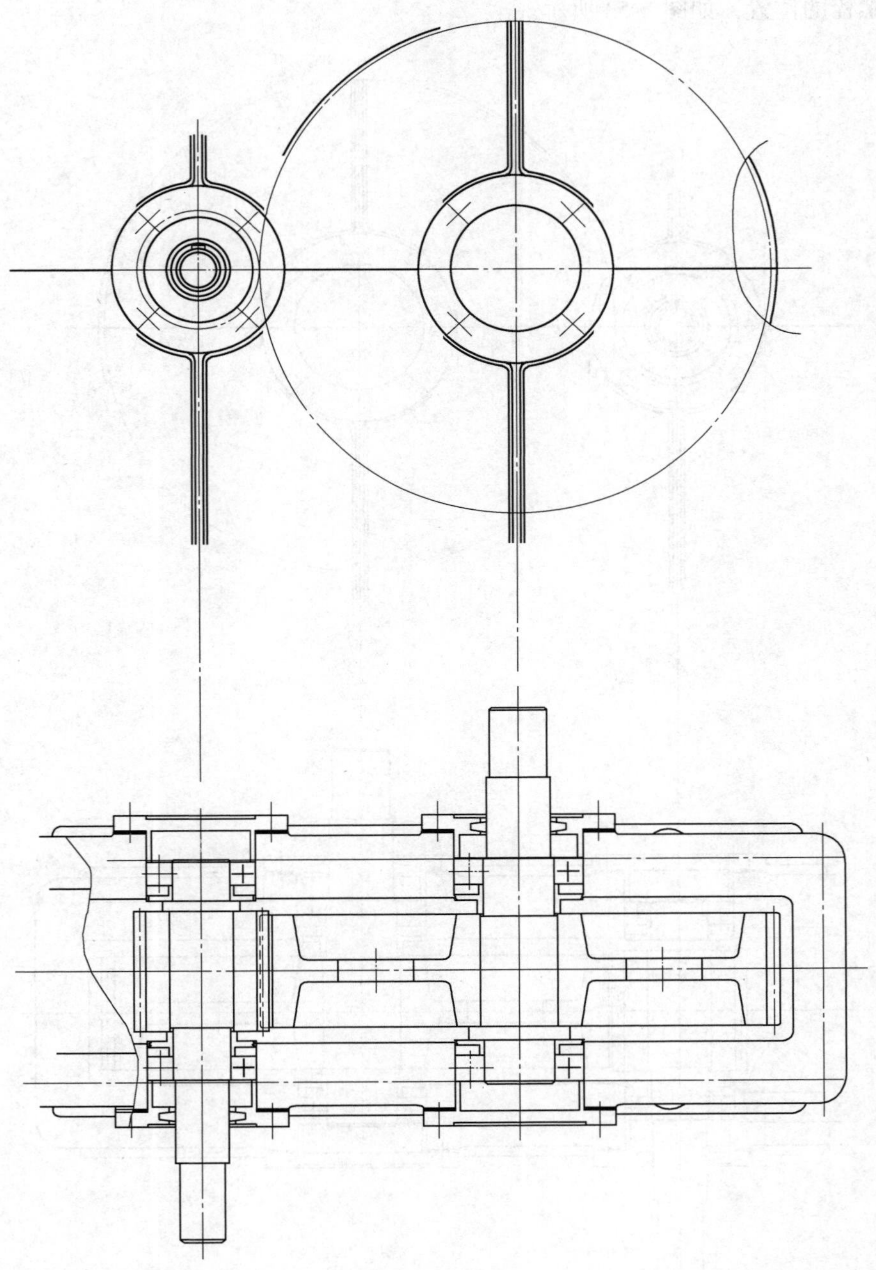

图 5-52

一级圆柱齿轮减速器装配图绘制步骤 7

步骤8：（主、俯视图）因两侧轴承旁连接螺栓的中心线一般与轴承端盖外圆相切，故在与两侧轴承端盖外圆相切且与水平中心线垂直处画出轴承旁连接螺栓的中心线，详见图5-24；两轴承盖之间的螺栓分布个数根据实际间距大小确定；然后投射到俯视图确定轴承旁连接螺栓的位置，如图5-53所示。

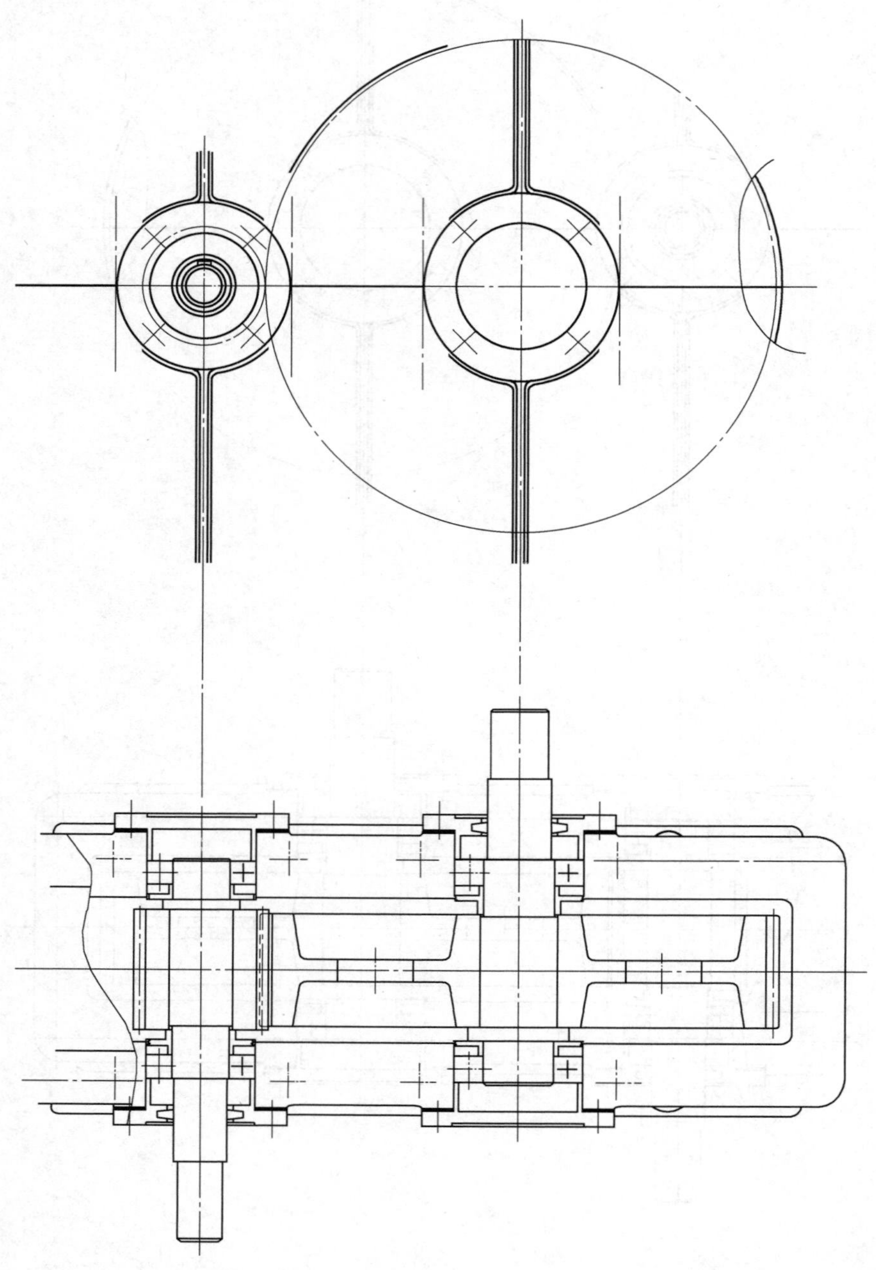

图 5-53

一级圆柱齿轮减速器装配图绘制步骤8

步骤 9：（主视图）根据低速轴轴承盖右侧轴承旁连接螺栓中心线确定凸台位置：查表 5-7 中轴承旁连接螺栓扳手空间 c_1 确定轴承旁凸台高度，从螺栓中心线量取 c_2 确定凸台右边沿位置，具体确定方法详见图 5-25；再根据 1∶20 的起模斜度画出凸台侧边沿，如图 5-54 所示。

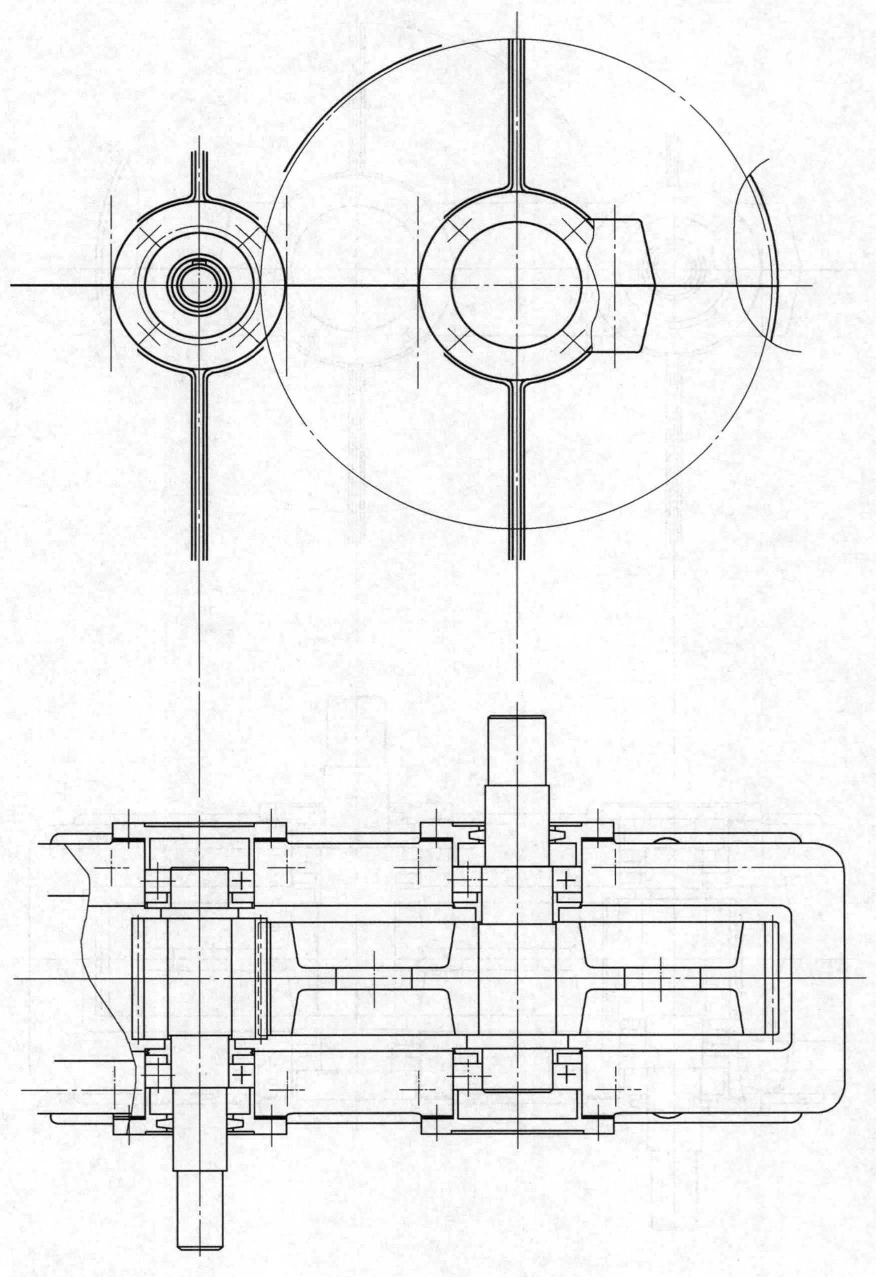

图 5-54

一级圆柱齿轮减速器装配图绘制步骤 9

步骤 10：（主视图）确定高速轴轴承盖左侧凸台位置：将步骤 9 确定的凸台上、下表面位置线水平连到高速轴轴承盖左侧，再根据 c_2 确定凸台左边沿位置（此时自然满足 c_1 尺寸大小），如图 5-55 所示。

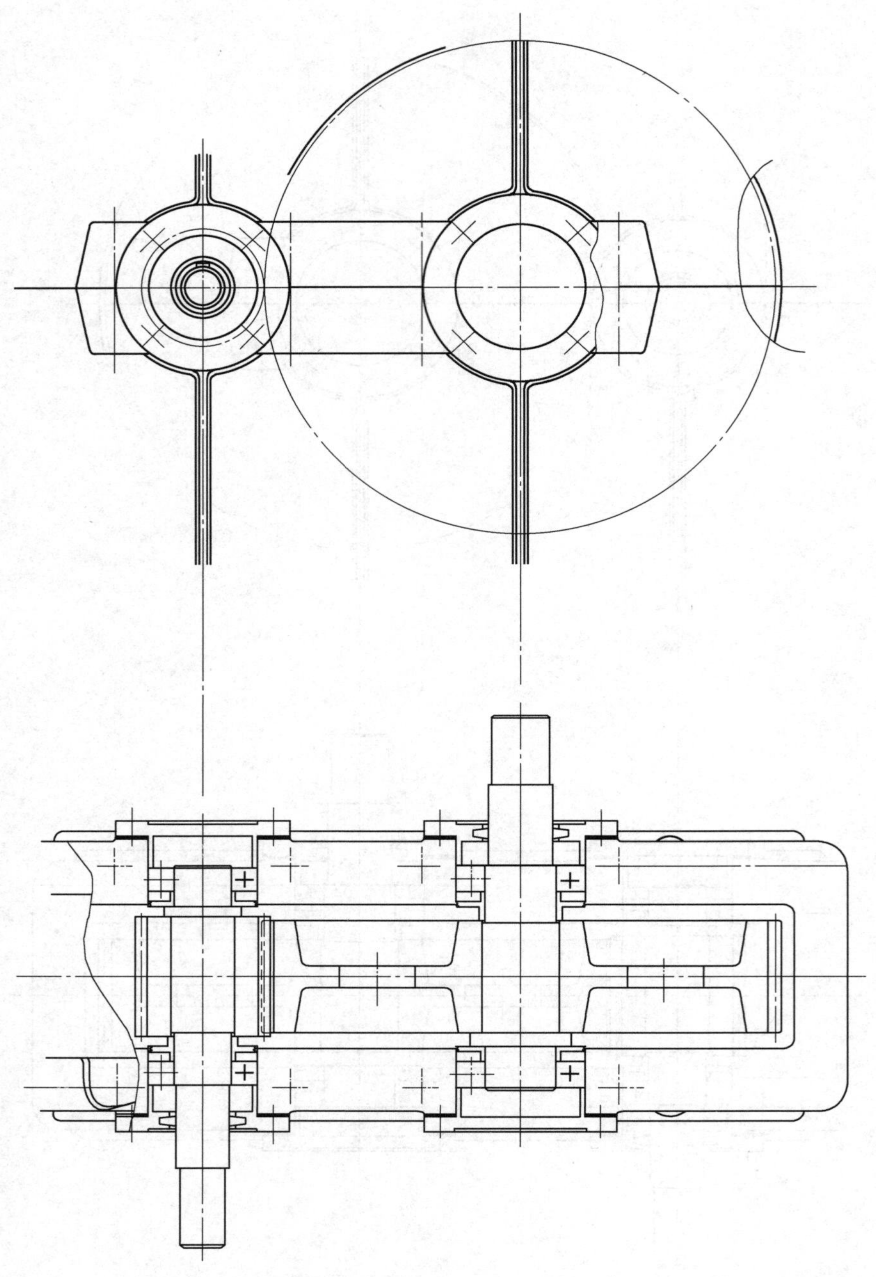

图 5-55

一级圆柱齿轮减速器装配图绘制步骤 10

步骤 11：（主视图）右侧凸缘位置由俯视图投影确定，如图 5-56 所示。待完成步骤 12 后，再由凸缘连接螺栓扳手空间 c_1 和 c_2 确定左侧凸缘位置，凸缘结构参考图 5-27a，凸缘厚度查表 5-6。

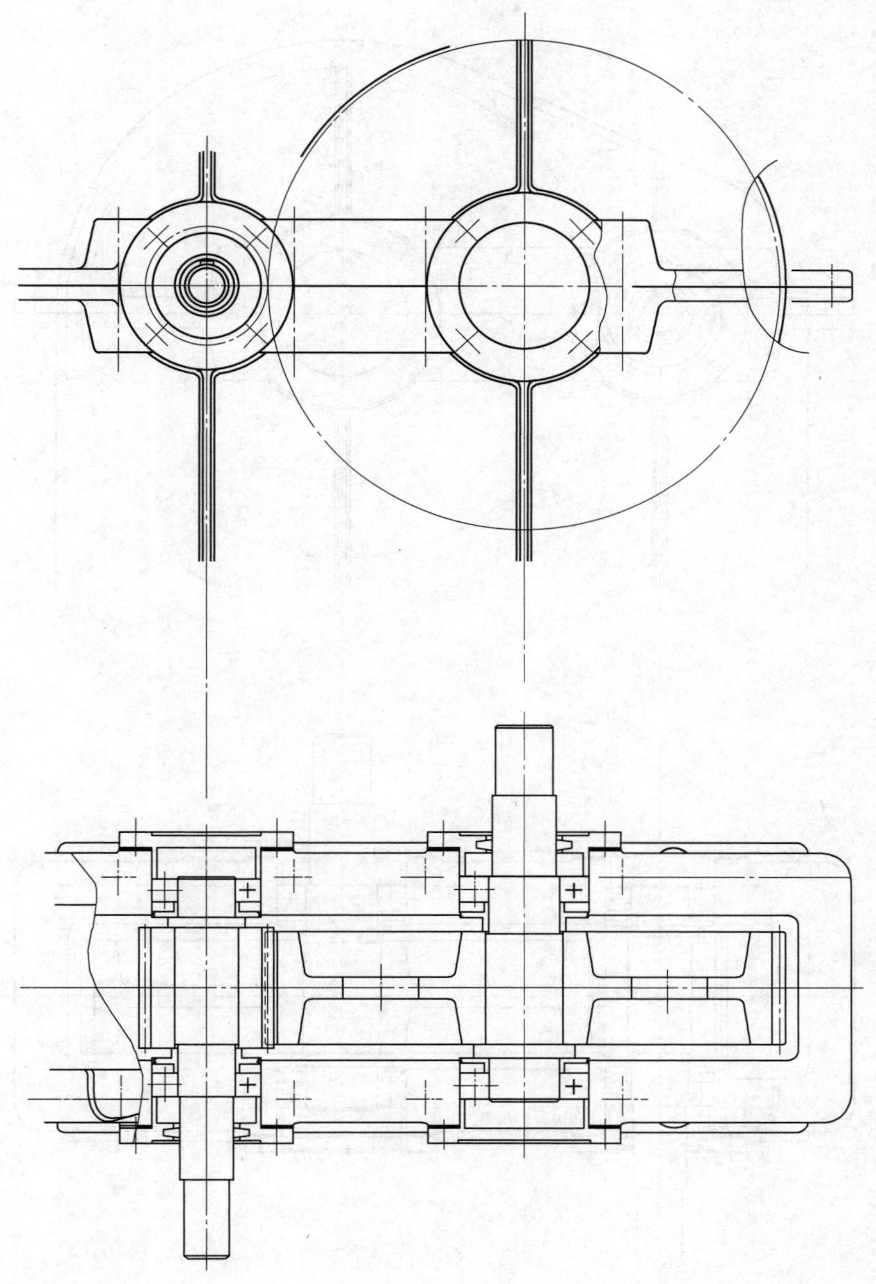

图 5-56

一级圆柱齿轮减速器装配图绘制步骤 11

步骤 12：（主视图）画出箱体内、外壁线。右侧箱体外壁线由俯视图投影确定。左侧箱体外壁线的确定方法是：以小齿轮中心偏右一点为圆心、以刚好超过轴承旁凸台长度 R 为半径画圆，与凸缘相交处即为最左侧外壁线的位置，详见图 5-26a；再由凸缘连接螺栓扳手空间 c_1 和 c_2 确定左侧凸缘外边沿位置，如图 5-57 所示。

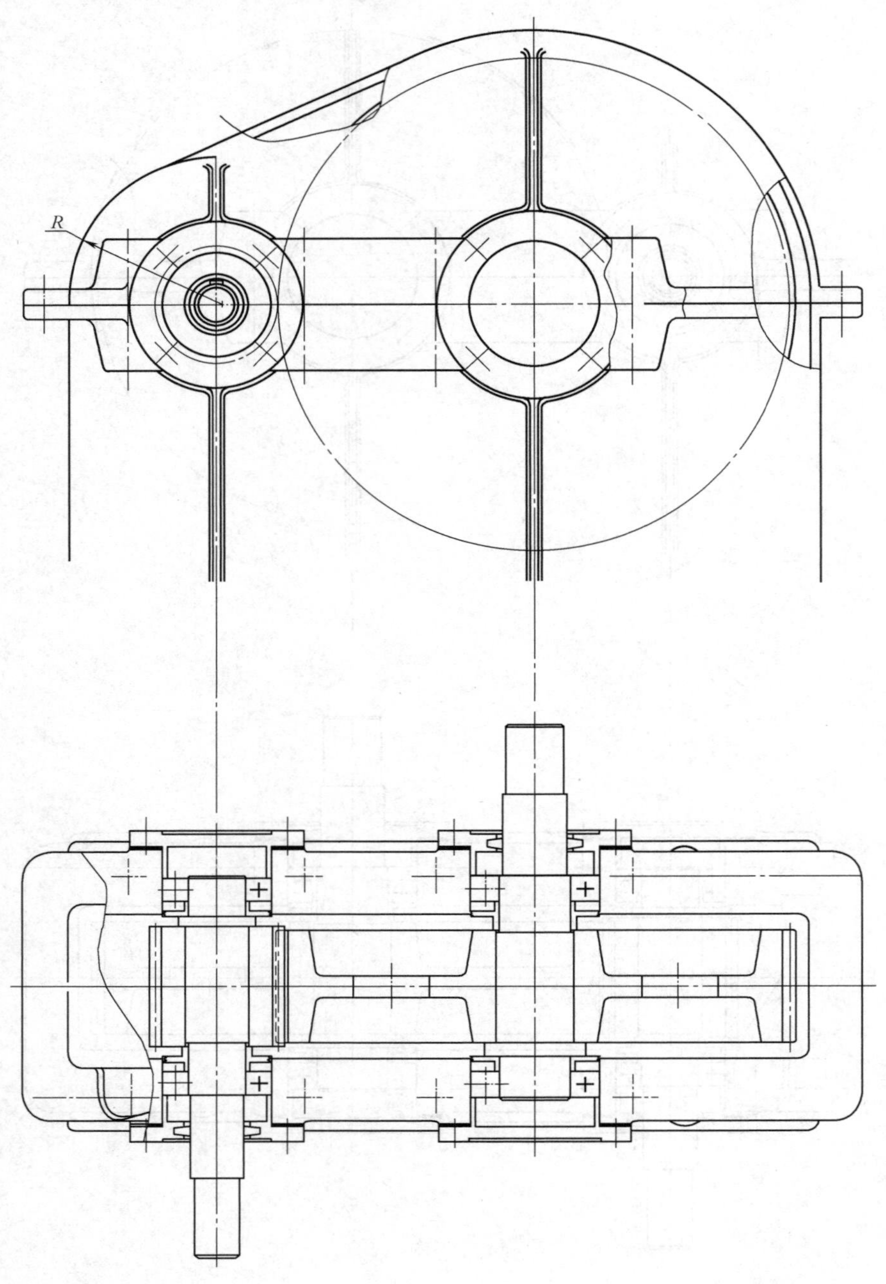

图 5-57

一级圆柱齿轮减速器装配图绘制步骤 12

步骤 13：（俯视图）由主视图投影确定俯视图左侧凸缘外边沿位置。凸缘连接螺栓分布间距自定，定位销最好设置在凸缘连接螺栓和轴承旁连接螺栓中心线的交点处，如图 5-58 所示。

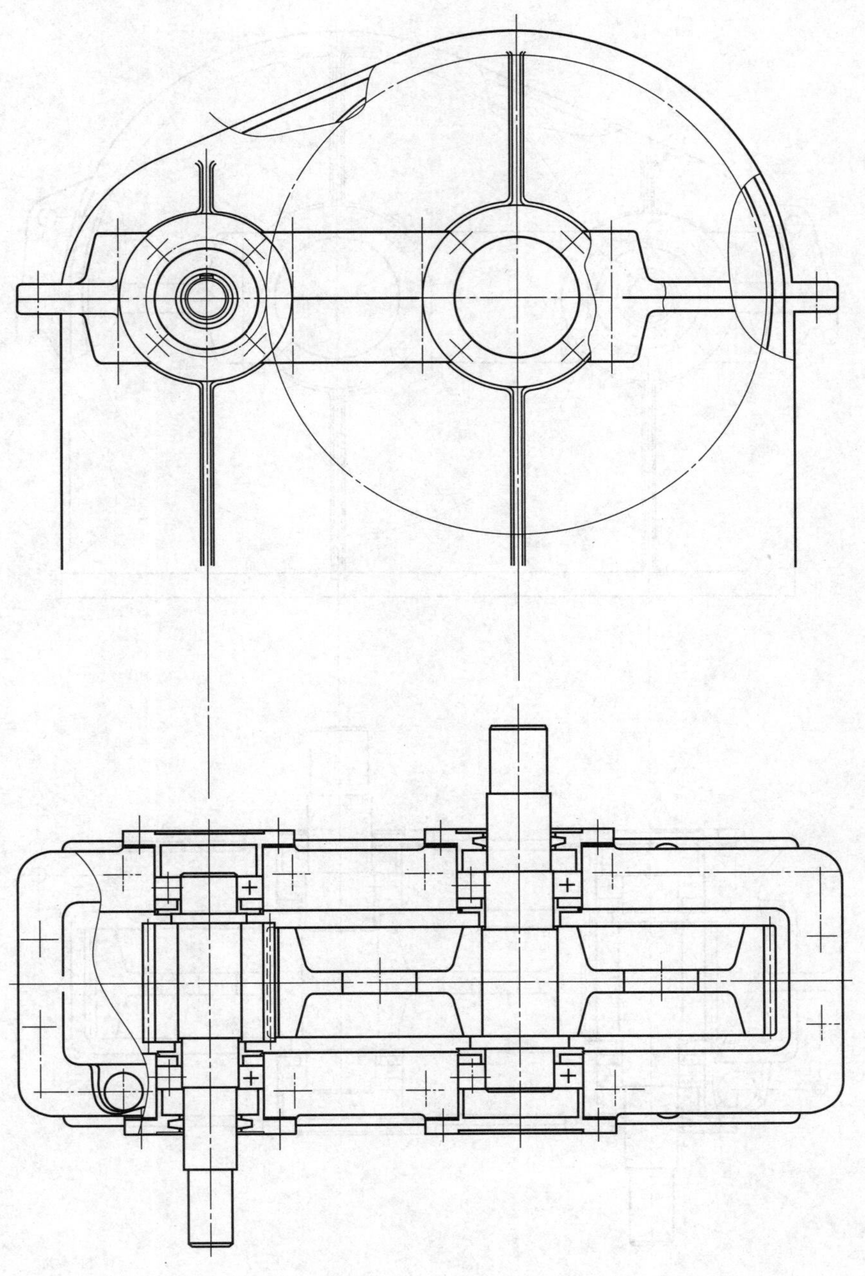

图 5-58

一级圆柱齿轮减速器装配图绘制步骤 13

步骤14：（主视图）由大齿轮齿顶圆向下30～50mm确定箱体底座内壁位置；由$b_2 \approx 20$mm确定箱体底座凸缘位置，详见图5-27b；再画出吊耳和吊钩，如图5-59所示。

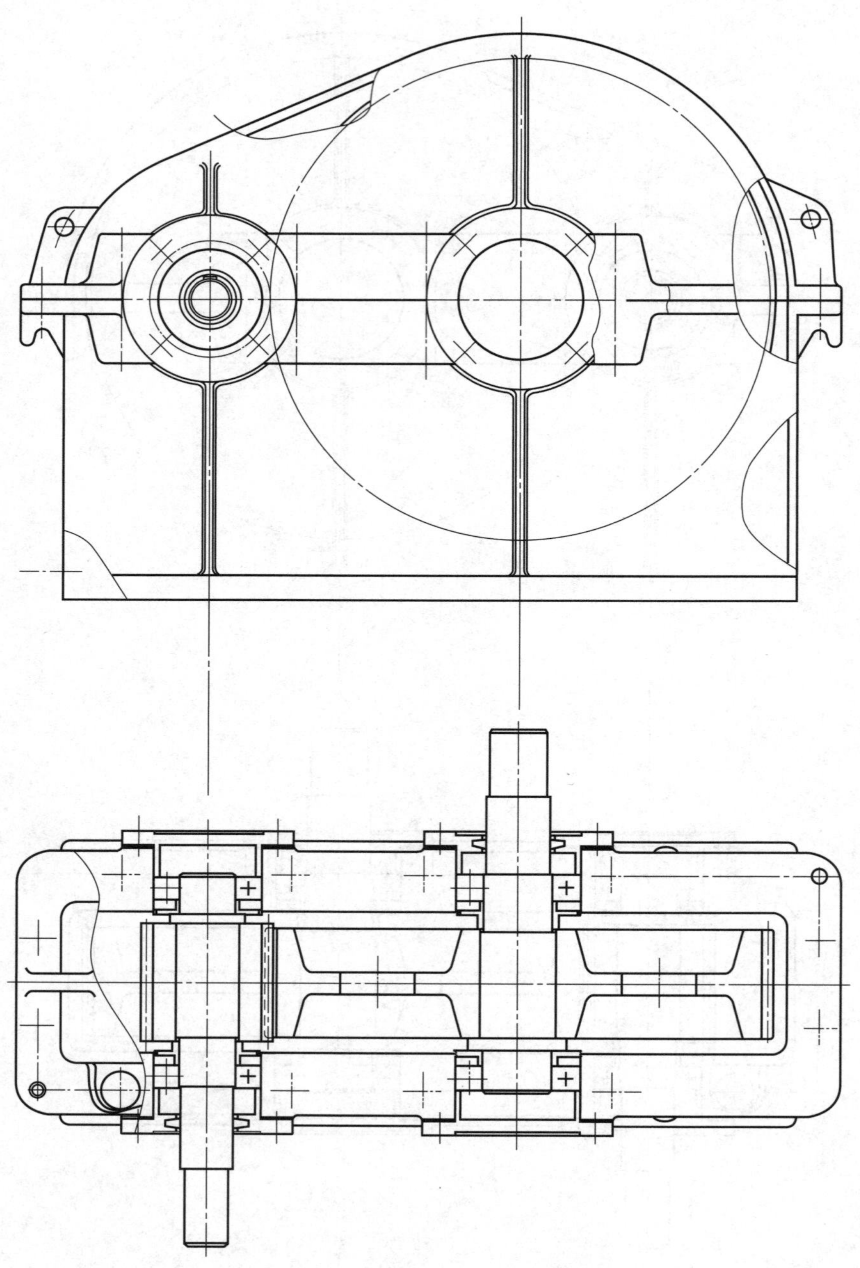

图5-59

一级圆柱齿轮减速器装配图绘制步骤14

步骤 15：（主视图）画出轴承旁连接螺栓与凸缘连接螺栓局部剖视图，如图 5-60 所示。

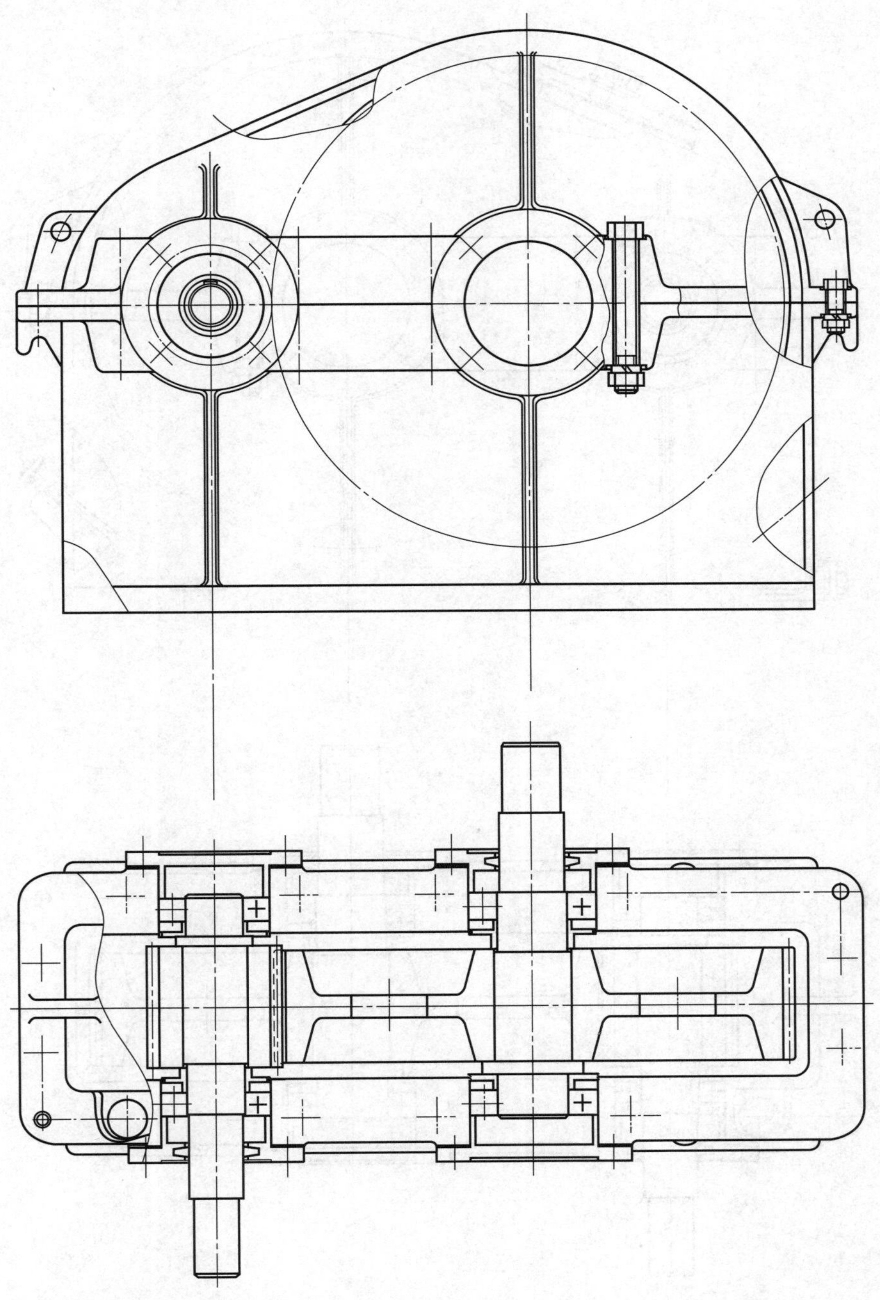

图 5-60

一级圆柱齿轮减速器装配图绘制步骤 15

步骤 16：（主视图）画出观察孔、通气器、油标尺和放油螺塞等附件局部剖视图，如图 5-61 所示。

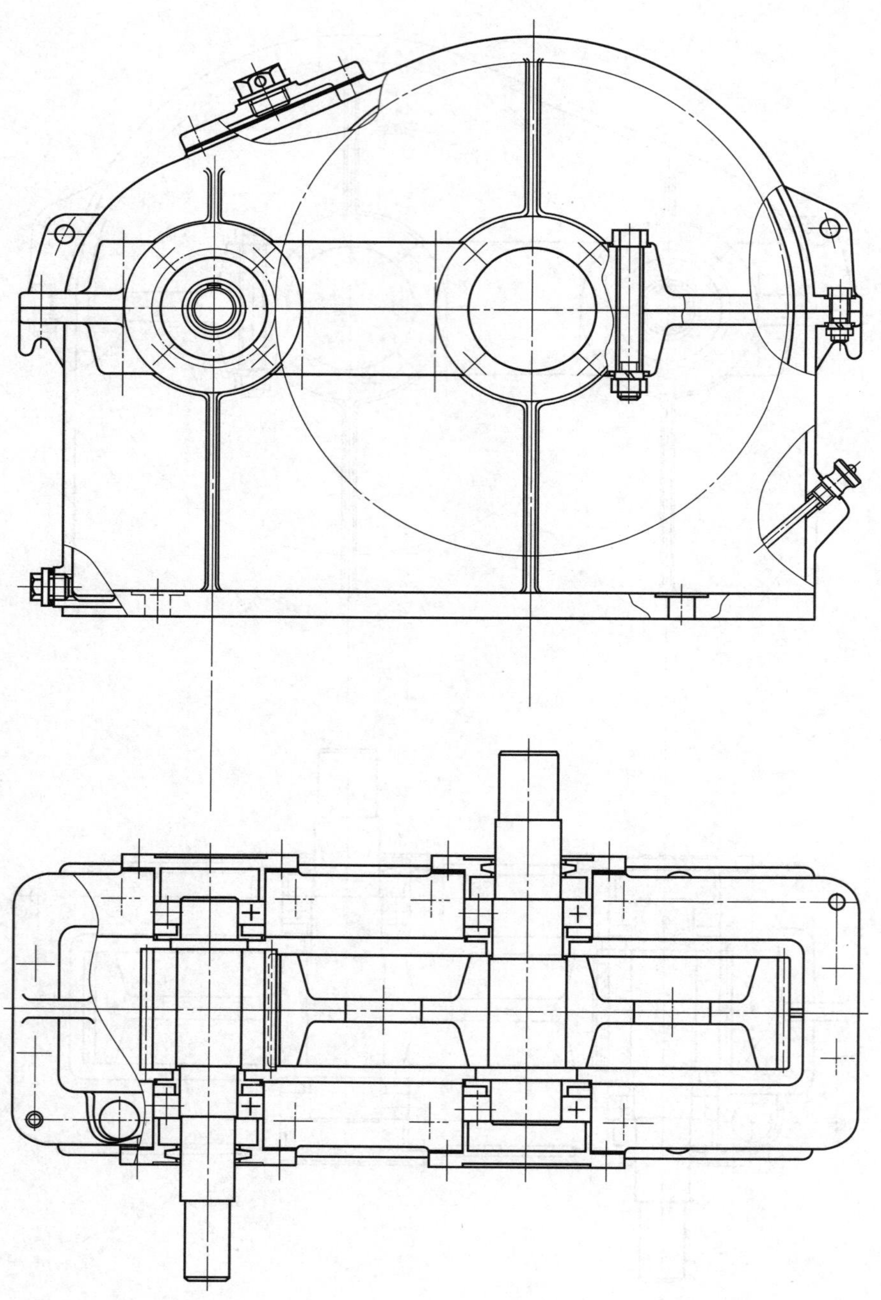

图 5-61

一级圆柱齿轮减速器装配图绘制步骤 16

步骤 17：按标准完善主视图、俯视图上所有标准件（螺栓、螺母、垫片、轴承等），如图 5-62 所示。

步骤 18：绘制剖面线，将图中需要用粗实线表达的线条加粗；标注主要尺寸及配合；将零件编号，编制标题栏及零件明细栏，如图 5-63 所示。

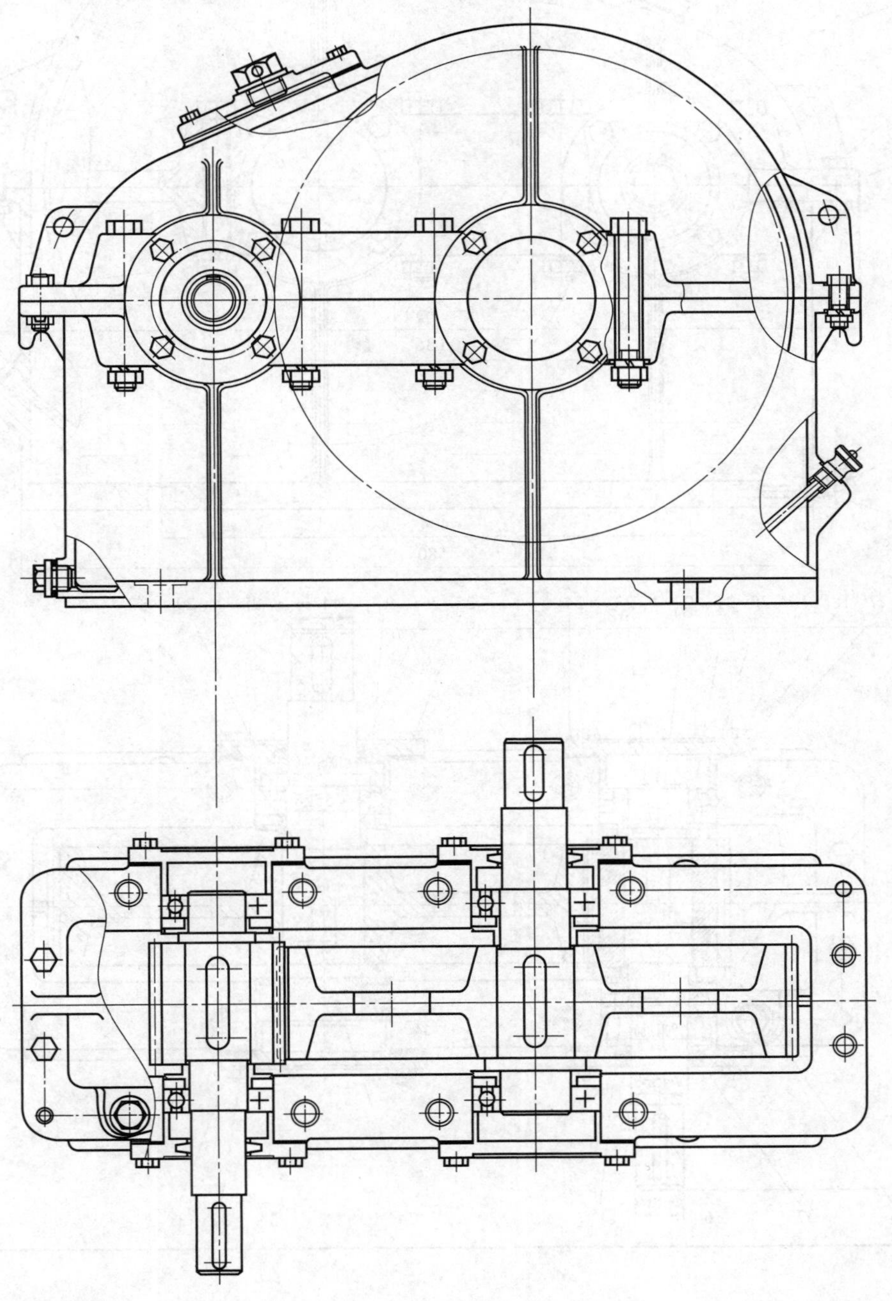

图 5-62

一级圆柱齿轮减速器装配图绘制步骤 17

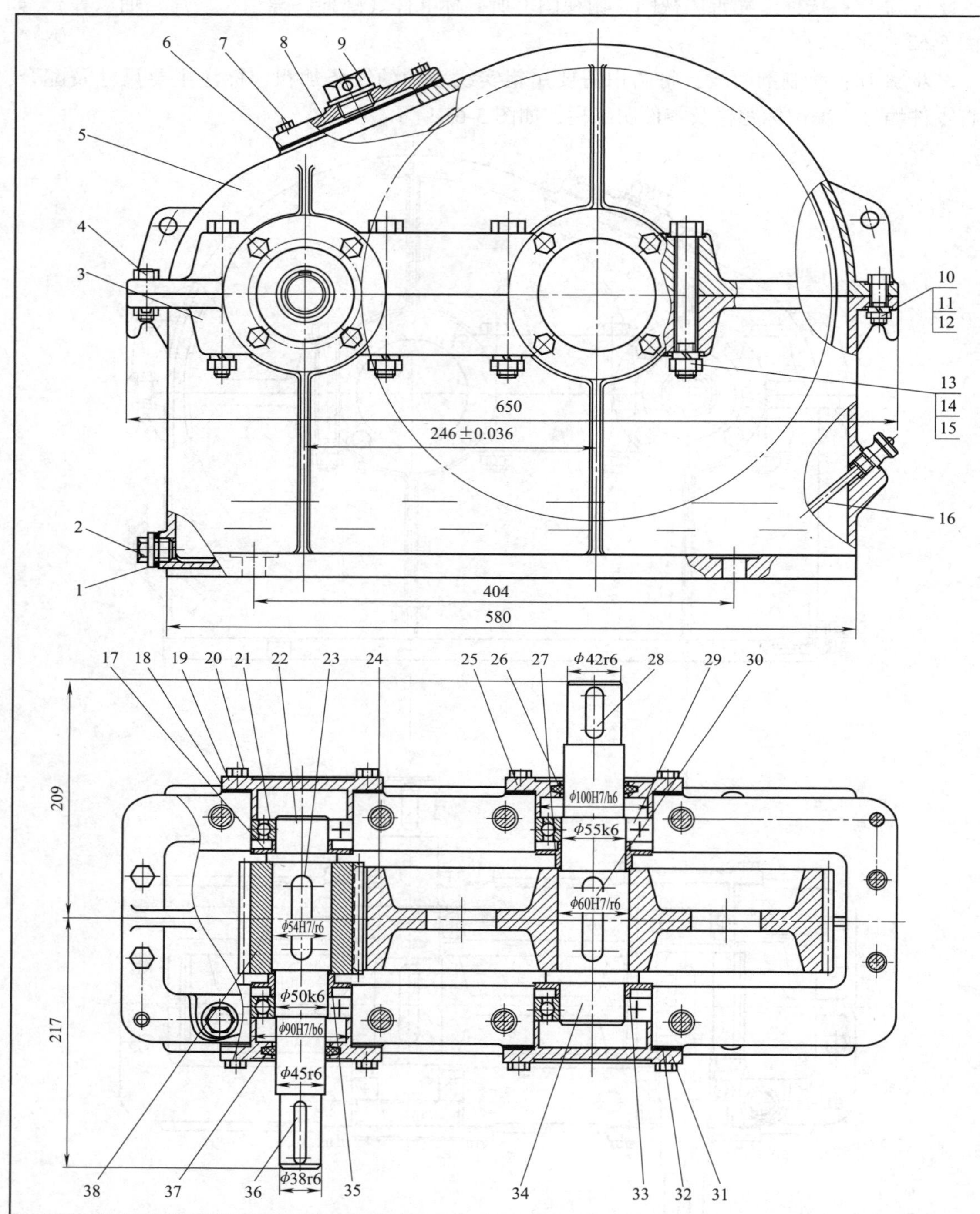

图 5-63

一级圆柱齿轮减速器装配图绘制步骤 18

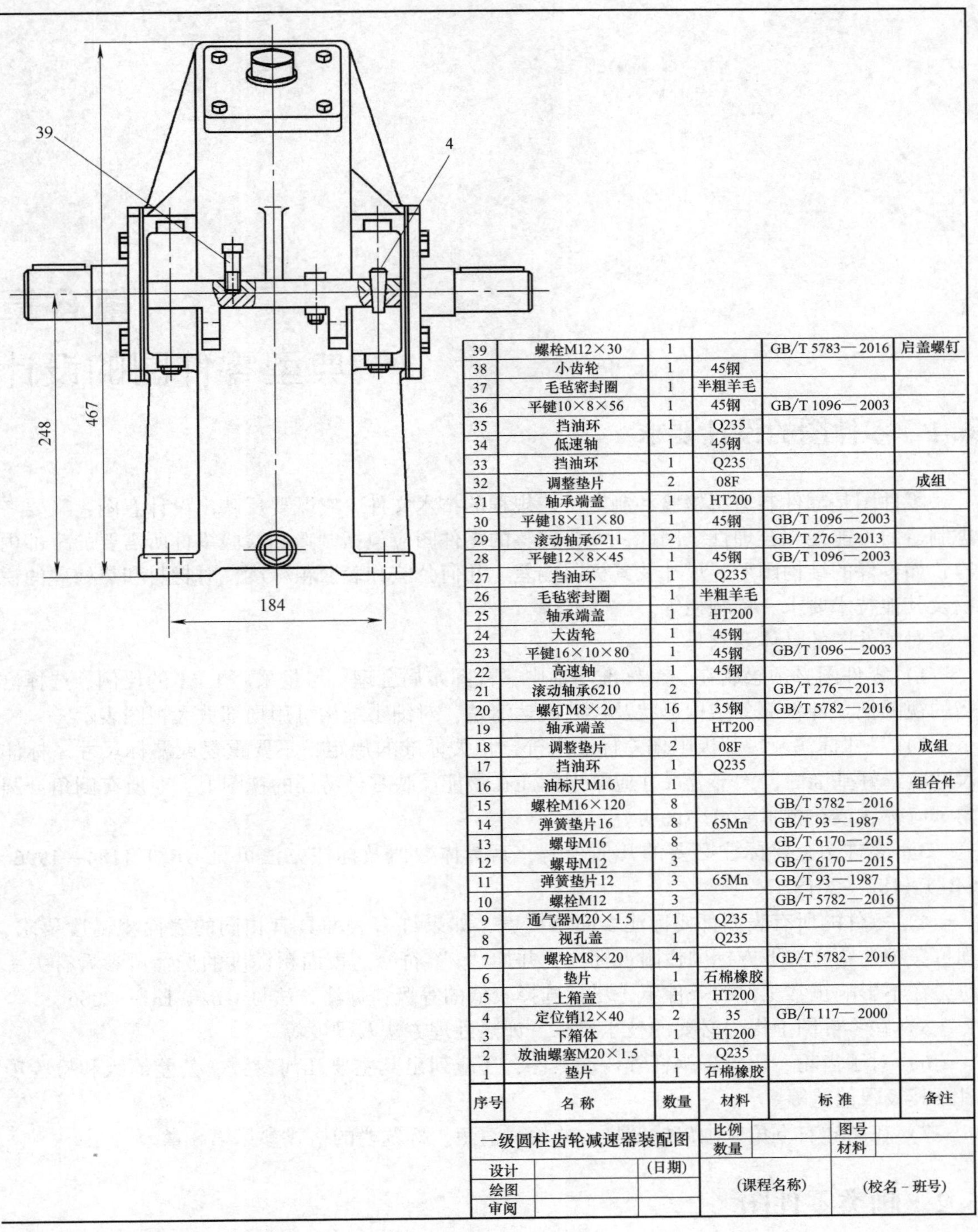

序号	名 称	数量	材料	标 准	备注
39	螺栓M12×30	1		GB/T 5783—2016	启盖螺钉
38	小齿轮	1	45钢		
37	毛毡密封圈	1	半粗羊毛		
36	平键10×8×56	1	45钢	GB/T 1096—2003	
35	挡油环	1	Q235		
34	低速轴	1	45钢		
33	挡油环	1	Q235		
32	调整垫片	2	08F		成组
31	轴承端盖	1	HT200		
30	平键18×11×80	1	45钢	GB/T 1096—2003	
29	滚动轴承6211	2		GB/T 276—2013	
28	平键12×8×45	1	45钢	GB/T 1096—2003	
27	挡油环	1	Q235		
26	毛毡密封圈	1	半粗羊毛		
25	轴承端盖	1	HT200		
24	大齿轮	1	45钢		
23	平键16×10×80	1	45钢	GB/T 1096—2003	
22	高速轴	1	45钢		
21	滚动轴承6210	2		GB/T 276—2013	
20	螺钉M8×20	16	35钢	GB/T 5782—2016	
19	轴承端盖	1	HT200		
18	调整垫片	2	08F		成组
17	挡油环	1	Q235		
16	油标尺M16	1			组合件
15	螺栓M16×120	8		GB/T 5782—2016	
14	弹簧垫片16	8	65Mn	GB/T 93—1987	
13	螺母M16	8		GB/T 6170—2015	
12	螺母M12	3		GB/T 6170—2015	
11	弹簧垫片12	3	65Mn	GB/T 93—1987	
10	螺栓M12	3		GB/T 5782—2016	
9	通气器M20×1.5	1	Q235		
8	视孔盖	1	Q235		
7	螺栓M8×20	4		GB/T 5782—2016	
6	垫片	1	石棉橡胶		
5	上箱盖	1	HT200		
4	定位销12×40	2	35	GB/T 117—2000	
3	下箱体	1	HT200		
2	放油螺塞M20×1.5	1	Q235		
1	垫片	1	石棉橡胶		

一级圆柱齿轮减速器装配图		比例		图号	
		数量		材料	
设计		(日期)	(课程名称)		(校名－班号)
绘图					
审阅					

第6章
典型零件图的设计

6.1 零件图的设计要求

零件图是零件制造、检验和制定工艺规程的技术文件，它既要反映出设计意图，又要考虑制造的可能性和合理性。因此，一张完整的零件图应包括制造和检验零件所需要的全部内容，如零件的结构图形、尺寸及其极限偏差、几何公差和表面粗糙度，对材料和热处理的说明及其他技术要求、标题栏等。

对零件图的具体要求是：

1）零件图必须绘制在一个标准图幅中，视图布局合理，尽量采用1:1的比例。选择恰当的视图把零件各部分结构形状及尺寸表达清楚，对细小结构可用局部放大视图表示。

2）尺寸标注及尺寸极限偏差标注应符合相关标准的规定，不要重复或漏标尺寸。标注尺寸应选好基准面，大部分尺寸应集中标注在最能反映零件特征的视图上。对所有倒角、圆角都应标注或在技术要求中说明。

3）零件图上要标注必要的几何公差，其具体数值及标注方法可见 GB/T 1184—1996、GB/T 1182—2018。

4）零件的所有表面都要标注表面粗糙度，如果许多表面具有相同的表面粗糙度要求，则可集中在图样右下方标题栏附近标注，并加“✓”符号。表面粗糙度的选择可参看有关手册，在不影响正常工作的条件下，尽量选择较低的等级，标注方法见 GB/T 131—2006。

5）在零件图上提出必要的技术要求，如热处理方法及硬度等。

6）对于齿轮、蜗轮、蜗杆等传动零件，还应列出其主要几何参数、公差等级和检验项目及其极限偏差等。

7）在图样右下角应画出标题栏，并填写清楚。标题栏的格式参见第8章。

6.2 轴类零件图

6.2.1 视图

轴类零件图一般只需画出一个主视图，视图按轴线水平位置布置，在键槽和孔处加画辅助的剖面图。对于细部结构，如螺纹退刀槽、砂轮越程槽、中心孔等，必要时画出局部放大图。

6.2.2　尺寸标注

轴类零件的尺寸主要是直径和长度。直径尺寸可直接标注在相应的各段直径处，必要时可标注在引出线上。

长度尺寸的标注应注意以下要求：

1）应选择工艺基准面作为标注轴向尺寸的主要基准面。如图 6-1 所示，其主要基准面选择在轴肩 *I—I* 处，它是大齿轮的轴向定位面，同时也影响其他零件在轴上的装配位置，只要正确地定出轴肩 *I—I* 的位置，各零件在轴上的位置就能得到保证。

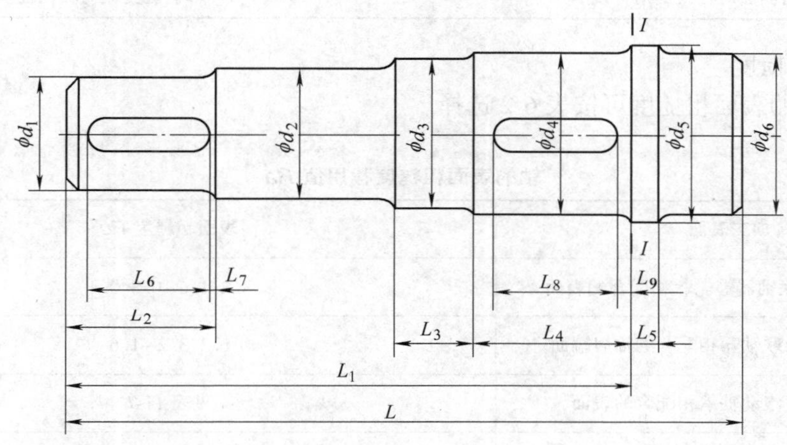

图 6-1

轴的尺寸标注

2）功能尺寸及尺寸精度要求较高的轴段尺寸应直接标出（如 L_2、L_3、L_4、L_6、L_8），其余尺寸的标注应按加工工艺要求标出，以便于加工、测量。

3）应注意在标注轴向尺寸时不要出现封闭尺寸链。

4）键槽除了要标注长度尺寸以外，还要标注轴向位置尺寸（L_7、L_9）。

6.2.3　尺寸公差、几何公差、表面粗糙度

1. 尺寸公差

配合轴段直径的极限偏差应按装配图上已选定的配合标注。

在普通减速器设计中，轴的轴向尺寸按未注公差处理，一般不必标注尺寸公差。

平键键槽的尺寸及公差按 GB/T 1095—2003《平键和键槽的剖面尺寸》和 GB/T 1096—2003《普通型平键》的规定标注（见第 10 章）。

2. 几何公差

普通减速器轴类零件的几何公差标注可参考表 6-1。

表 6-1 轴的几何公差选择

类别	标 注 项 目	符号	公差等级	对工作性能的影响
形状公差	传动零件配合直径表面的圆度	○	7~8	影响传动零件与轴配合松紧度及对中性
	传动零件配合直径表面的圆柱度	⌭		
	轴承配合直径表面的圆柱度	⌭	见表 11-6	影响轴承与轴配合松紧度及对中性
跳动公差	齿轮定位端面对轴线的轴向圆跳动	↗	6~8	影响齿轮的定位及受载均匀性
	轴承配合直径对轴线的径向圆跳动	↗	5~6	影响轴和轴承的运转同心度
	传动零件配合直径对轴线的径向圆跳动	↗	6~8	影响传动零件的运转同心度
	轴承定位端面对轴线的轴向圆跳动	↗	见表 11-6	影响轴承的定位及受载均匀性
位置公差	键槽侧面对轴线的对称度	⌯	7~9	影响键受载的均匀性及装拆难易

3. 表面粗糙度

轴类零件的表面粗糙度可按表 6-2 选择。

表 6-2 轴的表面粗糙度荐用值 *Ra* （单位：μm）

<table>
<tr><th>加工表面</th><th colspan="4">表面粗糙度 Ra</th></tr>
<tr><td>与传动零件、联轴器等轮毂相配合的表面</td><td colspan="4">3.2,1.6~0.8,0.4</td></tr>
<tr><td>与传动零件及联轴器相配合的轴肩端面</td><td colspan="4">6.3,3.2~1.6</td></tr>
<tr><td>与普通精度滚动轴承相配合的表面</td><td colspan="4">见表 11-7</td></tr>
<tr><td>与普通精度滚动轴承相配合的轴肩端面</td><td colspan="4">见表 11-7</td></tr>
<tr><td>平键键槽</td><td colspan="2">6.3,3.2~1.6(工作面)</td><td colspan="2">12.5 或 6.3(非工作面)</td></tr>
<tr><td rowspan="4">密封处的轴表面</td><td>毡圈</td><td colspan="2">橡胶密封圈</td><td>油沟及迷宫</td></tr>
<tr><td colspan="3">与轴接触处的圆周速度/(m/s)</td><td rowspan="3">6.3,3.2~1.6</td></tr>
<tr><td>≤3</td><td>>3~5</td><td>>5~10</td></tr>
<tr><td>3.2,1.6~0.8</td><td>1.6,0.8~0.4</td><td>0.8,0.4~0.2</td></tr>
</table>

6.2.4 技术要求

轴类零件图上应提出的技术要求一般包括以下几项内容：

1）材料的热处理方法及处理后达到的硬度范围值。

2）对图上未注明倒角和圆角的说明。

3）其他必要的说明。

轴的零件图如图 6-2 所示。

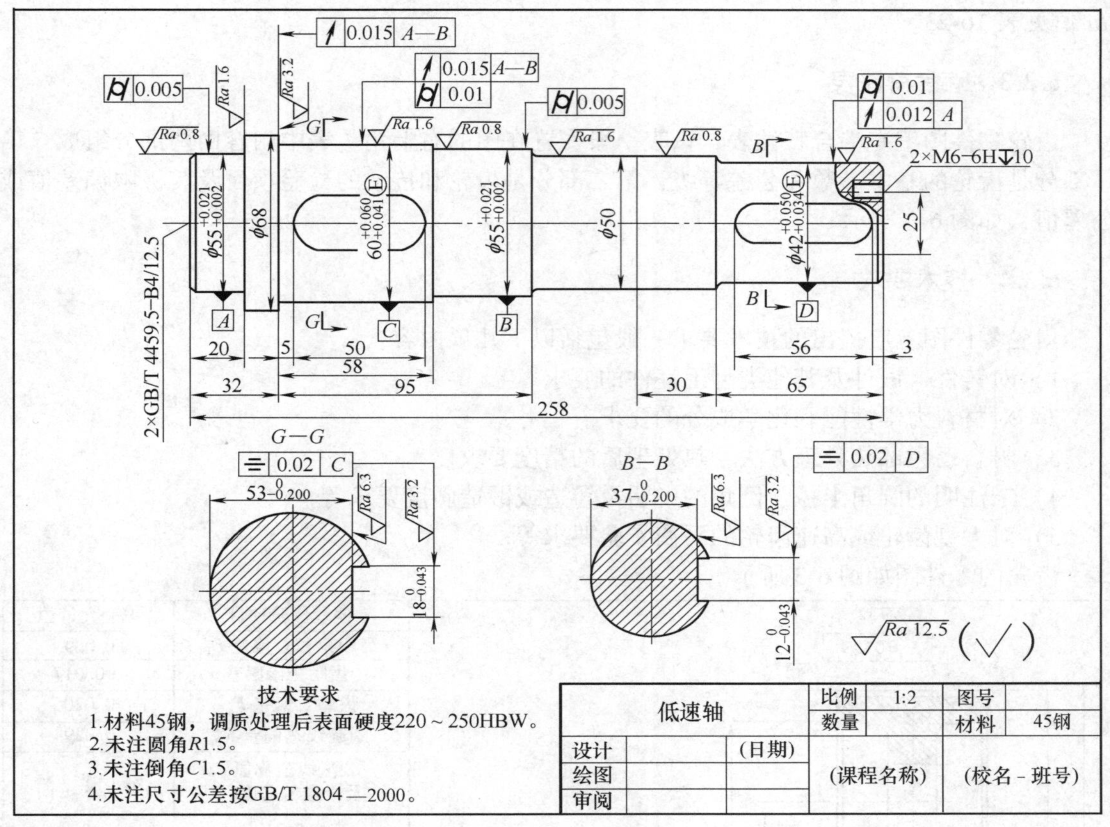

图 6-2

轴的零件图

6.3　齿轮类零件图

6.3.1　视图

齿轮类零件的零件图一般用两个视图表示，轴线水平布置。主视图通常采用通过齿轮轴线的全剖或局部剖视图表达孔、轮毂、轮辐和轮缘的结构，左（右）视图可以全部画出，亦可用局部视图表达键槽的形状和尺寸。

若齿轮是轮辐结构，则应详细画出左（右）视图，并需画出轮辐的横断面图。

6.3.2　尺寸、公差、表面粗糙度的标注

齿轮类零件的各径向尺寸以齿轮轴线为基准标注。轴向尺寸以端面为基准，按不同的要求，分别标注。标注尺寸时要注意：齿轮的分度圆虽然不能直接测量，但它是设计的公称尺寸，必须在图上标注。齿根圆是按齿轮参数切齿后形成的，按规定在图上不标注。另外，还应标注键槽尺寸。轴孔是加工、测量和装配的重要基准，尺寸精度要求高，要标出尺寸极限偏差。齿顶圆的偏差值与该直径是否作为基准有关。各基准面尺寸的极限偏差和几何公差值，应根据齿轮的传动公差等级从表 16-20～表 16-22 中查出。齿轮主要表面的表面粗糙度

Ra 值见表 16-23。

6.3.3 啮合特性表

齿轮零件图编有啮合特性表，该表一般安置在图的右上角。表中内容由两部分组成：第一部分是齿轮的基本参数和公差等级，第二部分是齿轮和传动的检验项目及其极限偏差值或公差值，如图 6-3 所示。

6.3.4 技术要求

齿轮零件图上应提出的技术要求一般包括以下几项内容：

1）对铸件、锻件及其他类型毛坯件的要求。

2）对材料力学性能和化学成分的要求。

3）材料、齿部热处理方法，热处理后的精度要求。

4）未注明的圆角半径、倒角的说明及铸造或锻造斜度要求等。

5）对大型齿轮或高速齿轮的平衡实验要求等。

齿轮的零件图如图 6-3 所示。

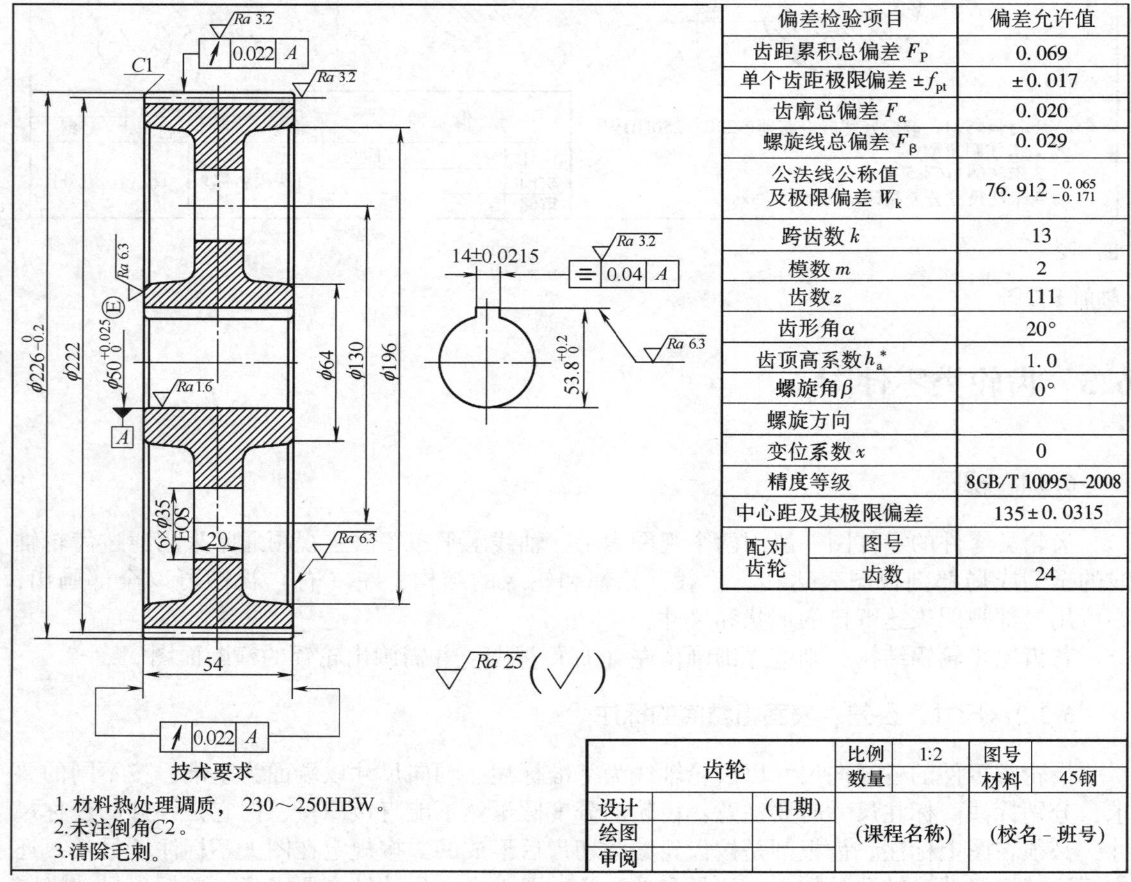

偏差检验项目		偏差允许值
齿距累积总偏差 F_P		0.069
单个齿距极限偏差 $\pm f_{pt}$		±0.017
齿廓总偏差 F_α		0.020
螺旋线总偏差 F_β		0.029
公法线公称值及极限偏差 W_k		$76.912_{-0.171}^{-0.065}$
跨齿数 k		13
模数 m		2
齿数 z		111
齿形角 α		20°
齿顶高系数 h_a^*		1.0
螺旋角 β		0°
螺旋方向		
变位系数 x		0
精度等级		8GB/T 10095—2008
中心距及其极限偏差		135±0.0315
配对齿轮	图号	
	齿数	24

图 6-3

齿轮零件图

第7章 设计计算说明书的编写及答辩

7.1 设计计算说明书的内容及要求

设计计算说明书是整个设计的整理和总结，是图样设计的理论依据，同时也是审核设计合理与否的重要技术文件。通过编写设计计算说明书，可以培养学生表达、归纳、总结的能力，为以后的毕业设计和实际工作打下良好的基础。

7.1.1 设计计算说明书的内容

设计计算说明书应在全部计算及全部图样完成之后进行整理编写，内容概括如下：

1）目录（标题及页次）。

2）设计任务书。

3）传动系统方案的拟订（对方案的简要说明及传动装置简图）。

4）电动机的选择、传动系统的运动及动力参数（包括电动机的功率、转速和型号；总传动比及分配各级传动比；各轴的转速、功率及转矩）的选择与计算。

5）传动零件的设计计算。

6）轴的设计计算（初估轴径、结构设计及强度校核）。

7）键连接的选择计算。

8）滚动轴承的类型、代号选择及寿命计算。

9）联轴器的选择。

10）箱体设计（主要结构尺寸的设计与计算）。

11）附件的选择。

12）传动装置润滑密封的选择（润滑及密封的方式、润滑剂的牌号等）。

13）设计小结（设计体会，设计的优、缺点及改进意见等）。

14）参考资料目录（资料的统一编号“[序号]”、书名、作者、出版单位、出版年月）。

7.1.2 编写计算说明书的要求和注意事项

1）预备好草稿本，将课程设计中的设计构思、查阅资料、初步计算、设计草图等各种资料积累起来，作为编写说明书的基本资料。

2）按设计说明书的要求和设计过程编写，要求思路清晰、论据充分、论述简明、书写工整。

3）说明书的计算部分应列出计算所用公式，并代入相应的数据，最后的计算结果应标明单位，写出简短的结论及说明，但不用写出非常详细的计算过程。

4）为了清楚地书写设计内容，设计说明书中应附有必要的简图，如机构运动简图、轴的结构简图、轴的受力分析图、弯矩图、转矩图等）。

5）所引用的计算公式和数据均应注明出处（注出参考资料的统一编号“[序号]”、页码、公式编号或表的编号等）。

6）说明书应书写在规格统一的纸张上，对每一单元的内容，都应有大、小标题，且清晰醒目。主要的参数、尺寸和规格以及主要的计算结果可写在纸张右侧已留出的长条框中。最后加上封面装订成册，封面的格式如图7-1所示，设计计算说明书的书写格式见表7-1。

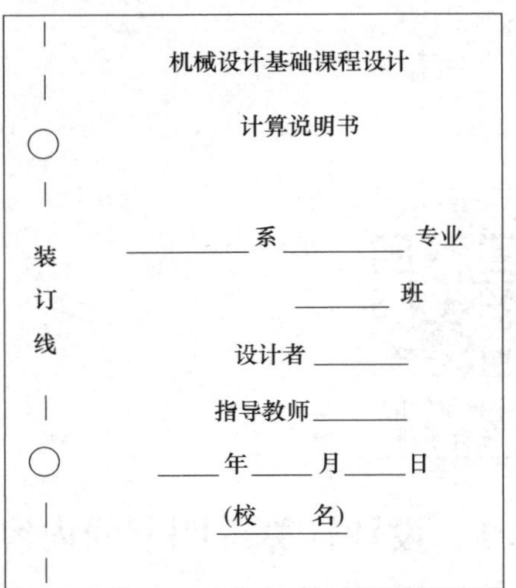
装订线

机械设计基础课程设计

计算说明书

________系________专业

________班

设计者________

指导教师________

____年____月____日

(校　名)

图7-1 封面格式

表7-1 设计计算说明书的书写格式

（装订线）

计算项目及内容	主要结果
……	←→ 30mm
6　轴的设计计算	
……	
6.2　减速器低速轴的设计	
……	
6.2.4　轴的计算简图（见图7-2b）	
从动齿轮的受力，根据前面计算知	
圆周力　$F_{t2}=F_{t1}=2\ 252N$	$F_{t2}=2\ 252N$
径向力　$F_{r2}=F_{r1}=831N$	$F_{r2}=831N$
轴向力　$F_{a2}=F_{a1}=372N$	$F_{a2}=372N$
链轮对轴的作用力，根据前面计算知 $Q_R=4\ 390N$	$Q_R=4\ 390N$
低速轴的空间受力简图，如图7-2b所示	
6.2.5　求垂直面内的支承反力，作垂直面内的弯矩图	
$\sum M_B=0$	
$R_{AY}=\dfrac{F_{t2}l_2}{l_1+l_2}=\dfrac{2\ 252\times54}{54+54}N=1\ 126N$	$R_{AY}=1\ 126N$
$\sum Y=0$	
$R_{BY}=F_{t2}-R_{AY}=(2\ 252-1\ 126)N=1\ 126N$	$R_{BY}=1\ 126N$
求 C 点垂直面内的弯矩	
$M_{CY}=R_{AY}l_1=1\ 126\times54N\cdot mm=60\ 804N\cdot mm$	
作垂直面内的弯矩图，如图7-2d所示	
……	
……	

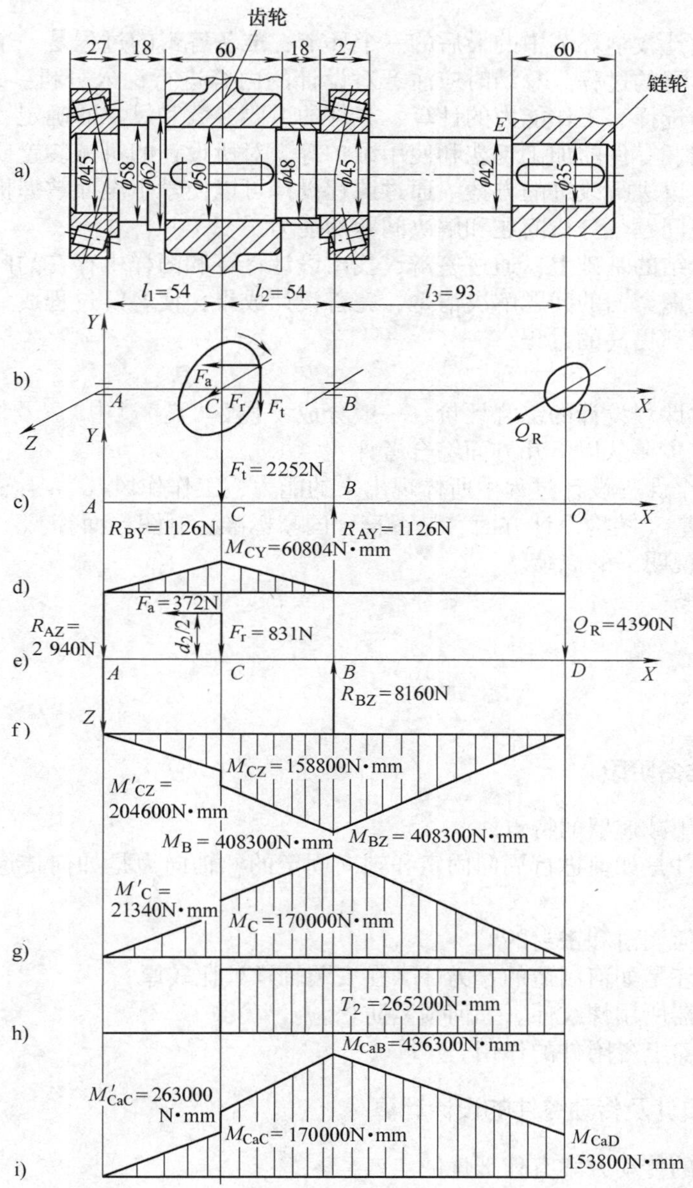

图 7-2
低速轴计算简图

7.2　准备答辩

1. 答辩资料的整理

当完成设计任务后，应将装订好的设计计算说明书和折叠好的图样一起装入设计资料袋中，为答辩做好准备。

2. 准备答辩

答辩是课程设计教学环节中的最后的一个环节，准备答辩的过程是一个对整个设计过程的回顾、总结和学习的过程。总结时应注意对设计的内容进行深入分析；总体方案的确定、受力分析、材料的选择、工作能力的计算、零件的主要参数和尺寸的确定、结构设计、设计资料和标准的运用、零件的加工工艺和使用维护等。对所设计的机械装置要全面分析其优缺点，并提出以后可以进行改进的方案。通过课程设计可以使学生全面掌握机械设计的方法和步骤，培养其发现问题、分析问题和解决问题的能力。

在做出系统总结的基础上，通过答辩，找出设计计算和图样中存在的问题和不足，把还存有的疑惑和未考虑全面的问题解决清楚，完善设计成果，使答辩过程成为机械设计基础课程设计中继续学习和提高的过程。

3. 成绩评定

成绩评定是对课程设计的综合评价，一般分成“优”“良”“中”“及格”“不及格”五个等级。成绩评定主要从以下几方面综合考评：

1）学生在整个课程设计过程中所体现出来的能力、工作作风及学习态度。

2）图样的质量（结构设计方面、是否符合国家标准、制图方面等）。

3）设计计算说明书的成绩。

4）答辩的成绩。

7.3 思考题

7.3.1 设计准备阶段

1）分析各常用减速器的特点。

2）轴系各零件是如何进行周向固定和轴向固定的？轴向力是如何传递的？轴向窜动是如何防止的？

3）轴承是如何润滑和密封的？

4）箱体的毛坯是如何制造的？为什么在安装轴承处比较厚？

5）分析减速器所用螺纹件。如何锁紧防松？

6）分析减速器上各附件的作用。

7.3.2 总体设计及传动零件的设计计算

1）你所采用的传动方案有什么优缺点？

2）如何确定电动机的功率及转速？

3）如何选择联轴器？试分析高速轴和低速轴常用的联轴器有何不同。

4）你所分配各级传动比的根据是什么？

5）V带的型号、长度、根数、带轮直径及初拉力对承载能力有什么影响？

6）带轮的结构尺寸对电动机及减速器的安装有什么影响？

7）计算一对齿轮的接触应力和弯曲应力时，应按哪个齿轮所受的转矩进行计算？

8）分析齿轮的材料及热处理方式对齿轮尺寸大小的影响。

9）齿轮传动的哪些参数要取标准值？了解这些参数标准化的意义和作用。

10）在闭式齿轮传动的设计参数和几何尺寸中，哪些应取标准值、哪些应该圆整、哪些必须精确计算？

11）齿轮的结构形式及结构尺寸如何确定？为什么小齿轮较大齿轮宽？

7.3.3　轴系设计

1）初估轴径尺寸如何与带轮或联轴器的孔径协调一致？

2）滚动轴承选型的根据是什么？轴承在轴承座中的位置应如何确定？何时在设计中使用轴承套杯，其作用是什么？

3）轴系零件（包括轴承）如何定位和固定？比较各种固定方法的优缺点。

4）如何保证轴承的游隙及解决轴承热伸长引起的问题？

5）分析轴系各零件的装拆过程。

6）如何考虑轴系的润滑方式和结构？

7）分析密封结构的特点。

8）分析油沟的种类与功用。

9）比较单支点双向固定和双支点单向固定的结构特点。

10）轴承端盖有几种类型，各有什么特点？

11）箱体内壁离传动件的距离受哪些因素影响？

12）箱体轴承座孔宽度尺寸是如何确定的？

13）如何通过改进结构提高轴的强度和刚度？

14）分析平键的受力、失效方式及常用材料。

15）角接触球轴承的布置方式有几种？轴承所受的轴向载荷如何计算？

16）滚动轴承的寿命不能满足要求时，应如何解决？

17）键在轴上的位置如何确定？键连接设计中应注意哪些问题？单键不能满足设计要求时应如何解决？

18）在设计中，传动零件的浸油深度、油池深度应如何确定？

19）设计轴承座旁的连接螺栓凸台时应考虑哪些问题？

7.3.4　减速器箱体设计和附件设计

1）箱体的刚度对减速器齿轮的工作性能有什么影响？

2）如何考虑箱体的密封性能？为什么在剖分面处不允许加垫片？

3）箱体选用什么材料？起模斜度的作用是什么？

4）分析箱体的设计基准及加工基准。你在设计中如何考虑尽量减少箱体的加工量？

5）分析检查孔的作用、位置及尺寸的大小。

6）分析通气器的作用及如何防止灰尘进入。

7）如何确定放油螺塞的位置？

8）分析油标的作用。如何避免油面波动的干扰？

9）启盖螺钉的作用是什么？对它的头部有何要求？

10）分析定位销的作用。它和箱体的加工装配有什么关系？如何布置定位销？

7.3.5　减速器装配图的设计

1）装配图上应标注哪些尺寸配合？

2）分析齿轮润滑的作用。如何确定装油量？为什么要限制油的温升？

3）如何检查齿轮传动的侧隙和接触斑点？

4）装配图的作用是什么？应标注哪几类尺寸？

5）如何选择减速器主要零件的配合？传动零件与轴、滚动轴承与轴和轴承座孔的配合和公差等级应如何选择？

6）装配图上的技术要求主要包括哪些内容？

7）明细栏的作用是什么？应填写哪些内容？

7.3.6 零件图的设计

1）零件图的作用和设计内容有哪些？

2）标注轴的尺寸时，考虑如何保证工作要求和设计要求？

3）分析轴的加工过程。分析标注尺寸与加工工艺的关系。为什么轴的长度尺寸不能标成封闭尺寸？

4）分析你所注的尺寸公差和几何公差对工作性能的影响、代号意义。

5）分析齿轮的工艺基准及设计基准。

6）分析齿轮轮坯的几何公差及对工作性能的影响。

7）如何选择轴和齿轮表面的表面粗糙度？

8）为什么要标注齿轮的毛坯公差，包括哪些项目？

9）在课程设计中，你的最大收获是什么？课程设计在哪些方面还需要改进？

第2部分

机械设计常用资料

拓展视频
推动煤电清洁化利用的技术图纸

第8章 常用数据和一般标准

8.1 国内标准代号和机械制图

8.1.1 国内部分标准代号（见表 8-1）

表 8-1 国内部分标准代号

代　号	名　称	代　号	名　称
GB	强制性国家标准	JC	建材行业标准
GB/T	推荐性国家标准	JG	建筑工业行业标准
GBJ	国家工程建设标准	JJ	原国家建委、城建部标准
ZB	原国家专业标准	QB	轻工行业标准
HG	化工行业标准	QC	汽车行业标准
JB	机械行业标准	SH	石油化工行业标准
JBZ	机械行业专业指导性文件	SJ	电子行业标准
JB/ZQ	重型机械专业标准	ZBJ	机电部行业标准

注：1990 年起分为国家标准、行业标准、地方标准和企业标准四级。

8.1.2 机械制图（见表 8-2～表 8-4）

表 8-2 图纸幅面、图样比例（GB/T 14689—2008 摘录、GB/T 14690—1993 摘录）

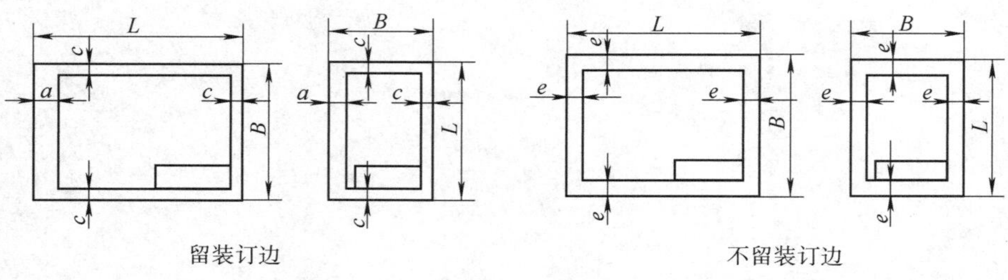

（续）

图纸幅面（GB/T 14689—2008 摘录）（单位：mm）							图样比例（GB/T 14690—1993）		
基本幅面（第一选择）					加长幅面（第二选择）		原值比例	缩小比例	放大比例
幅面代号	$B\times L$	a	c	e	幅面代号	$B\times L$	1∶1	1∶2　1∶2×10^n 1∶5　1∶5×10^n 1∶10　1∶10×10^n	5∶1　5×10^n∶1 2∶1　2×10^n∶1 1×10^n∶1
A0	841×1 189	25	10	20	A3×3	420×891		必要时允许选取 1∶1.5　1∶1.5×10^n 1∶2.5　1∶2.5×10^n 1∶3　1∶3×10^n 1∶4　1∶4×10^n 1∶6　1∶6×10^n	必要时允许选取 4∶1　4×10^n∶1 2.5∶1　2.5×10^n∶1 n—正整数
A1	594×841				A3×4	420×1 189			
A2	420×594				A4×3	297×630			
A3	297×420		5	10	A4×4	297×841			
A4	210×297				A4×5	297×1 051			

注：加长幅面的图框尺寸，按所选用的基本幅面大一号图框尺寸确定。

表 8-3　**标题栏、明细栏**

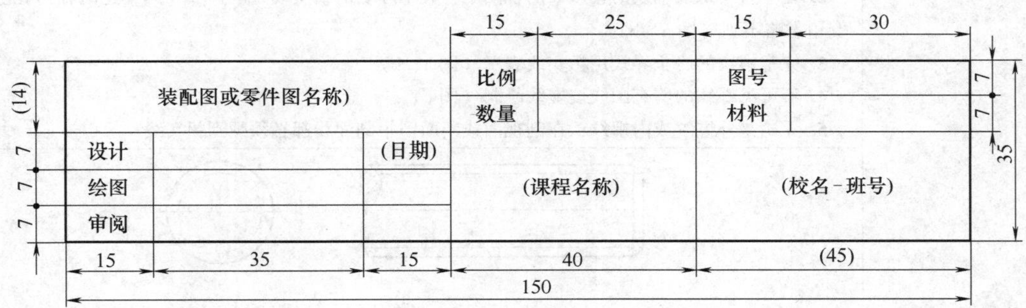

装配图或零件图标题栏格式(本书用)

……	……	……	……	……	……
02	滚动轴承6215	2		GB/T 276—2013	
01	箱座	1	HT200		
序号	名　称	数量	材料	标　准	备注
10	45	10	20	40	(25)

行高：7，7，10；总宽：150

明细栏格式(本书用)

注：主框线型为粗实线（b）；分格线为细实线（$b/2$）。

表 8-4　**图线的名称、宽度、线型及一般应用**（GB/T 4457.4—2002 摘录）

名　　称	宽　　度	线型	一 般 应 用
细实线	$b/2$		尺寸线、尺寸界线、过渡线、指引线和基准线、辅助线、剖面线、螺纹牙底线，不连续同一表面的连线
细虚线	约 $b/2$		不可见轮廓线
细点画线	约 $b/2$		轴线、对称中心线、分度圆（线）、剖切线、孔系分布的中心线
波浪线	约 $b/2$		断裂处边界线、视图与剖视图的分界线

（续）

名 称	宽 度	线型	一 般 应 用
细双点画线	约 $b/2$		断裂处边界线、视图与剖视图的分界线
粗实线	b		可见轮廓线、相贯线、螺纹牙顶线、螺纹长度终止线、齿顶圆（线）、剖切符号用线、表格图及流程图中的主要表示线
粗虚线	b		允许表面处理的表示线
粗点画线	b		限定范围表示线
双折线	约 $b/2$		断裂处边界线、视图与剖视图的分界线

注：b 常取 0.5mm、0.7mm。

8.2 常用零件的规定画法（见表 8-5、表 8-6）

表 8-5 螺纹及螺纹紧固件的画法（GB/T 4459.1—1995 摘录）

外螺纹、内螺纹的画法	1. 螺纹的牙顶用粗实线表示；牙底用细实线表示，在螺杆的倒角或倒圆部分也应画出 2. 在垂直于螺纹轴线的投影面的视图中，表示牙底的细实线只画约 3/4 圈，此时轴与孔上的倒角省略不画（图 a、b） 3. 完整螺纹的终止界线用粗实线表示（图 a、b） 4. 不可见螺纹的所有图线按虚线绘制（图 c） 5. 无论是外螺纹或内螺纹，在剖视图或断面图中剖面线都必须画到粗实线 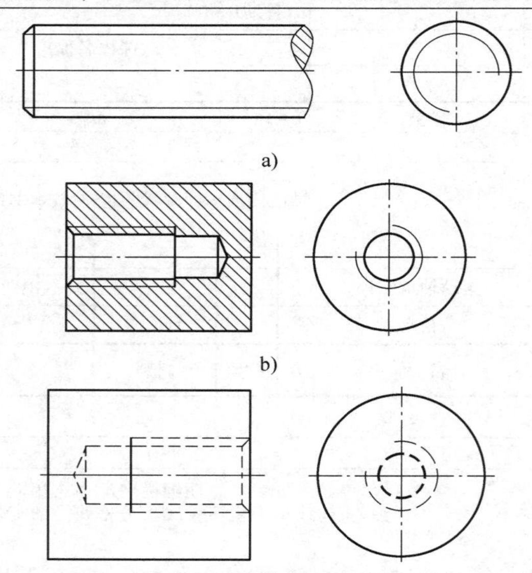 a) b) c)
内、外螺纹连接的画法	以剖视图表示内、外螺纹的连接时，其旋合部分应按外螺纹的画法绘制，其余部分仍按各自的画法表示（图 d） 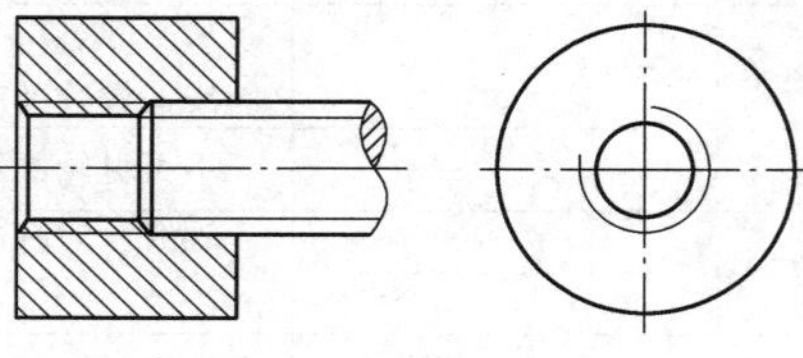 d)

（续）

	1. 在装配图中，当剖切平面通过螺杆轴线时，对于螺栓、螺柱、螺钉、螺母及垫圈等均按未剖切绘制（图e）；也可采用图f所示的简化画法 2. 在铸、锻粗糙表面上安装螺栓时，为防止螺栓承受偏载，被连接件支承表面应制出沉孔（图e、f左图）或凸台
螺纹紧固件的画法	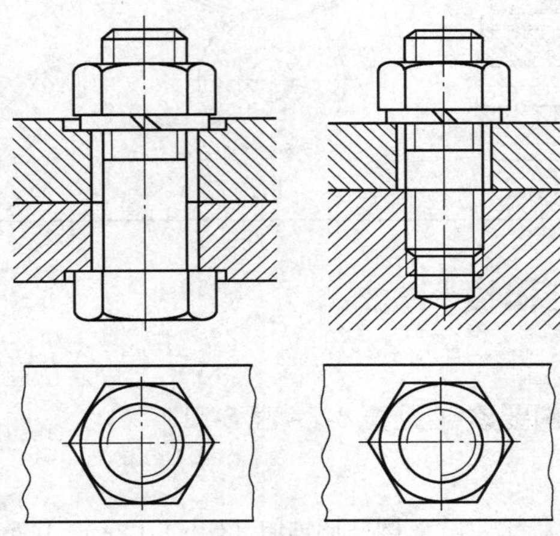 e) 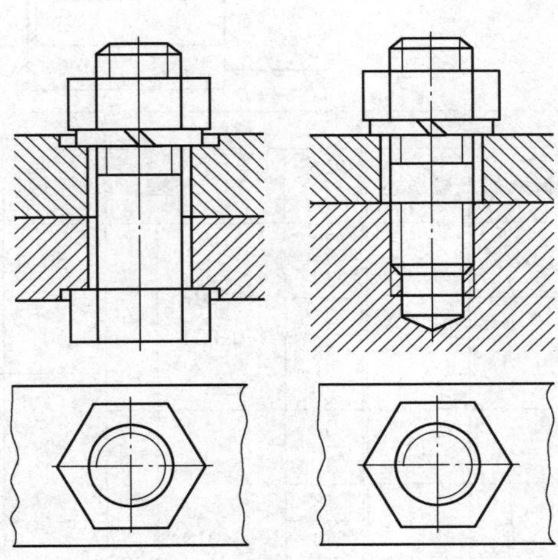 f)

表 8-6 圆柱齿轮的画法（GB/T 4459.2—2003 摘录）

1. 齿顶圆用粗实线绘制，分度圆用细点画线绘制，齿根圆用细实线绘制或省略不画，在剖视图中齿根圆用粗实线绘制
2. 在轴剖面视图中，啮合区内有一个齿轮的齿顶画虚线，即啮合部分线条应为“三实一虚一点画”（图 a）
3. 在垂直于轴线的投影视图中齿顶圆均为粗实线（图 b），其省略画法如图 c 所示

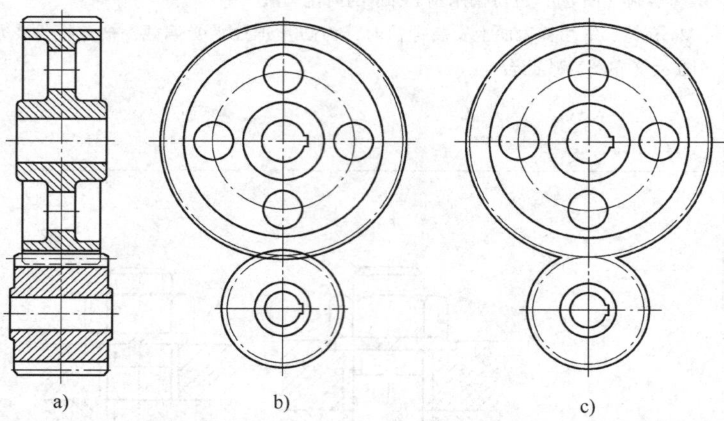

8.3 一般标准和资料

8.3.1 常用结构要素（见表 8-7～表 8-13）

表 8-7 圆柱形轴伸（GB/T 1569—2005 摘录）（单位：mm）

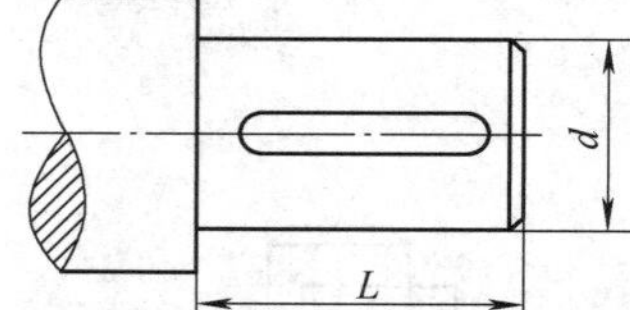

d			*L*		*d*			*L*		*d*			*L*	
公称尺寸	极限偏差		长系列	短系列	公称尺寸	极限偏差		长系列	短系列	公称尺寸	极限偏差		长系列	短系列
6	+0.006 −0.002	j6	16	—	22	+0.009 −0.004	j6	50	36	55	+0.030 +0.011	m6	110	82
					24					56				
7	+0.007 −0.002		20		25			60	42	60			140	105
8					28					63				
9					30			80	58	65				
10			23	20	32	+0.018 +0.002	k6			70				
11	+0.008 −0.003				35					71				
12			30	25	38					75				
14					40			110	82	80			170	130
16			40	28	42					85	+0.035 +0.013			
18					45					90				
19	+0.009 −0.004				48					95				
20			50	36	50					100			210	165

表 8-8　　标准尺寸（直径、长度和高度等）（GB/T 2822—2005 摘录）　　（单位：mm）

R			R′			R			R′			R			R′		
R10	R20	R40	R′10	R′20	R′40	R10	R20	R40	R′10	R′20	R′40	R10	R20	R40	R′10	R′20	R′40
2.50	2.50		2.5	2.5		40.0	40.0	40.0	40	40	40		280	280		280	280
	2.80			2.8				42.5			42			300			300
3.15	3.15		3.0	3.0			45.0	45.0		45	45	315	315	315	320	320	320
	3.55			3.5				47.5			48			335			340
4.00	4.00		4.0	4.0		50.0	50.0	50.0	50	50	50		355	355		360	360
	4.50			4.5				53.0			53			375			380
5.00	5.00		5.0	5.0			56.0	56.0		56	56	400	400	400	400	400	400
	5.60			5.5				60.0			60			425			420
6.30	6.30		6.0	6.0		63.0	63.0	63.0	63	63	63		450	450		450	450
	7.10			7.0				67.0			67			475			480
8.00	8.00		8.0	8.0			71.0	71.0		71	71	500	500	500	500	500	500
	9.00			9.0				75.0			75			530			530
10.0	10.0		10.0	10.0		80.0	80.0	80.0	80	80	80		560	560		560	560
	11.2			11				85.0			85			600			600
12.5	12.5	12.5	12	12	12		90.0	90.0		90	90	630	630	630	630	630	630
		13.2			13			95.0			95			670			670
	14.0	14.0		14	14	100	100	100	100	100	100		710	710		710	710
		15.0			15			106			105			750			750
16.0	16.0	16.0	16	16	16		112	112		110	110	800	800	800	800	800	800
		17.0			17			118			120			850			850
	18.0	18.0		18	18	125	125	125	125	125	125		900	900		900	900
		19.0			19			132			130			950			950
20.0	20.0	20.0	20	20	20		140	140		140	140	1000	1000	1000	1000	1000	1000
		21.2			21			150			150			1060			
	22.4	22.4		22	22	160	160	160	160	160	160		1120	1120			
		23.6			24			170			170			1180			
25.0	25.0	25.0	25	25	25		180	180		180	180	1250	1250	1250			
		26.5			26			190			190			1320			
	28.0	28.0		28	28	200	200	200	200	200	200		1400	1400			
		30.0			30			212			210			1500			
31.5	31.5	31.5	32	32	32		224	224		220	220	1600	1600	1600			
		33.5			34			236			240			1700			
	35.5	35.5		36	36	250	250	250	250	250	250		1800	1800			
		37.5			38			265			260			1900			

注：1. 选择系列及单个尺寸时，应首先在优先数系 R 系列中选用标准尺寸，选用顺序为 R10、R20、R40。如果必须将数值圆整，可在相应的 R′系列中选用标准尺寸，选用顺序为 R′10′、R′20、R′40。

2. 本标准适用于有互换性或系列化要求的主要尺寸，其他结构尺寸也应尽可能采用。本标准不适用于由主要尺寸导出的因变量尺寸、工艺上工序间的尺寸和已有专用标准规定的尺寸。

表 8-9　　中心孔（GB/T 145—2001 摘录）　　（单位：mm）

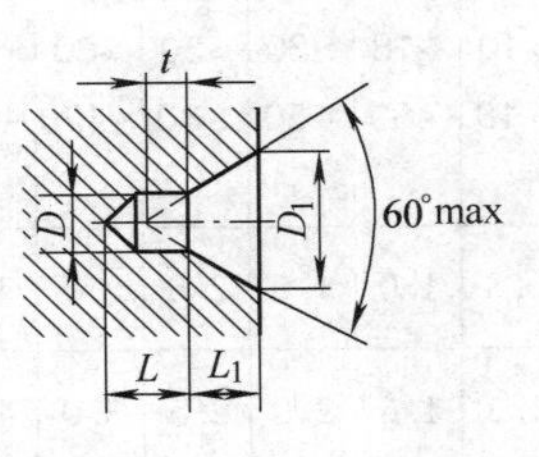

A 型：不带护锥的中心孔（加工后不保留）

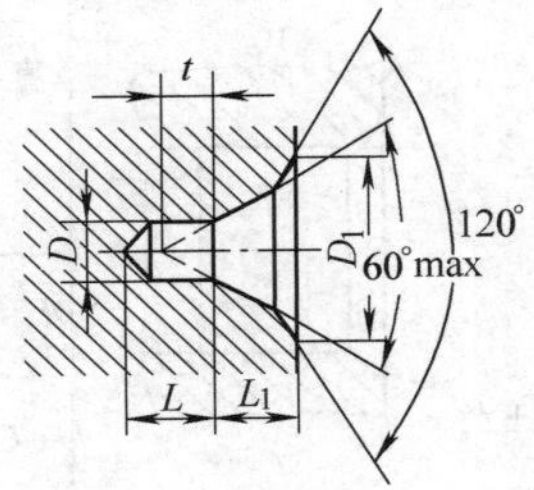

B 型：带护锥的中心孔（加工后保留）

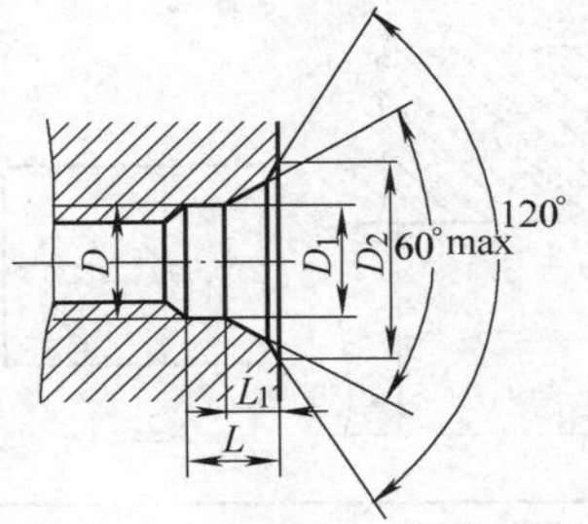

C 型：带螺纹的中心孔

（续）

选择中心孔的参考数据			D		D_1			L_1（参考）			t（参考）	D_2	L
轴状原料最大直径 D_0	原料端部最小直径	零件最大质量/kg	A、B型	C型	A型	B型	C型	A型	B型	C型	A、B型	C型	
>8~18	8	120	2.00	—	4.25	6.30	—	1.95	2.54	—	1.8	—	—
>18~30	10	200	2.50	—	5.30	8.00	—	2.42	3.20	—	2.2	—	—
>30~50	12	500	3.15	M3	6.70	10.00	3.2	3.07	4.03	1.8	2.8	5.8	2.6
>50~80	15	800	4.00	M4	8.50	12.50	4.3	3.90	5.05	2.1	3.5	7.4	3.2
>80~120	20	1000	(5.00)	M5	10.60	16.00	5.3	4.85	6.41	2.4	4.4	8.8	4.0
>120~180	25	1500	6.30	M6	13.20	18.00	6.4	5.98	7.36	2.8	5.5	10.5	5.0
>180~220	30	2000	(8.00)	M8	17.00	22.40	8.4	7.79	9.36	3.3	7.0	13.2	6.0

注：1. A型和B型中心孔的长度 L 取决于中心钻的长度，此值不应小于 t 值。

2. 括号内尺寸尽量不采用。

3. 选择中心孔参考数据不属于 GB/T 145—2001 内容，仅供参考。

表 8-10　中心孔表示方法（GB/T 4459.5—1999 摘录）

标注示例	解释	标注示例	解释
GB/T 4459.5—B3.15/10	要求作出B型中心孔 D=3.15mm，D_1=10mm 在完工的零件上允许保留中心孔	GB/T 4459.5—A4/8.5	用A型中心孔 D=4mm，D_1=8.5mm 在完工的零件上不允许保留中心孔
GB/T 4459.5—A4/8.5	用A型中心孔 D=4mm，D_1=8.5mm 在完工的零件上是否保留中心孔都可以	2×GB/T 4459.5—B3.15/10	同一轴的两端中心孔相同，可只在其一端标注，但应注出数量

表 8-11　零件倒圆和倒角的推荐值（GB/T 6403.4—2008 摘录）　（单位：mm）

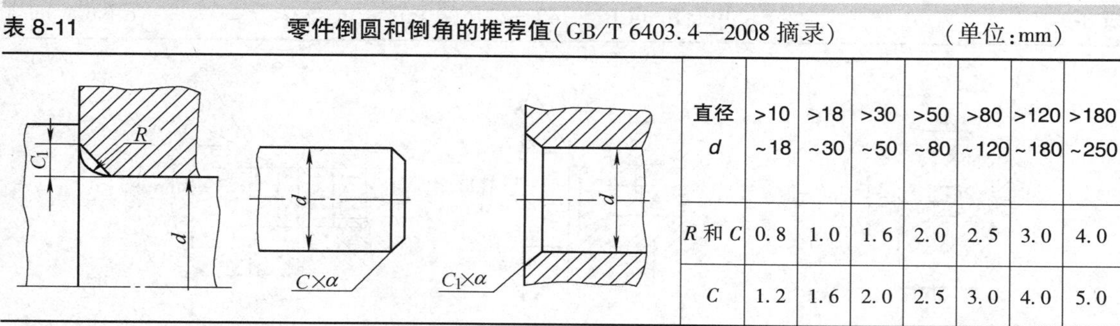

直径 d	>10~18	>18~30	>30~50	>50~80	>80~120	>120~180	>180~250
R 和 C	0.8	1.0	1.6	2.0	2.5	3.0	4.0
C	1.2	1.6	2.0	2.5	3.0	4.0	5.0

注：1. 与滚动轴承相配合的轴及座孔处的圆角半径，见有关轴承标准。

2. α 一般采用45°，也可以采用30°或60°。

表 8-12　　砂轮越程槽（GB/T 6403.5—2008 摘录）　　（单位：mm）

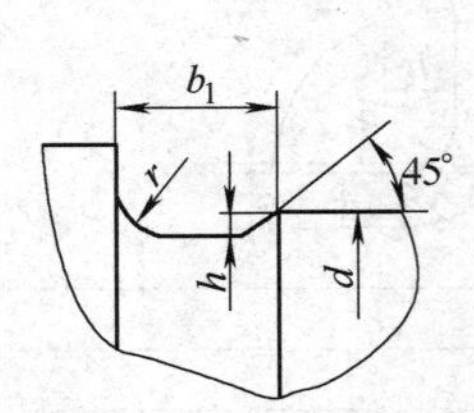

磨外圆

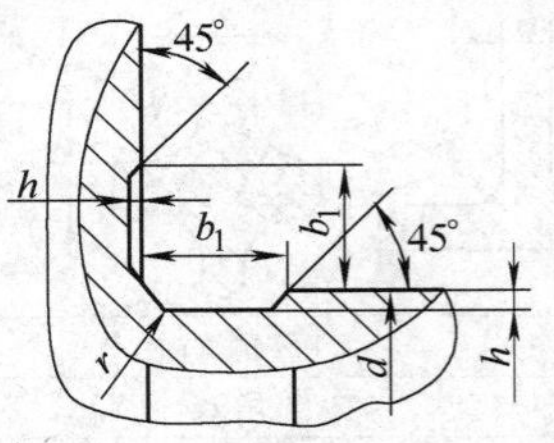

磨外圆及端面

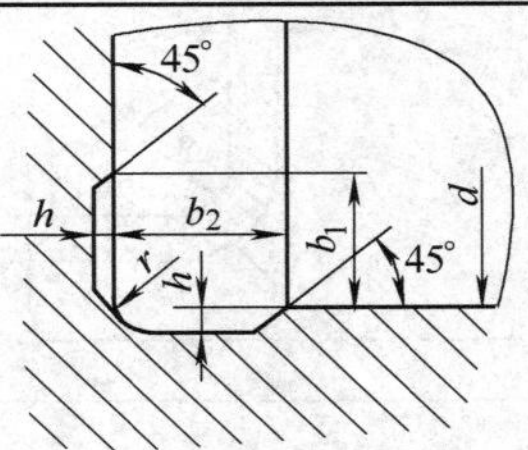

磨内圆及端面

b_1	0.6	1.0	1.6	2.0	3.0	4.0	5.0	8.0	10
b_2	2.0	3.0		4.0		5.0		8.0	10
h	0.1	0.2		0.3	0.4		0.6	0.8	1.2
r	0.2	0.5		0.8	1.0		1.6	2.0	3.0
d	~10			10~50		50~100		100	

表 8-13　　圆形零件自由表面过渡圆角半径（参考）　　（单位：mm）

$D-d$	2	5	8	10	15	20	25	30	35	40	50	55	65	70	90	100
R	1	2	3	4	5	8	10	12	12	16	16	20	20	25	25	30

8.3.2　铸件设计的一般规范（见表 8-14~表 8-19）

表 8-14　　外壁、内壁与加强肋的厚度　　（单位：mm）

零件质量/kg	零件最大外形尺寸	外壁厚度	内壁厚度	加强肋的厚度	零件举例
~5	300	7	6	5	盖、拨叉、杠杆、端盖、轴套
6~10	500	8	7	5	盖、门、轴套、挡板、支架、箱体
11~60	750	10	8	6	盖、箱体、罩、电动机支架、溜板箱体、支架、托架、门
61~100	1 250	12	10	8	盖、箱体、搪模架、油缸体、支架、溜板箱体
101~500	1 700	14	12	8	油底壳、盖、壁、床鞍箱体、带轮、搪模架

表 8-15　　最小壁厚　　（单位：mm）

铸造方法	铸件尺寸	铸钢	灰铸铁	球墨铸铁	可锻铸铁	铝合金	镁合金	铜合金
砂型	~200×200 >200×200~500×500 >500×500	8 10~12 15~20	~6 >6~10 15~20	6 12	5 8	3 4 6	3	3~5 6~8
金属型	~70×70 >70×70~150×150 >150×150	5 10	4 5 6		2.5~3.5	2~3 4 5	2.5	3 4~5 6~8

注：1. 一般铸造条件下，各种灰铸铁的最小允许壁厚为

HT100，HT150，$\delta=4\sim6$；HT200，$\delta=6\sim8$；HT250，$\delta=8\sim15$；HT300，HT350，$\delta=15$；HT400，$\delta\geqslant20$。

2. 如有特殊需要，在改善铸造条件下，灰铸铁最小壁厚可达 3mm，可锻铸铁可小于 3mm。

表 8-16　铸造内圆角（JB/ZQ 4255—2006 摘录）

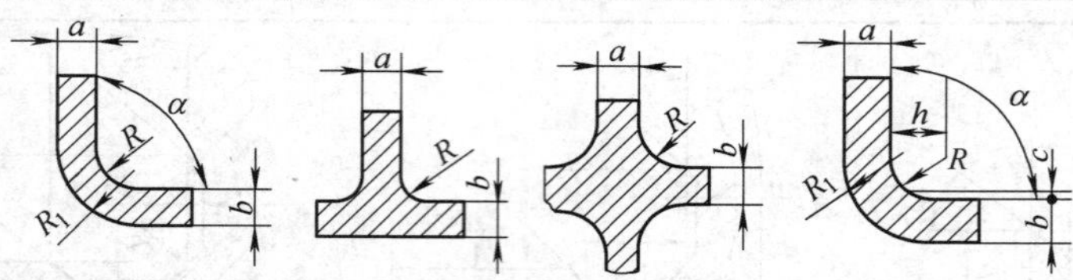

$\frac{a+b}{2}$	R值/mm 内圆角α/(°) ≤50 钢	≤50 铁	51~75 钢	51~75 铁	76~105 钢	76~105 铁	106~135 钢	106~135 铁	136~165 钢	136~165 铁	>165 钢	>165 铁
≤8	4	4	4	4	6	4	8	6	16	10	20	16
9~12	4	4	4	4	6	6	10	8	16	12	25	20
13~16	4	4	6	4	8	6	12	10	20	16	30	25
17~20	6	4	8	6	10	8	16	12	25	20	40	30
21~27	6	6	10	8	12	10	20	16	30	25	50	40
28~35	8	6	12	10	16	12	25	20	40	30	60	50
36~45	10	8	16	12	20	16	30	25	50	40	80	60
46~60	12	10	20	16	25	20	35	30	60	50	100	80

c 和 *h* 值/mm

b/a		≤0.4	0.4~0.65	0.66~0.8	>0.8
≈c		$0.7(a-b)$	$0.8(a-b)$	$a-b$	—
≈h	钢	$8c$			
	铁	$9c$			

表 8-17　铸造外圆角（JB/ZQ 4256—2006 摘录）

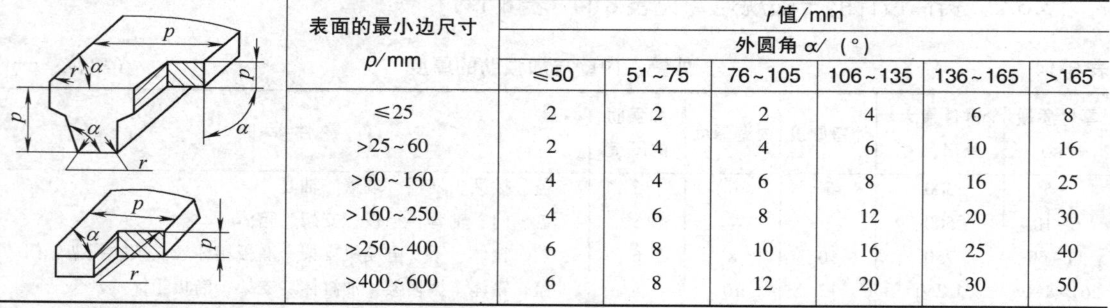

表面的最小边尺寸 p/mm	r值/mm 外圆角α/(°) ≤50	51~75	76~105	106~135	136~165	>165
≤25	2	2	2	4	6	8
>25~60	2	4	4	6	10	16
>60~160	4	4	6	8	16	25
>160~250	4	6	8	12	20	30
>250~400	6	8	10	16	25	40
>400~600	6	8	12	20	30	50

注：如果铸件按上表可选出许多不同的圆角“r”时，应尽量减少或只取一个适当的“r”值以求统一。

表 8-18　铸造斜度

斜度 $a:h$	角度 β	使用范围
1:5	11°30′	h<25mm 的钢和铁铸件
1:10 1:20	5°30′ 3°	h 在 25~500mm 时的钢和铁铸件
1:50	1°	h>500mm 时的钢和铁铸件
1:100	30′	有色金属铸件

注：当设计不同壁厚的铸件时（参见表中下图），在转折点处的斜角最大可增大到 30°~45°。

表 8-19　　铸造过渡斜度（JB/ZQ 4254—2006 摘录）　　（单位：mm）

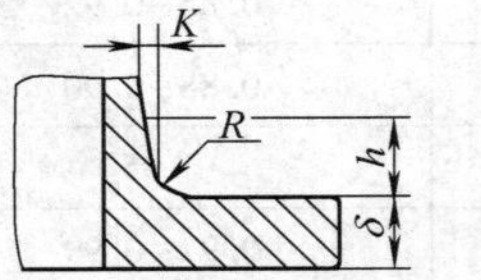

	铸铁和铸钢件的壁厚 δ	K	h	R
适用于减速器的机体、机盖、连接管、气缸及其他各种连接法兰的过渡处	10~15	3	15	5
	>15~20	4	20	5
	>20~25	5	25	5
	>25~30	6	30	8
	>30~35	7	35	8
	>35~40	8	40	10
	>40~45	9	45	10
	>45~50	10	50	10

8.3.3 机械传动和轴承的效率概略值（见表 8-20）

表 8-20　　机械传动和轴承效率概略值

种类		效率 η
圆柱齿轮传动	很好磨合的 6 级精度和 7 级精度齿轮传动（油润滑）	0.98~0.99
	8 级精度的一般齿轮传动（油润滑）	0.97
	9 级精度的齿轮传动（油润滑）	0.96
	加工齿的开式齿轮传动（脂润滑）	0.94~0.96
	铸造齿的开式齿轮传动	0.90~0.93
锥齿轮传动	很好磨合的 6 级和 7 级精度齿轮传动（油润滑）	0.97~0.98
	8 级精度的一般齿轮传动（油润滑）	0.94~0.97
	加工齿的开式齿轮传动（脂润滑）	0.92~0.95
	铸造齿的开式齿轮传动	0.88~0.92
蜗杆传动	自锁蜗杆（油润滑）	0.40~0.45
	单头蜗杆（油润滑）	0.70~0.75
	双头蜗杆（油润滑）	0.75~0.82
	三头和四头蜗杆（油润滑）	0.80~0.92
	环面蜗杆传动（油润滑）	0.85~0.95
带传动	平带无压紧轮的开式传动	0.98
	平带有压紧轮的开式传动	0.97
	平带交叉传动	0.9
	V 带传动	0.96
链传动	焊接链	0.93
	片式关节链	0.95
	滚子链	0.96
	齿形链	0.97
复滑轮轴	滑动轴承（$i=2\sim6$）	0.90~0.98
	滚动轴承（$i=2\sim6$）	0.95~0.99

（续）

种类		效率η
摩擦轮	平摩擦轮传动	0.85~0.92
	槽摩擦轮传动	0.88~0.90
	卷绳轮	0.95
联轴器	滑块联轴器	0.97~0.99
	齿式联轴器	0.99
	弹性联轴器	0.99~0.995
	万向联轴器（$\alpha \leqslant 3°$）	0.97~0.98
	万向联轴器（$\alpha > 3°$）	0.95~0.97
滑动轴承	润滑不良	0.94（一对）
	润滑正常	0.97（一对）
	润滑特好（压力润滑）	0.98（一对）
	液体摩擦	0.99（一对）
滚动轴承	球轴承（稀油润滑）	0.99（一对）
	滚子轴承（稀油润滑）	0.98（一对）
卷筒	—	0.96
减（变）速器	单级圆柱齿轮减速器	0.97~0.98
	双级圆柱齿轮减速器	0.95~0.96
	行星圆柱齿轮减速器	0.95~0.98
	单级锥齿轮减速器	0.95~0.96
	双级圆锥-圆柱齿轮减速器	0.94~0.95
	无级变速器	0.92~0.95
	摆线-针轮减速器	0.90~0.97
螺旋传动	滑动螺旋	0.30~0.60
	滚动螺旋	0.85~0.95

第9章 常用工程材料

9.1 黑色金属材料（见表9-1~表9-6）

表9-1 灰铸铁件（GB/T 9439—2010 摘录）

牌号	铸件壁厚/mm		最小抗拉强度 R_m（单铸试棒）/MPa	铸件本体预期抗拉强度 R_m/MPa	应用举例
	>	≤			
HT100	5	40	100	—	盖、外罩、油底壳、手轮、手把、支架等
HT150	5	10	150	155	端盖、汽轮泵体、轴承座、阀壳、管及管路附件、手轮、一般机床底座、床身及其他复杂零件、滑座、工作台等
	10	20		130	
	20	40		110	
HT200	5	10	200	205	气缸、齿轮、底架、箱体、飞轮、齿条、衬套、一般机床铸有导轨的床身及中等压力（8MPa以下）的液压缸、液压泵和阀的壳体等
	10	20		180	
	20	40		155	
HT225	5	10	225	230	
	10	20		200	
	20	40		170	
HT250	5	10	250	250	阀壳、液压缸、气缸、联轴器、箱体、齿轮、齿轮箱体、飞轮、衬套、凸轮、轴承座等
	10	20		225	
	20	40		195	
HT275	10	20	275	250	
	20	40		220	
HT300	10	20	300	270	齿轮、凸轮、车床卡盘、剪床及压力机的床身、导板、转塔自动车床及其他重载荷机床铸有导轨的床身、高压液压缸、液压泵和滑阀的壳体等
	20	40		240	
HT350	10	20	350	315	
	20	40		280	

表9-2 球墨铸铁件（GB/T 1348—2019 摘录）

牌　号	抗拉强度 R_m(min)/MPa	屈服强度 $R_{p0.2}$(min)/MPa	断后伸长率 A(min)(%)	布氏硬度 HBW	用　途
QT350-22	350	220	22	≤160	减速器箱体、管、阀体、阀座、压缩机气缸、拨叉、离合器壳体等
QT400-18	400	250	18	120~175	
QT400-15	400	250	15	120~180	

（续）

牌号	抗拉强度 R_m (min)/MPa	屈服强度 $R_{p0.2}$ (min)/MPa	断后伸长率 A(min)(%)	布氏硬度 HBW	用途
QT450-10	450	310	10	160~210	液压泵齿轮、阀体、车辆轴瓦、凸轮、犁铧、减速器箱体、轴承座等
QT500-7	500	320	7	170~230	
QT550-5	550	350	5	180~250	
QT600-3	600	370	3	190~270	曲轴、凸轮轴、齿轮轴、机床主轴、缸体、缸套、连杆、矿车轮、农机零件等
QT700-2	700	420	2	225~305	
QT800-2	800	480	2	245~335	
QT900-2	900	600	2	280~360	曲轴、凸轮轴、连杆、拖拉机链轨板等

表 9-3 一般工程用铸造碳钢件（GB/T 11352—2009 摘录）

牌号	抗拉强度 R_m	屈服强度 R_{eH} ($R_{p0.2}$)	断后伸长率 A	根据合同选择		硬度		应用举例
				断面收缩率 Z	冲击吸收能量 A_{KV}	正火回火 HBW	表面淬火 HRC	
	MPa		(%)		J			
	最小值							
ZG200-400	400	200	25	40	30	—	—	各种形状的机件，如机座、变速器箱壳等
ZG230-450	450	230	22	32	25	≥131	—	铸造平坦的零件，如机座、机盖、箱体、铁砧台，工作温度在450℃以下的管路附件等。焊接性良好
ZG270-500	500	270	18	25	22	≥143	40~45	各种形状的机件，如飞轮、机架、蒸汽锤、桩锤、联轴器、水压机工作缸、横梁等。焊接性尚可
ZG310-570	570	310	15	21	15	≥153	40~50	各种形状的机件，如联轴器、气缸、齿轮、齿轮圈及重载荷机架等
ZG340-640	640	340	10	18	10	169~229	45~55	起重运输机中的齿轮、联轴器及重要的机件等

注：1. 各牌号铸钢的性能，适用于厚度为100mm以下的铸件；当厚度超过100mm时，仅表中规定的 $R_{p0.2}$ 屈服强度可供设计使用。

2. 表中力学性能的试验环境温度为（20±10）℃。

3. 表中硬度值非GB/T 11352—2009内容，仅供参考。

表 9-4 碳素结构钢（GB/T 700—2006 摘录）

牌号	等级	力学性能													冲击试验		应用举例
		屈服强度 R_{eH}/MPa						抗拉强度 R_m/MPa	断后伸长率 A (%)						温度/℃	V型冲击吸收能量（纵向）A_{kV}/J	
		钢材厚度（直径）/mm							钢材厚度（直径）/mm								
		≤16	>16~40	>40~60	>60~100	>100~150	>150		≤40	>40~60	>60~100	>100~150	>150~200				
		不小于							不小于							不小于	
Q195	—	(195)	(185)	—	—	—	—	315~390	33	—	—	—	—		—	—	塑性好，常用其轧制薄板、拉制线材、制钉和焊接钢管

（续）

牌号	等级	力学性能												冲击试验		应用举例
		屈服强度 R_{eH}/MPa						抗拉强度 R_m/MPa	断后伸长率 A（%）					温度/℃	V 型冲击吸收能量（纵向）A_{kV}/J	
		钢材厚度（直径）/mm							钢材厚度（直径）/mm							
		≤16	>16~40	>40~60	>60~100	>100~150	>150		≤40	>40~60	>60~100	>100~150	>150~200			
		不小于							不小于						不小于	
Q215	A	215	205	195	185	175	165	335~410	31	30	29	27	26	—	—	金属结构件、拉杆、套圈、铆钉、螺栓、短轴、心轴、凸轮（载荷不大的）、垫圈、渗碳零件及焊接件
	B													20	27	
Q235	A	235	225	215	205	195	185	375~460	26	25	24	22	21	—	—	金属结构构件，心部强度要求不高的渗碳或碳氮共渗零件、吊钩、拉杆、套圈、气缸、齿轮、螺栓、螺母、连杆、轮轴、楔、盖及焊接件
	B													20	27	
	C													0		
	D													-20		
Q275	A	275	265	255	245	235	225	410~540	22	21	20	18	17	—	—	轴、轴销、制动杆、螺母、螺栓、垫圈、连杆、齿轮以及其他强度较高的零件，焊接性尚可
	B													20	27	
	C													—		
	D													-20		

注：括号内的数值仅供参考。表中 A、B、C、D 为质量等级。

表 9-5　优质碳素结构钢（GB/T 699—2015 摘录）

牌号	推荐热处理/℃			试样毛坯尺寸/mm	力学性能					钢材交货状态硬度/HBW		应用举例
					抗拉强度 R_m	下屈服强度 R_{eL}	断后伸长率 A	断面收缩率 Z	冲击吸收能量 KU_2	不大于		
	正火	淬火	回火		MPa		（%）		J	未热处理	退火钢	
					不小于							
08	930			25	325	195	33	60		131		用于需塑性好的零件，如管子、垫片、垫圈；心部强度要求不高的渗碳和碳氮共渗零件，如套筒、短轴、挡块、支架、靠模、离合器盘
10	930			25	335	205	31	55		137		用于制造拉杆、卡头、钢管垫片、垫圈、铆钉。这种钢无回火脆性，焊接性好，用来制造焊接零件
15	920			25	375	225	27	55		143		用于受力不大、韧性要求较高的零件、渗碳零件、紧固件、冲模锻件及不需要热处理的低负荷零件，如螺栓、螺钉、拉条、法兰盘及化工贮器、蒸汽锅炉

（续）

牌号	推荐热处理/℃			试样毛坯尺寸/mm	力学性能					钢材交货状态硬度/HBW		应用举例
					抗拉强度 R_m	下屈服强度 R_{eL}	断后伸长率 A	断面收缩率 Z	冲击吸收能量 KU_2	不大于		
	正火	淬火	回火		MPa		(%)		J	未热处理	退火钢	
					不小于							
20	910			25	410	245	25	55		156		用于不经受很大应力而要求很大韧性的机械零件，如杠杆、轴套、螺钉、起重钩等。也用于制造压力<6MPa、温度<450℃、在非腐蚀介质中使用的零件，如管子、导管等。还可用于表面硬度高而心部强度要求不大的渗碳与碳氮共渗零件
25	900	870	600	25	450	275	23	50	71	170		用于制造焊接设备，以及经锻造、热冲压和机械加工的不承受高应力的零件，如轴、辊子、插接器、垫圈、螺栓、螺钉及螺母
35	870	850	600	25	530	315	20	45	55	197		用于制造曲轴、转轴、轴销、杠杆、连杆、横梁、链轮、圆盘、套筒钩环、垫圈、螺钉、螺母。这种钢多在正火和调质状态下使用，一般不作焊接
40	860	840	600	25	570	335	19	45	47	217	187	用于制造辊子、轴、曲柄销、活塞杆、圆盘
45	850	840	600	25	600	355	16	40	39	229	197	用于制造齿轮、齿条、链轮、轴、键、销、汽轮机的叶轮、压缩机及泵的零件、轧辊等。可代替渗碳钢做齿轮、轴、活塞销等，但要经高频或火焰表面淬火
50	830	830	600	25	630	375	14	40	31	241	207	用于制造齿轮、拉杆、轧辊、轴、圆盘
55	820			25	645	380	13	35		255	217	用于制造齿轮、连杆、轮缘、扁弹簧及轧辊等
60	810			25	675	400	12	35		255	229	用于制造轧辊、轴、轮箍、弹簧、弹簧垫圈、离合器、凸轮、钢绳等
20Mn	910			25	450	275	24	50		197		用于制造凸轮轴、齿轮、联轴器、铰链、拖杆等
30Mn	880	860	600	25	540	315	20	45	63	217	187	用于制造螺栓、螺母、螺钉、杠杆及制动踏板等
40Mn	860	840	600	25	590	355	17	45	47	229	207	用于制造承受疲劳负荷的零件，如轴、万向联轴器、曲轴、连杆及在高应力下工作的螺栓、螺母等

（续）

牌号	推荐热处理/℃			试样毛坯尺寸/mm	力学性能					钢材交货状态硬度/HBW		应用举例
					抗拉强度 R_m	下屈服强度 R_{eL}	断后伸长率 A	断面收缩率 Z	冲击吸收能量 KU_2	不大于		
	正火	淬火	回火		MPa		(%)		J	未热处理	退火钢	
					不小于							
50Mn	830	830	600	25	645	390	13	40	31	255	217	用于制造耐磨性要求很高、在高负荷作用下的热处理零件，如齿轮、齿轮轴、摩擦盘、凸轮和截面在80mm以下的心轴等
60Mn	810			25	695	410	11	35		269	229	适于制造弹簧、弹簧垫圈、弹簧环和片以及冷拔钢丝（≤7mm）和发条

注：表中所列正火推荐保温时间不少于30min，空冷；淬火推荐保温时间不少于30min，水冷；回火推荐保温时间不少于1h。

表9-6 合金结构钢（GB/T 3077—2015摘录）

牌号	热处理				试样毛坯尺寸/mm	力学性能					钢材退火或高温回火供应状态布氏硬度/HBW不大于	特性及应用举例
	淬火		回火			抗拉强度 R_m	下屈服强度 R_{eL}	断后伸长率 A	断面收缩率 Z	冲击吸收能量 KU_2		
	温度/℃	冷却剂	温度/℃	冷却剂		MPa		(%)		J		
						≥						
20Mn2	850 880	水、油 水、油	200 440	水、空 水、空	15	785	590	10	40	47	187	截面小时与20Cr相当，用于做渗碳小齿轮、小轴、钢套、链板等，渗碳淬火后硬度56~62HRC
35Mn2	840	水	500	水	25	835	685	12	45	55	207	对于截面较小的零件可代替40Cr，可做直径≤15mm的重要用途的冷镦螺栓及小轴等，表面淬火后硬度40~50HRC
45Mn2	840	油	550	水、油	25	885	735	10	45	47	217	用于制造在较高应力与磨损条件下的零件。在直径≤60mm时，与40Cr相当。可做万向联轴器、齿轮、齿轮轴、蜗杆、曲轴、连杆、花键轴和摩擦盘等，表面淬火后硬度45~55HRC

（续）

牌号	热处理				试样毛坯尺寸/mm	力学性能					钢材退火或高温回火供应状态布氏硬度/HBW不大于	特性及应用举例
	淬火		回火			抗拉强度 R_m	下屈服强度 R_{eL}	断后伸长率 A	断面收缩率 Z	冲击吸收能量 KU_2		
	温度/℃	冷却剂	温度/℃	冷却剂		MPa		（%）		J		
						≥						
35SiMn	900	水	570	水、油	25	885	735	15	45	47	229	除了要求低温（-20℃以下）及冲击韧性很高的情况外，可全面代替40Cr，作调质钢，亦可部分代替40CrNi，可做中小型轴类、齿轮等零件以及在430℃以下工作的重要紧固件，表面淬火后硬度45~55HRC
42SiMn	880	水	590	水	25	885	735	15	40	47	229	与35SiMn钢同。可代替40Cr、34CrMo钢做大齿圈。适于作表面淬火件，表面淬火后硬度45~55HRC
20MnV	880	水、油	200	水、空	15	785	590	10	40	55	187	相当于20CrNi的渗碳钢、渗碳淬火后硬度56~62HRC
40MnB	850	油	500	水、油	25	980	785	10	45	47	207	可代替40Cr做重要调质件，如齿轮、轴、连杆、螺栓等
37SiMn2MoV	870	水、油	650	水、空	25	980	835	12	50	63	269	可代替34CrNiMo等做高强度重负荷轴、曲轴、齿轮、蜗杆等零件，表面淬火后硬度50~55HRC
20CrMnTi	第一次880 第二次870	油	200	水、空	15	1080	850	10	45	55	217	强度、韧性均高，是铬镍钢的代用品。用于承受高速、中等或重载荷以及冲击磨损等的重要零件，如渗碳齿轮、凸轮等，渗碳淬火后硬度56~62HRC
20CrMnMo	850	油	200	水、空	15	1180	885	10	45	55	217	用于要求表面硬度高、耐磨、心部有较高强度、韧性的零件，如传动齿轮和曲轴等，渗碳淬火后硬度56~62HRC

（续）

牌号	热处理				试样毛坯尺寸/mm	力学性能					钢材退火或高温回火供应状态布氏硬度/HBW 不大于	特性及应用举例
	淬火		回火			抗拉强度 R_m	下屈服强度 R_{eL}	断后伸长率 A	断面收缩率 Z	冲击吸收能量 KU_2		
	温度/℃	冷却剂	温度/℃	冷却剂		MPa		(%)		J		
						≥						
38CrMoAl	940	水、油	640	水、油	30	980	835	14	50	71	229	用于要求高耐磨性、高疲劳强度和相当高的强度且热处理变形最小的零件，如镗杆、主轴、蜗杆、齿轮、套筒、套环等，渗氮后表面硬度 1100HV
20Cr	第一次 880 第二次 780~820	水、油	200	水、空	15	835	540	10	40	47	179	用于要求心部强度较高、承受磨损、尺寸较大的渗碳零件，如齿轮、齿轮轴、蜗杆、凸轮、活塞销等；也用于速度较大受中等冲击的调质零件，渗碳淬火后硬度 56~62HRC
40Cr	850	油	520	水、油	25	980	785	9	45	47	207	用于承受交变负荷、中等速度、中等负荷、强烈磨损而无很大冲击的重要零件，如重要的齿轮、轴、曲轴、连杆、螺栓、螺母等零件，并用于直径大于 400mm 要求低温冲击韧性的轴与齿轮等，表面淬火后硬度 48~55HRC
20CrNi	850	水、油	460	水、油	25	785	590	10	50	63	197	用于制造承受较高载荷的渗碳零件，如齿轮、轴、花键轴、活塞销等
40CrNi	820	油	500	水、油	25	980	785	10	45	55	241	用于制造要求强度高、韧性高的零件，如齿轮、轴、链条、连杆等
40CrNiMoA	850	油	600	水、油	25	980	835	12	55	78	269	用于特大截面的重要调质件，如机床主轴、传动轴、转子轴等

拓展视频

见证有色金属攻坚战的稀土

9.2 有色金属材料（见表 9-7）

表 9-7 铸造铜合金、铸造铝合金和铸造轴承合金

合金牌号	合金名称（或代号）	铸造方法	合金状态	力学性能（不低于）				应用举例
				抗拉强度 R_m	屈服强度 $R_{p0.2}$	断后伸长率 A	布氏硬度/HBW	
				MPa		(%)		
铸造铜合金（GB/T 1176—2013 摘录）								
ZCuSn5Pb5Zn5	5-5-5 锡青铜	S、J、R Li、La		200 250	90 100	13	60 65	较高负荷、中速下工作的耐磨耐蚀件，如轴瓦、衬套、缸套及蜗轮等

（续）

合金牌号	合金名称（或代号）	铸造方法	合金状态	力学性能（不低于）				应用举例
				抗拉强度 R_m	屈服强度 $R_{p0.2}$	断后伸长率 A	布氏硬度/HBW	
				MPa		(%)		
铸造铜合金（GB/T 1176—2013 摘录）								
ZCuSn10P1	10-1 锡青铜	S、R J Li La		220 310 330 360	130 170 170 170	3 2 4 6	80 90 90 90	高负荷（20MPa以下）和高滑动速度（8m/s）下工作的耐磨件，如连杆、衬套、轴瓦、蜗轮等
ZCuSn10Pb5	10-5 锡青铜	S J		195 245		10	70	耐蚀、耐酸件及破碎机衬套、轴瓦等
ZCuPb17Sn4Zn4	17-4-4 铅青铜	S J		150 175		5 7	55 60	一般耐磨件、轴承等
ZCuAl10Fe3	10-3 铝青铜	S J Li、La		490 540 540	180 200 200	13 15 15	100 110 110	要求强度高、耐磨、耐蚀的零件，如轴套、螺母、蜗轮、齿轮等
ZCuAl10Fe3Mn2	10-3-2 铝青铜	S、R J		490 540		15 20	110 120	
ZCuZn38	38黄铜	S J		295	95	30	60 70	一般结构件和耐蚀件，如法兰、阀座、螺母等
ZCuZn40Pb2	40-2 铅黄铜	S、R J		220 280	95 120	15 20	80 90	一般用途的耐磨、耐蚀件，如轴套、齿轮等
ZCuZn38Mn2Pb2	38-2-2 锰黄铜	S J		245 345		10 18	70 80	一般用途的结构件，如套筒、衬套、轴瓦、滑块等
ZCuZn16Si4	16-4 硅黄铜	S、R J		345 390	180	15 20	90 100	接触海水工作的管配件以及水泵、叶轮等
铸造铝合金（GB/T 1173—2013 摘录）								
ZAlSi2	ZL102 铝硅合金	SB、JB、 RB、KB	F T2	145 135		4	50	气缸活塞以及高温工作的承受冲击载荷的复杂薄壁零件
		J	F T2	155 145		2 3		
ZAlSi9Mg	ZL104 铝硅合金	S、J、R、K J SB、RB、KB J、JB	F T1 T6 T6	150 200 230 240		2 1.5 2 2	50 65 70 70	形状复杂的高温静载荷或受冲击作用的大型零件，如扇风机叶片、水冷气缸头
ZAlMg5Si	ZL303 铝镁合金	S、J、R、K	F	145		1	55	高耐蚀性或在高温度下工作的零件
ZAlZn11Si7	ZL401 铝锌合金	S、R、K J	T1	195 245		2 1.5	80 90	铸造性能较好，可不热处理，用于形状复杂的大型薄壁零件，耐蚀性差

（续）

合金牌号	合金名称（或代号）	铸造方法	合金状态	力学性能（不低于）				应用举例
				抗拉强度 R_m	屈服强度 $R_{p0.2}$	断后伸长率 A	布氏硬度 /HBW	
				MPa		（%）		
铸造轴承合金（GB/T 1174—1992 摘录）								
ZSnSb12Pb10Cu4 ZSnSb11Cu6 ZSnSb8Cu4	锡基轴承合金	J J J					29 27 24	汽轮机、压缩机、机车、发电机、球磨机、轧机减速器、发动机等各种机器的滑动轴承衬
ZPbSb16Sn16Cu2 ZPbSb15Sn10 ZPbSb15Sn5	铅基轴承合金	J J J					30 24 20	

注：1. 铸造方法代号：S—砂型铸造；J—金属型铸造；Li—离心铸造；La—连续铸造；R—熔模铸造；K—壳型铸造；B—变质处理。

2. 合金状态代号：F—铸态；T1—人工时效；T2—退火；T6—固溶处理加人工完全时效。

9.3 非金属材料（见表9-8～表9-10）

表9-8 常用工程塑料

品种	力学性能							热性能				应用举例
	抗拉强度 /MPa	抗压强度 /MPa	抗弯强度 /MPa	断后伸长率（%）	冲击韧度 /（MJ/m²）	弹性模量 ×10³ /MPa	硬度	熔点 /℃	马丁耐热 /℃	脆化温度 /℃	线胀系数 ×10⁻⁵ /℃⁻¹	
尼龙6	53～77	59～88	69～98	150～250	带缺口 0.0031	0.83～2.6	85～114 HRR	215～223	40～50	-30～-20	7.9～8.7	具有优良的机械强度和耐磨性，广泛用于机械、化工及电气零件，如轴承、齿轮、凸轮、滚子、辊轴、泵叶轮、风扇叶轮、蜗轮、螺钉、螺母、垫圈、高压密封圈、阀座、输油管、储油容器等。尼龙粉末还可喷涂于各种零件表面，以提高耐磨性能和密封性能
尼龙9	57～64		79～84		无缺口 0.25～0.30	0.97～1.2		209～215	12～48		8～12	
尼龙66	66～82	88～118	98～108	60～200	带缺口 0.0039	1.4～3.3	100～118 HRR	265	50～60	-30～-25	9.1～10.0	
尼龙610	46～59	69～88	69～98	100～240	带缺口 0.0035～0.0055	1.2～2.3	90～113 HRR	210～223	51～56		9.0～12.0	
尼龙1010	51～54	108	81～87	100～250	带缺口 0.0040～0.0050	1.6	7.1HBW	200～210	45	-60	10.5	
MC尼龙（无填充）	90	105	156	20	无缺口 0.520～0.624	3.6（拉伸）	21.3 HBW		55		8.3	强度特别高，适于制造大型齿轮、蜗轮、轴套、大型阀门密封面、导向环、导轨、滚动轴承保持架、船尾轴承、起重汽车吊索绞盘蜗轮、柴油发动机燃料泵齿轮、矿山铲掘机轴承、水压机立柱导套、大型轧钢机辊导轴瓦等

(续)

品种	力学性能							热性能				应用举例
	抗拉强度/MPa	抗压强度/MPa	抗弯强度/MPa	断后伸长率(%)	冲击韧度/(MJ/m²)	弹性模量×10³/MPa	硬度	熔点/℃	马丁耐热/℃	脆化温度/℃	线胀系数×10⁻⁵/℃⁻¹	
聚甲醛(均聚物)	69(屈服)	125	96	15	带缺口0.0076	2.9(弯曲)	17.2 HBS		60~64		8.1~10.0(当温度在0~40℃时)	具有良好的摩擦磨损性能，尤其是优越的干摩擦性能。用于制造轴承、齿轮、凸轮、滚轮辊子、阀门上的阀杆螺母、垫圈、法兰、垫片、泵叶轮、鼓风机叶片、弹簧、管道等
聚碳酸酯	65~69	82~86	104	100	带缺口0.064~0.075	2.2~2.5(拉伸)	9.7~10.4 HBS	220~230	110~130	-100	6~7	具有高的冲击韧度和优异的尺寸稳定性。用于制造齿轮、蜗轮、蜗杆、齿条、凸轮、心轴、轴承、滑轮、铰链、传动链、螺栓、螺母、垫圈、铆钉、泵叶轮、汽车化油器部件、节流阀、各种外壳等

表9-9 工业用毛毡(FZ/T 25001—2012摘录)

类型	牌号	规格		密度/(g/cm³)	断裂强度/MPa	断后伸长率(≤)(%)	使用范围
		$\frac{长}{mm}\times\frac{宽}{mm}$	厚度/mm				
细毛	T112-32-44	长=1~5 宽=0.5~1	1.5、2、3、4、6、8、10、12、14、16、18、20、25	0.32~0.44	2~5	90~144	用于密封、防振缓冲衬垫
	T112-26-31			0.26~0.31			
半粗毛	T122-30-38			0.30~0.38	2~4	95~150	
	T122-24-29			0.24~0.29			
粗毛	T132-32-36			0.24~0.29	2~3	110~156	

表9-10 低碳钢纸板(QB/T 2200—1996摘录)

纸板规格		技术性能		用途
$\frac{长度}{mm}\times\frac{宽度}{mm}$	厚度/mm	性能	指标	
920×650 650×490 650×400 400×300	0.5~0.8 0.9~1.0 1.1~2.0 2.1~3.0	密度/(g/cm³)	1.1~1.4	用于连接处密封垫
		单位横断面抗拉强度，横向(≥)/MPa	29.4	
		水分(%)	6~10	

第 10 章 机械连接

10.1 螺纹要素（见表 10-1、表 10-2）

表 10-1　　普通螺纹基本尺寸（GB/T 196—2003 摘录）　　（单位：mm）

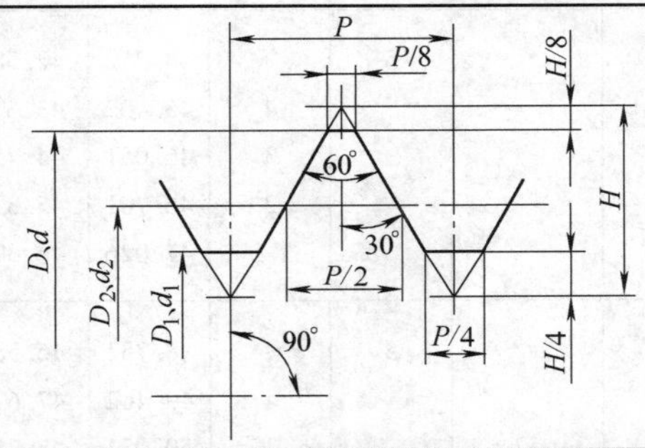

$H=0.866P$

$d_2=d-0.6495P$

$d_1=d-1.0825P$

D、d——内、外螺纹大径；

D_2、d_2——内、外螺纹中径；

D_1、d_1——内、外螺纹小径；

P——螺距。

标记示例：

M24（粗牙普通螺纹，直径为 24mm，螺距为 3mm）；

M24×1.5（细牙普通螺纹，直径为 24mm，螺距为 1.5mm）

公称直径 D、d		螺距 P		中径	小径	公称直径 D、d		螺距 P		中径	小径
第一系列	第二系列	粗牙	细牙	D_2、d_2	D_1、d_1	第一系列	第二系列	粗牙	细牙	D_2、d_2	D_1、d_1
3		0.5		2.675	2.459	10		1.5		9.026	8.376
			0.35	2.773	2.621				1.25	9.188	8.647
	3.5	0.6		3.110	2.850				1	9.350	8.917
			0.35	3.273	3.121				0.75	9.513	9.188
4		0.7		3.545	3.242	12		1.75		10.863	10.106
			0.5	3.675	3.459				1.5	11.026	10.376
	4.5	0.75		4.013	3.688				1.25	11.188	10.647
			0.5	4.175	3.959				1	11.350	10.917
5		0.8		4.480	4.134		14	2		12.701	11.835
			0.5	4.675	4.459				1.5	13.026	12.376
6		1		5.350	4.917				1.25	13.188	12.647
			0.75	5.513	5.188				1	13.350	12.917
8		1.25		7.188	6.647	16		2		14.701	13.835
			1	7.350	6.917				1.5	15.026	14.376
			0.75	7.513	7.188				1	15.350	14.917

（续）

公称直径 D、d		螺距 P		中径	小径
第一系列	第二系列	粗牙	细牙	D_2、d_2	D_1、d_1
	18	2.5		16.376	15.294
			2	16.701	15.835
			1.5	17.026	16.376
			1	17.350	16.917
20		2.5		18.376	17.294
			2	18.701	17.835
			1.5	19.026	18.376
			1	19.350	18.917
	22	2.5		20.376	19.294
			2	20.701	19.835
			1.5	21.026	20.376
			1	21.350	20.917
24		3		22.051	20.752
			2	22.701	21.835
			1.5	23.026	22.376
			1	23.350	22.917
	27	3		25.051	23.752
			2	25.701	24.835
			1.5	26.026	25.376
			1	26.350	25.917
30		3.5		27.727	26.211
			3	28.051	26.752
			2	28.701	27.835
			1.5	29.026	28.376
			1	29.350	28.917
	33	3.5		30.727	29.211
			3	31.051	29.752
			2	31.701	30.835
			1.5	32.026	31.376
36		4		33.402	31.670
			3	34.051	32.752
			2	34.701	33.835
			1.5	35.026	34.376
	39	4		36.402	34.670
			3	37.051	35.752
			2	37.701	36.835
			1.5	38.026	37.376
42		4.5		39.077	37.129
			4	39.402	37.670
			3	40.051	38.752
			2	40.701	39.835
			1.5	41.026	40.376
	45	4.5		42.077	40.129
			4	42.402	40.670
			3	43.051	41.752
			2	43.701	42.835
			1.5	44.026	43.376
48		5		44.752	42.587
			4	45.402	43.670
			3	46.051	44.752
			2	46.701	45.835
			1.5	47.026	46.376
	52	5		48.752	46.587
			4	49.402	47.670
			3	50.051	48.752
			2	50.701	49.835
			1.5	51.026	50.376
56		5.5		52.428	50.046
			4	53.402	51.670
			3	54.051	52.752
			2	54.701	53.835
			1.5	55.026	54.376
	60	5.5		56.428	54.046
			4	57.402	55.670
			3	58.051	56.752
			2	58.701	57.835
			1.5	59.026	58.376

注：1. 优先选用第一系列直径，其次是第二系列直径，最后选择第三系列（表中未列出）直径。

2. M14×1.25 仅用于发动机的火花塞。

表 10-2　　梯形螺纹（GB/T 5796.1～.4—2005 摘录）　　（单位：mm）

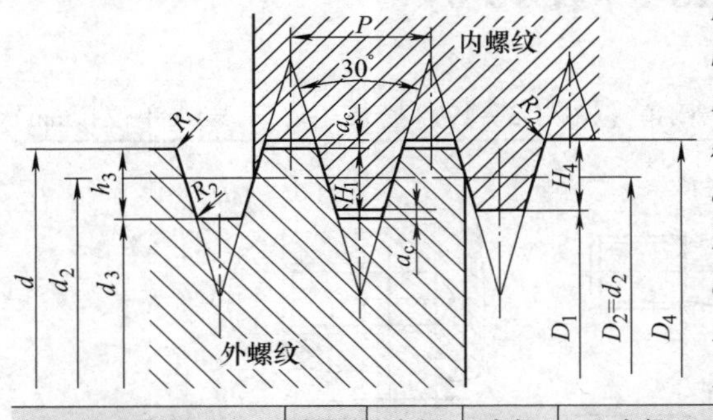

$H_1=0.5P$

$h_3=H_1+a_c=0.5P+a_c$

$H_4=H_1+a_c=0.5P+a_c$

$z=0.25P=H_1/2$

$d_2=d-2z=d-0.5P$

$D_2=d-2z=d-0.5P$

$d_3=d-2h_3$

$D_1=d-2H_1=d-P$

$D_4=d+2a_c$

$R_{1\max}=0.5a_c$

$R_{2\max}=a_c$

标记示例：

内螺纹：Tr40×7-7H

外螺纹：Tr40×7-7e

左旋外螺纹：Tr40×7LH-7e

螺纹副：Tr40×7-7H/7e

旋合长度为 L 组的多线螺纹：

Tr40×14（p7）-8e-L

公称直径 d		螺距	中径	大径	小径	
第一系列	第二系列	P	$d_2=D_2$	D_4	d_3	D_1
16		2	15	16.5	13.5	14
		4*	14	16.5	11.5	12
	18	2	17	18.5	15.5	16
		4*	16	18.5	13.5	14
20		2	19	20.5	17.5	18
		4*	18	20.5	15.5	16
	22	3	20.5	22.5	18.5	19
		5*	19.5	22.5	16.5	17
		8	18	23	13	14
24		3	22.5	24.5	20.5	21
		5*	21.5	24.5	18.5	19
		8	20	25	15	16
	26	3	24.5	26.5	22.5	23
		5*	23.5	26.5	20.5	21
		8	22	27	17	18
28		3	26.5	28.5	24.5	25
		5*	25.5	28.5	22.5	23
		8	24	29	19	20
	30	3	28.5	30.5	26.5	27
		6*	27	31	23	24
		10	25	31	19	20
32		3	30.5	32.5	28.5	29
		6*	29	33	25	26
		10	27	33	21	22
	34	3	32.5	34.5	30.5	31
		6*	31	35	27	28
		10	29	35	23	24
36		3	34.5	36.5	32.5	33
		6*	33	37	29	30
		10	31	37	25	26
	38	3	36.5	38.5	34.5	35
		7*	34.5	39	30	31
		10	33	39	27	28
40		3	38.5	40.5	36.5	37
		7*	36.5	41	32	33
		10	35	41	29	30
	42	3	40.5	42.5	38.5	39
		7*	38.5	43	34	35
		10	37	43	31	32
44		3	42.5	44.5	40.5	41
		7*	40.5	45	36	37
		12	38	45	31	32
	46	3	44.5	46.5	42.5	43
		8*	42	47	37	38
		12	40	47	33	34
48		3	46.5	48.5	44.5	45
		8*	44	49	39	40
		12	42	49	35	36
	50	3	48.5	50.5	46.5	47
		8*	46	51	41	42
		12	44	51	37	38
52		3	50.5	52.5	48.5	49
		8*	48	53	43	44
		12	46	53	39	40
	55	3	53.5	55.5	51.5	52
		9*	50.5	56	45	46
		14	48	57	39	41
60		3	58.5	60.5	56.5	57
		9*	55.5	61	50	51
		14	53	62	44	46

注：1. 带 * 者为优先选择的螺距。

2. 旋合长度：N 为正常组（不标注），L 为加长组。

10.2　螺纹零件的结构要素（见表 10-3~表 10-6）

表 10-3　　普通螺纹收尾、肩距、退刀槽、倒角（GB/T 3—1997 摘录）　　（单位：mm）

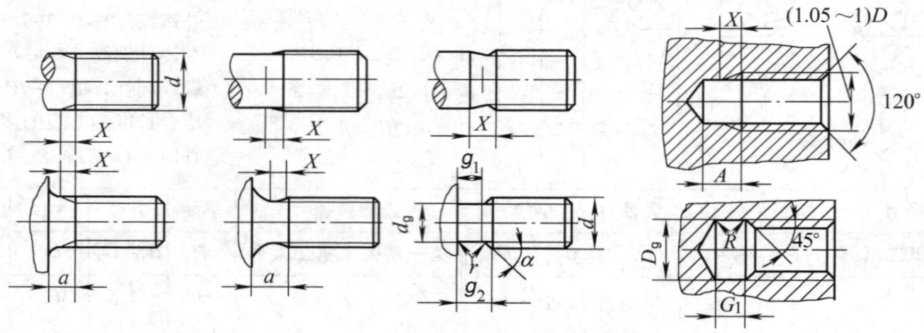

螺距 P	外螺纹									内螺纹							
	收尾 X (max)		肩距 a (max)			退刀槽				收尾 X (max)		肩距 A (max)		退刀槽			
						g_2 (max)	g_1 (min)	r	d_g					G_1		R ≈	D_g
	一般	短的	一般	长的	短的					一般	短的	一般	长的	一般	短的		
0.5	1.25	0.7	1.5	2	1	1.5	0.8	0.2	d−0.8	2	1	3	4	2	1	0.2	D+0.3
0.6	1.5	0.75	1.8	2.4	1.2	1.8	0.9	0.4	d−1	2.4	1.2	3.2	4.8	2.4	1.2	0.3	
0.7	1.75	0.9	2.1	2.8	1.4	2.1	1.1		d−1.1	2.8	1.4	3.5	5.6	2.8	1.4	0.4	
0.75	1.9	1	2.25	3	1.5	2.25	1.2		d−1.2	3	1.5	3.8	6	3	1.5	0.4	
0.8	2	1	2.4	3.2	1.6	2.4	1.3		d−1.3	3.2	1.6	4	6.4	3.2	1.6	0.4	
1	2.5	1.25	3	4	2	3	1.6	0.6	d−1.6	4	2	5	8	4	2	0.5	D+0.5
1.25	3.2	1.6	4	5	2.5	3.75	2		d−2	5	2.5	6	10	5	2.5	0.6	
1.5	3.8	1.9	4.5	6	3	4.5	2.5	0.8	d−2.3	6	3	7	12	6	3	0.8	
1.75	4.3	2.2	5.3	7	3.5	5.25	3	1	d−2.6	7	3.5	9	14	7	3.5	0.9	
2	5	2.5	6	8	4	6	3.4		d−3	8	4	10	16	8	4	1	
2.5	6.3	3.2	7.5	10	5	7.5	4.4	1.2	d−3.6	10	5	12	18	10	5	1.2	
3	7.5	3.8	9	12	6	9	5.2	1.6	d−4.4	12	6	14	22	12	6	1.5	
3.5	9	4.5	10.5	14	7	10.5	6.2		d−5	14	7	16	24	14	7	1.8	
4	10	5	12	16	8	12	7	2	d−5.7	16	8	18	26	16	8	2	
4.5	11	5.5	13.5	18	9	13.5	8	2.5	d−6.4	18	9	21	29	18	9	2.2	
5	12.5	6.3	15	20	10	15	9		d−7	20	10	23	32	20	10	2.5	
5.5	14	7	16.5	22	11	17.5	11	3.2	d−7.7	22	11	25	35	22	11	2.8	
6	15	7.5	18	24	12	18	11		d−8.3	24	12	28	38	24	12	3	

注：1. 外螺纹倒角一般为 45°，也可采用 60°或 30°倒角；倒角深度应大于或等于牙型高度，过渡角 α 应不小于 30°。内螺纹入口端面的倒角一般为 120°，也可采用 90°倒角。端面倒角直径为（1.05~1）D（D 为螺纹公称直径）。

2. 应优先选用“一般”长度的收尾和肩距。

3. d_g 公差：h13（d>3mm）；h12（d≤3mm）。D_g 公差为 H13。

表 10-4 螺栓和螺钉通孔及沉孔尺寸 （单位：mm）

螺纹规格	螺栓和螺钉通孔直径 d_h （GB/T 5277—1985 摘录）			沉头螺钉及半沉头螺钉的沉孔 （GB/T 152.2—2014 摘录）			内六角圆柱头螺钉的沉孔 （GB/T 152.3—1988 摘录）				六角头螺栓和六角螺母的沉孔 （GB/T 152.4—1988 摘录）			
d	精装配	中等装配	粗装配	D_c (min)	$t\approx$	d_h (min)	d_2	t	d_3	d_1	d_2	d_3	d_1	t
M3	3.2	3.4	3.6	6.3	1.55	3.4	6	3.4	—	3.4	9	—	3.4	只要能制出与通孔轴线垂直的圆平面即可
M4	4.3	4.5	4.8	9.4	2.55	4.5	8	4.6		4.5	10		4.5	
M5	5.3	5.5	5.8	10.4	2.58	5.5	10	5.7		5.5	11		5.5	
M6	6.4	6.6	7	12.6	3.13	6.6	11	6.8		6.6	13		6.6	
M8	8.4	9	10	17.3	4.28	9	15	9		9	18		9	
M10	10.5	11	12	20.0	4.65	11	18	11		11	22		11	
M12	13	13.5	14.5	—	—	—	20	13	16	13.5	26	16	13.5	
M14	15	15.5	16.5	—	—	—	24	15	18	15.5	30	18	13.5	
M16	17	17.5	18.5	—	—	—	26	17.5	20	17.5	33	20	17.5	
M18	19	20	21	—	—	—	—	—	—	—	36	22	20	
M20	21	22	24	—	—	—	33	21.5	24	22	40	24	22	
M22	23	24	26				—	—	—	—	43	26	24	
M24	25	26	28				40	25.5	28	26	48	28	26	

表 10-5 普通粗牙螺纹的余留长度、钻孔余留深度 （单位：mm）

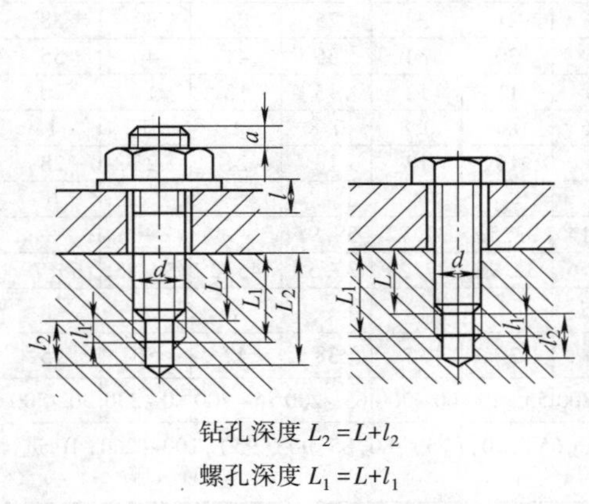

钻孔深度 $L_2=L+l_2$

螺孔深度 $L_1=L+l_1$

螺纹直径 d	余留长度 内螺纹 l_1	余留长度 外螺纹 l	余留长度 钻孔 l_2	末端长度 a
5	1.5	2.5	6	2~3
6 8	2 2.5	3.5 4	7 9	2.5~4
10 12	3 3.5	4.5 5.5	10 13	3.5~5
14、16 18、20、22	4 5	6 7	14 17	4.5~6.5
24、27 30	6 7	8 10	20 23	5.5~8
36 42	8 9	11 12	26 30	7~11
48 56	10 11	13 16	33 36	10~15

表 10-6 粗牙螺栓、螺钉的拧入深度和螺纹孔尺寸（参考） （单位：mm）

d	d_0	用于钢或青铜		用于铸铁		用于铝	
		h	L	h	L	h	L
6	5	8	6	12	10	15	12
8	6.8	10	8	15	12	20	16
10	8.5	12	10	18	15	24	20
12	10.2	15	12	22	18	28	24
16	14	20	16	28	24	36	32
20	17.5	25	20	35	30	45	40
24	21	30	24	42	35	55	48
30	26.5	36	30	50	45	70	60
36	32	45	36	65	55	80	72
42	37.5	50	42	75	65	95	85

10.3 连接件

10.3.1 螺栓（见表 10-7、表 10-8）

表 10-7 六角头加强杆螺栓—A 和 B 级（GB/T 27—2013 摘录） （单位：mm）

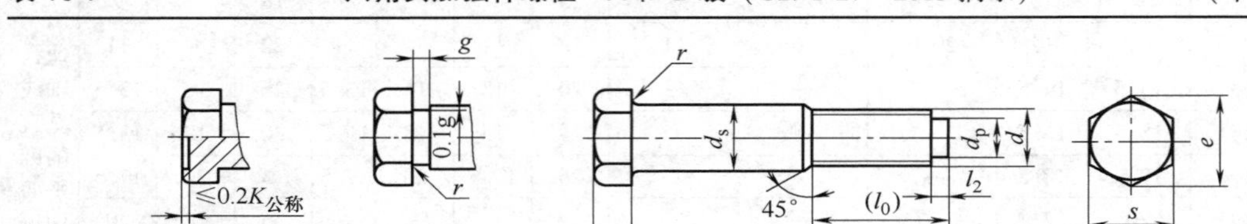

标记示例：

螺纹规格 d=M12、d_s 尺寸按表 3-10 规定，公称长度 l=80、性能等级为 8.8 级、表面发蓝处理、A 级的六角头加强杆螺栓：

螺栓 GB/T 27 M12×80

当 d_s 按 m6 制造时应标记为 螺栓 GB/T 27 M12 m6×80

螺纹规格 d		M6	M8	M10	M12	(M14)	M16	(M18)	M20	(M22)	M24	(M27)	M30	M36
d_s(h9)	max	7	9	11	13	15	17	19	21	23	25	28	32	38
s	max	10	13	16	18	21	24	27	30	34	36	41	46	55
K	公称	4	5	6	7	8	9	10	11	12	13	15	17	20
r	min	0.25	0.4	0.4	0.6	0.6	0.6	0.6	0.8	0.8	0.8	1	1	1
d_p		4	5.5	7	8.5	10	12	13	15	17	18	21	23	28
l_2		1.5		2		3			4			5		6
e_{min}	A	11.05	14.38	17.77	20.03	23.35	26.75	30.14	33.53	37.72	39.98	—	—	—
	B	10.89	14.20	17.59	19.85	22.78	26.17	29.56	32.95	37.29	39.55	45.2	50.85	60.79
g		2.5				3.5					5			
l_0		12	15	18	22	25	28	30	32	35	38	42	50	55
l 范围		25~65	25~80	30~120	35~180	40~180	45~200	50~200	55~200	60~200	65~200	75~200	80~230	90~300
l 系列		25,(28),30,(32),35,(38),40,45,50,(55),60,(65),70,(75),80,85,90,(95),100~260(10 进位),280,300												

注：1. 技术条件见表 10-8；
2. 尽可能不采用括号内的规格；
3. 根据使用要求，螺杆上无螺纹部分杆径（d_s）允许按 m6、u8 制造；
4. GB/T 27—1988 名称为六角头加强杆螺栓。

表 10-8　六角头螺栓—A 和 B 级（GB/T 5782—2016 摘录）、六角头螺栓—全螺纹—A 和 B 级（GB/T 5783—2016 摘录）　（单位：mm）

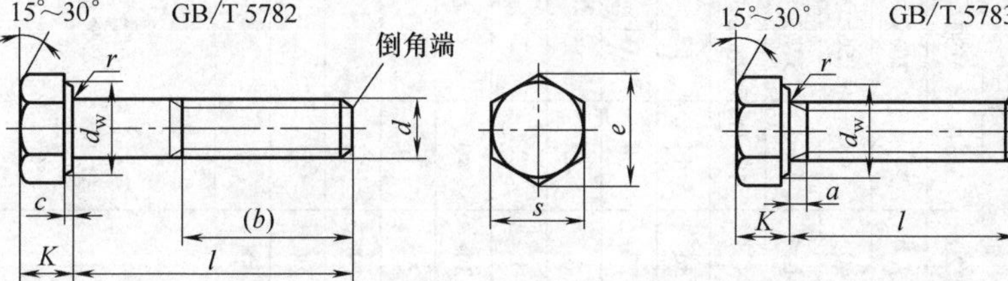

标记示例：

螺纹规格 d=M12、公称长度 l=80、性能等级为 8.8 级、表面氧化、A 级的六角头螺栓：

螺栓　GB/T 5782　M12×80

标记示例：

螺纹规格 d=M12、公称长度 l=80、性能等级为 8.8 级、表面氧化、全螺纹、A 级的六角头螺栓：

螺栓　GB/T 5783　M12×80

螺纹规格 d			M3	M4	M5	M6	M8	M10	M12	(M14)	M16	(M18)	M20	(M22)	M24	(M27)	M30	M36
b 参考	l≤125		12	14	16	18	22	26	30	34	38	42	46	50	54	60	66	
	125<l≤200		18	20	22	24	28	32	36	40	44	48	52	56	60	66	72	84
	l>200		31	33	35	37	41	45	49	53	57	61	65	69	73	79	85	97
a	max		1.5	2.1	2.4	3	4	4.5	5.3	6	6	7.5	7.5	7.5	9	9	10.5	12
c	max		0.4	0.4	0.5	0.5	0.6	0.6	0.6	0.6	0.8	0.8	0.8	0.8	0.8	0.8	0.8	0.8
	min		0.15	0.15	0.15	0.15	0.15	0.15	0.15	0.15	0.2	0.2	0.2	0.2	0.2	0.2	0.2	0.2
d_W	min	A	4.57	5.88	6.88	8.88	11.63	14.63	16.63	19.64	22.49	25.34	28.19	31.71	33.61	—	—	—
		B	4.45	5.74	6.74	8.74	11.47	14.47	16.47	19.15	22	24.85	27.7	31.35	33.25	38	42.75	51.11
e	min	A	6.01	7.66	8.79	11.05	14.38	17.77	20.03	23.36	26.75	30.14	33.53	37.72	39.98	—	—	—
		B	5.88	7.50	8.63	10.89	14.20	17.59	19.85	22.78	26.17	29.56	32.95	37.29	39.55	45.2	50.85	60.79
K	公称		2	2.8	3.5	4	5.3	6.4	7.5	8.8	10	11.5	12.5	14	15	17	18.7	22.5
r	min		0.1	0.2	0.2	0.25	0.4	0.4	0.6	0.6	0.6	0.6	0.8	0.8	0.8	1	1	1
s	公称		5.5	7	8	10	13	16	18	21	24	27	30	34	36	41	46	55
l 范围			20~30	25~40	25~50	30~60	40~80	45~100	50~120	60~140	65~160	70~180	80~200	90~220	90~240	100~260	110~300	140~360
l 范围(全螺纹)			6~30	8~40	10~50	12~60	16~80	20~100	25~120	30~140	30~150	35~150	40~150	45~200	50~150	55~200	60~200	70~200
l 系列			6,8,10,12,16,20~70(5 进位),80~160(10 进位),180~360(20 进位)															
技术条件			材料		力学性能等级			螺纹公差		公差产品等级						表面处理		
			钢		5.6、8.8、10.9			6g		A 级用于 d≤24 和 l≤10d 或 l≤150 B 级用于 d>24 或 l>10d 或 l>150						氧化或镀锌钝化		

注：1. A、B 为产品等级，A 级最精确、C 级最不精确，C 级产品详见 GB/T 5780—2016、GB/T 5781—2016。

2. 括号内为非优选的螺纹规格，尽量不采用。

10.3.2 螺钉（见表10-9~表10-11）

表10-9 吊环螺钉（GB/T 825—1988 摘录） （单位：mm）

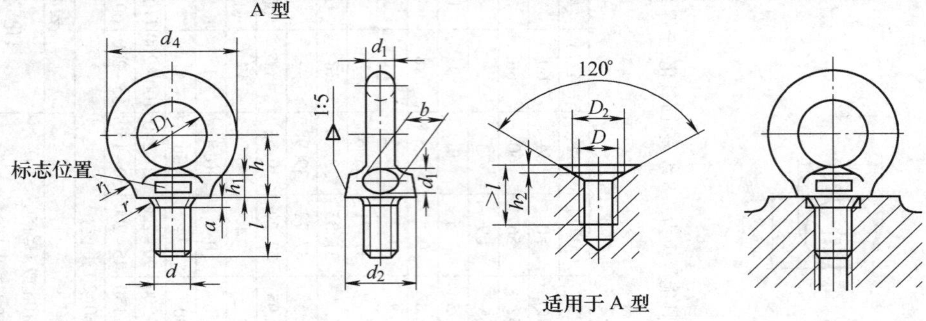

适用于A型

标记示例：

螺纹规格为M20、材料为20钢、经正火处理、不经表面处理的A型吊环螺钉：螺钉 GB/T 825 M20

d（D）	M8	M10	M12	M16	M20	M24	M30	M36
d_1（max）	9.1	11.1	13.1	15.2	17.4	21.4	25.7	30
D_1（公称）	20	24	28	34	40	48	56	67
d_2（max）	21.1	25.1	29.1	35.2	41.4	49.4	57.7	69
h_1（max）	7	9	11	13	15.1	19.1	23.2	27.4
h	18	22	26	31	36	44	53	63
d_4（参考）	36	44	52	62	72	88	104	123
r_1	4	4	6	6	8	12	15	18
r（min）	1	1	1	1	1	2	2	3
l（公称）	16	20	22	28	35	40		
a（max）	2.5	3	3.5	4	5	6		
b	10	12	14	16	19	24		
D_2（公称 min）	13	15	17	22	28	32		
h_2（公称 min）	2.5	3	3.5	4.5	5	7		
最大起吊质量/t 单螺钉起吊	0.16	0.25	0.4	0.63	1	1.6	2.5	4
最大起吊质量/t 双螺钉起吊（45°max）	0.08	0.125	0.2	0.32	0.5	0.8	1.25	2

注：1. 材料为20或25钢。

2. d 为商品规格。

表 10-10　内六角圆柱头螺钉（GB/T 70.1—2008 摘录）　（单位：mm）

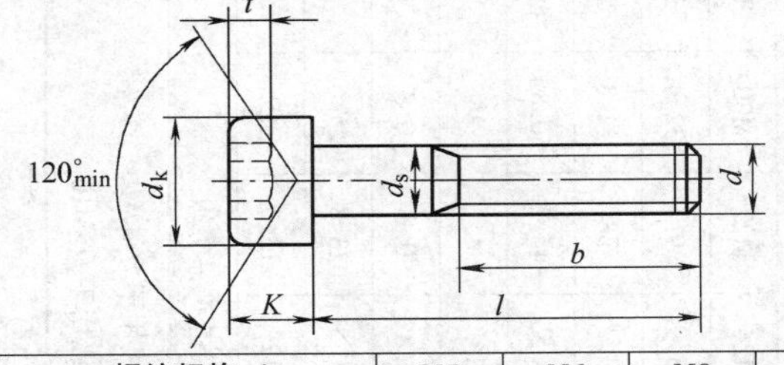

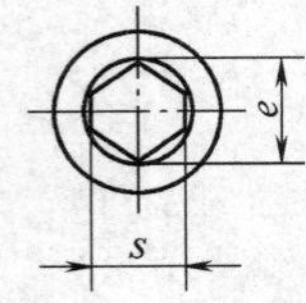

标记示例：

螺纹规格 d = M5、公称长度 l = 20mm、性能等级为 8.8 级、表面氧化的内六角圆柱头螺钉：

螺钉　GB/T 70.1　M5×20

螺纹规格 d	M5	M6	M8	M10	M12	M16	M20	M24	M30	M36
b（参考）	22	24	28	32	36	44	52	60	72	84
$d_{k(max)}$	8.5	10	13	16	18	24	30	36	45	54
e（min）	4.58	5.72	6.86	9.15	11.43	16	19.44	21.73	25.15	30.85
K（max）	5	6	8	10	12	16	20	24	30	36
s（公称）	4	5	6	8	10	14	17	19	22	27
t（min）	2.5	3	4	5	6	8	10	12	15.5	19
l 范围（公称）	8~50	10~60	12~80	16~100	20~120	25~160	30~200	40~200	45~200	55~200
制成全螺纹时 l≤	25	30	35	40	45	55	65	80	90	110
l 系列（公称）	8、10、12、(14)、16、20~50(5 进位)、(55)、60、(65)、70~160(10 进位)、180、200									

技术条件	材料	力学性能等级	螺纹公差	产品等级	表面处理
	钢	8.8、12.9	12.9 级为 5g6g，其他等级为 6g	A	氧化或镀锌钝化

注：括号内的规格尽可能不采用。

表 10-11　紧定螺钉　（单位：mm）

开槽锥端紧定螺钉（GB/T 71—2018摘录）

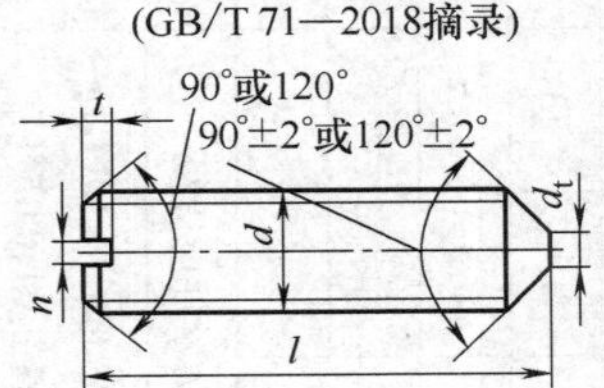

开槽平端紧定螺钉（GB/T 73—2017摘录）

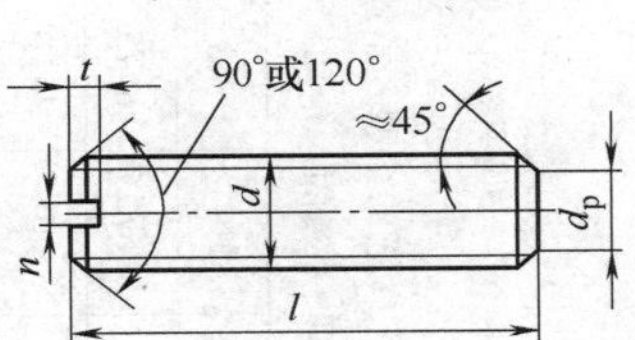

开槽长圆柱端紧定螺钉（GB/T 75—2018摘录）

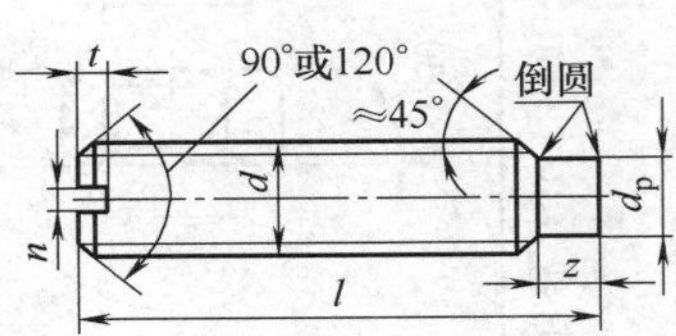

标记示例：

螺纹规格 d=M5、公称长度 l=12mm、钢制、硬度等级 14H 级、表面不经处理、产品等级 A 级的开槽锥端紧定螺钉：

螺钉　GB/T 71　M5×12

相同规格的另外两种螺钉：

螺钉　GB/T 73　M5×12　螺钉　GB/T 75　M5×12

螺纹规格 d	螺距 P	n（公称）	t（max）	d_t（max）	d_p（max）	z（max）	长度 l		制成 120°的短螺钉长度 l		l 系列（公称）
							GB/T 71—2018 GB/T 75—2018	GB/T 73—2017	GB/T 73—2017	GB/T 75—2018	
M4	0.7	0.6	1.42	0.4	2.5	2.25	6~20	4~20	4	6	4、5、6、8、10、12、16、20、25、30、35、40、45、50
M5	0.8	0.8	1.63	0.5	3.5	2.75	8~25	5~25	5	8	
M6	1	1	2	1.5	4	3.25	8~30	6~30	6	8，10	
M8	1.25	1.2	2.5	2	5.5	4.3	10~40	8~40	—	10，12	
M10	1.5	1.6	3	2.5	7	5.3	12~50	10~50	—	12，16	

技术条件	材料	力学性能等级	螺纹公差	公差产品等级	表面处理
	钢	14H、22H	6g	A	不经处理

10.3.3 螺母（见表10-12、表10-13）

表10-12 Ⅰ型六角螺母—A和B级(GB/T 6170—2015摘录)六角薄螺母—A和B级—倒角(GB/T 6172.1—2016摘录) (单位：mm)

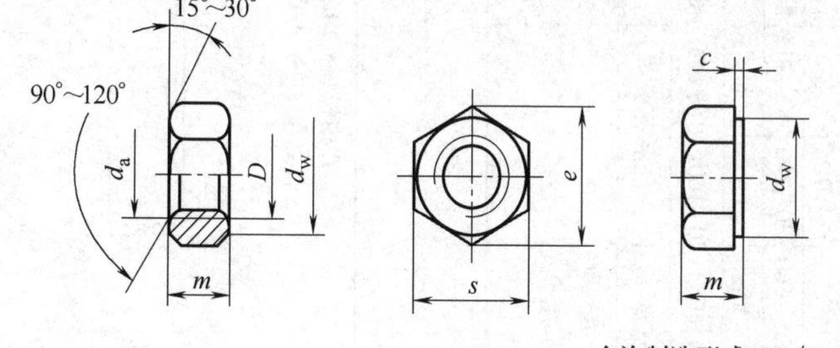

允许制造形式(GB/T 6170)

标记示例：

螺纹规格 D=M12、性能等级为8级、不经表面处理、A级的Ⅰ型六角螺母：螺母 GB/T 6170 M12

螺纹规格 D=M12、性能等级为04级、不经表面处理、A级的六角薄螺母：螺母 GB/T 6172.1 M12

螺纹规格 D		M3	M4	M5	M6	M8	M10	M12	(M14)	M16	(M18)	M20	(M22)	M24	(M27)	M30	M36
d_a	(max)	3.45	4.6	5.75	6.75	8.75	10.8	13	15.1	17.30	19.5	21.6	23.7	25.9	29.1	32.4	38.9
d_w	min	4.6	5.9	6.9	8.9	11.6	14.6	16.6	19.6	22.5	24.9	27.7	31.4	33.3	38	42.8	51.1
e	min	6.01	7.66	8.79	11.05	14.38	17.77	20.03	23.36	26.75	29.56	32.95	37.29	39.55	45.2	50.85	60.79
s	max	5.5	7	8	10	13	16	18	21	24	27	30	34	36	41	46	55
c	max	0.4	0.4	0.5	0.5	0.6	0.6	0.6	0.6	0.8	0.8	0.8	0.8	0.8	0.8	0.8	0.8
m (max)	六角螺母	2.4	3.2	4.7	5.2	6.8	8.4	10.8	12.8	14.8	15.8	18	19.4	21.5	23.8	25.6	31
	薄螺母	1.8	2.2	2.7	3.2	4	5	6	7	8	9	10	11	12	13.5	15	18

技术条件	材料	力学性能等级	螺纹公差	表面处理	公差产品等级
	钢	六角螺母6、8、10(QT) 薄螺母04、05(QT)	6H	不经处理或 镀锌钝化	A级用于 $D \leq$ M16 B级用于 $D>$M16

注：尽可能不采用括号内的规格。QT—淬火并回火。

表 10-13　　圆螺母（GB/T 812—1988 摘录）　　（单位：mm）

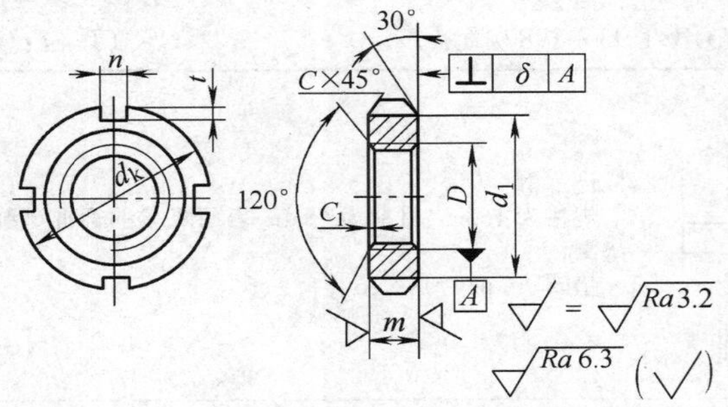

标记示例：

螺纹规格 D=M16×1.5，材料为 45 钢、槽或全部热处理后硬度 35~45HRC、表面氧化的圆螺母：

螺母　GB/T 812　M16×1.5

<table>
<tr><th>D</th><th>d_k</th><th>d₁</th><th>m</th><th>n</th><th>t</th><th>C</th><th>C₁</th><th>D</th><th>d_k</th><th>d₁</th><th>m</th><th>n</th><th>t</th><th>C</th><th>C₁</th></tr>
<tr><td>M10×1</td><td>22</td><td>16</td><td rowspan="6">8</td><td rowspan="3">4</td><td rowspan="3">2</td><td rowspan="7">0.5</td><td rowspan="22">0.5</td><td>M64×2</td><td>95</td><td>84</td><td rowspan="3">12</td><td rowspan="2">8</td><td rowspan="2">3.5</td><td rowspan="19">1.5</td><td rowspan="19">1</td></tr>
<tr><td>M12×1.25</td><td>25</td><td>19</td><td>M65×2*</td><td>95</td><td>84</td></tr>
<tr><td>M14×1.5</td><td>28</td><td>20</td><td>M68×2</td><td>100</td><td>88</td><td rowspan="6">10</td><td rowspan="6">4</td></tr>
<tr><td>M16×1.5</td><td>30</td><td>22</td><td rowspan="8">5</td><td rowspan="8">2.5</td><td>M72×2</td><td>105</td><td>93</td><td rowspan="5">15</td></tr>
<tr><td>M18×1.5</td><td>32</td><td>24</td><td>M75×2*</td><td>105</td><td>93</td></tr>
<tr><td>M20×1.5</td><td>35</td><td>27</td><td>M76×2</td><td>110</td><td>98</td></tr>
<tr><td>M22×1.5</td><td>38</td><td>30</td><td rowspan="12">10</td><td>M80×2</td><td>115</td><td>103</td></tr>
<tr><td>M24×1.5</td><td>42</td><td>34</td><td rowspan="7">1</td><td>M85×2</td><td>120</td><td>108</td></tr>
<tr><td>M25×1.5*</td><td>42</td><td>34</td><td>M90×2</td><td>125</td><td>112</td><td rowspan="5">18</td><td rowspan="4">12</td><td rowspan="4">5</td></tr>
<tr><td>M27×1.5</td><td>45</td><td>37</td><td>M95×2</td><td>130</td><td>117</td></tr>
<tr><td>M30×1.5</td><td>48</td><td>40</td><td>M100×2</td><td>135</td><td>122</td></tr>
<tr><td>M33×1.5</td><td>52</td><td>43</td><td rowspan="7">6</td><td rowspan="7">3</td><td>M105×2</td><td>140</td><td>127</td></tr>
<tr><td>M35×1.5*</td><td>52</td><td>43</td><td>M110×2</td><td>150</td><td>135</td><td rowspan="5">14</td><td rowspan="5">6</td></tr>
<tr><td>M36×1.5</td><td>55</td><td>46</td><td>M115×2</td><td>155</td><td>140</td><td rowspan="4">22</td></tr>
<tr><td>M39×1.5</td><td>58</td><td>49</td><td rowspan="10">1.5</td><td>M120×2</td><td>160</td><td>145</td></tr>
<tr><td>M40×1.5*</td><td>58</td><td>49</td><td>M125×2</td><td>165</td><td>150</td></tr>
<tr><td>M42×1.5</td><td>62</td><td>53</td><td>M130×2</td><td>170</td><td>155</td></tr>
<tr><td>M45×1.5</td><td>68</td><td>59</td><td>M140×2</td><td>180</td><td>165</td><td rowspan="4">26</td><td rowspan="7">16</td><td rowspan="7">7</td></tr>
<tr><td>M48×1.5</td><td>72</td><td>61</td><td rowspan="6">12</td><td rowspan="6">8</td><td rowspan="6">3.5</td><td>M150×2</td><td>200</td><td>180</td></tr>
<tr><td>M50×1.5*</td><td>72</td><td>61</td><td>M160×3</td><td>210</td><td>190</td><td rowspan="5">2</td><td rowspan="5">1.5</td></tr>
<tr><td>M52×1.5</td><td>78</td><td>67</td><td>M170×3</td><td>220</td><td>200</td></tr>
<tr><td>M55×2*</td><td>78</td><td>67</td><td>M180×3</td><td>230</td><td>210</td><td rowspan="3">30</td></tr>
<tr><td>M56×2</td><td>85</td><td>74</td><td rowspan="2">1</td><td>M190×3</td><td>240</td><td>220</td></tr>
<tr><td>M60×2</td><td>90</td><td>79</td><td>M200×3</td><td>250</td><td>230</td></tr>
</table>

注：1. 槽数 n：当 $D\leqslant$M100×2 时，$n=4$；当 $D\geqslant$M105×2 时，$n=6$。

2. 标有 * 者仅用于滚动轴承锁紧装置。

10.3.4 垫圈（见表 10-14～表 10-16）

表 10-14 **标准型弹簧垫圈**（GB/T 93—1987 摘录） （单位：mm）

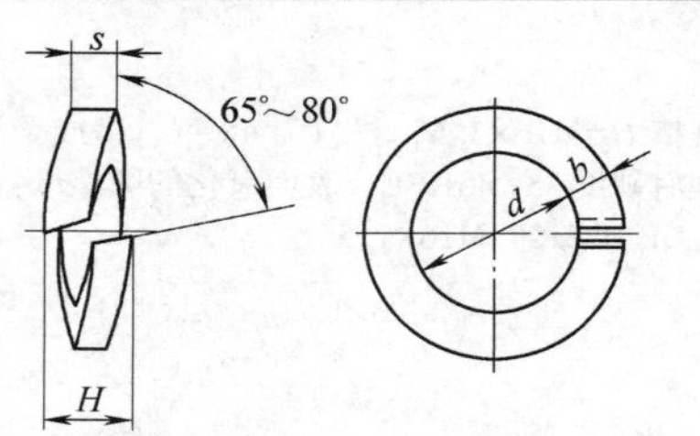

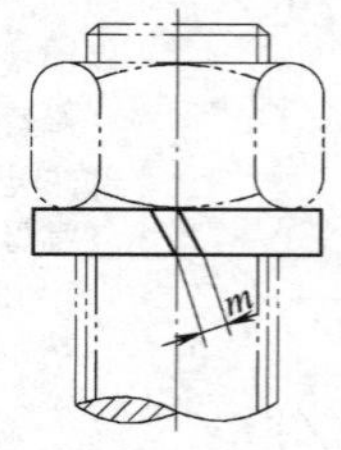

标记示例：

规格为 16mm、材料为 65Mn、表面氧化的标准型弹簧垫圈：

垫圈 GB/T 93 16

规格（螺纹大径）		5	6	8	10	12	(14)	16	(18)	20	(22)	24	(27)	30
d	min	5.1	6.1	8.1	10.2	12.2	14.2	16.2	18.2	20.2	22.5	24.5	27.5	30.5
s(*b*)	公称	1.3	1.6	2.1	2.6	3.1	3.6	4.1	4.5	5	5.5	6	6.8	7.5
H	max	3.25	4	5.25	6.5	7.75	9	10.25	11.25	12.5	13.75	15	17	18.75
m≤		0.65	0.8	1.05	1.3	1.55	1.8	2.05	2.25	2.5	2.75	3	3.4	3.75

表 10-15 **小垫圈、平垫圈** （单位：mm）

小垫圈—A级(GB/T 848—2002摘录)
平垫圈—A级(GB/T 97.1—2002摘录)

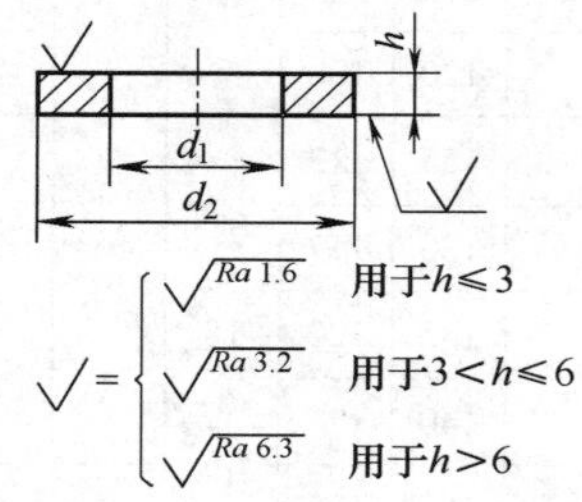

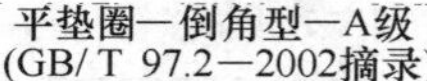

平垫圈—倒角型—A级
(GB/T 97.2—2002摘录)

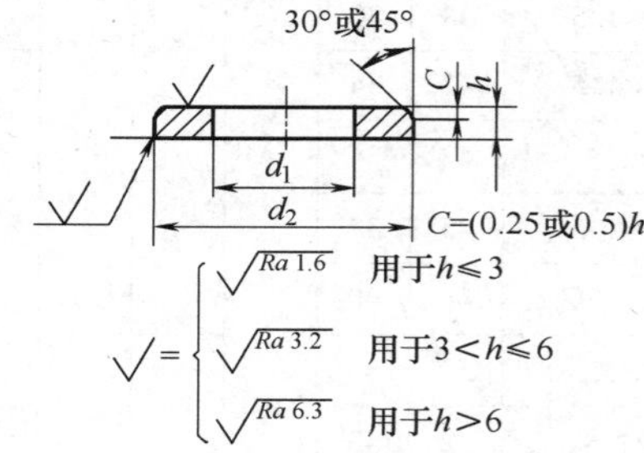

标记示例：

小系列（或标准系列）、公称尺寸为 8mm，由钢制造的硬度等级为 200HV 级、不经表面处理、产品等级为 A 级的平垫圈：

垫圈 GB/T 8488（或 GB/T 97.1 8 或 GB/T 97.2 8）

<table>
<tr><td colspan="2">公称尺寸（螺纹大径 d）</td><td>1.6</td><td>2</td><td>2.5</td><td>3</td><td>4</td><td>5</td><td>6</td><td>8</td><td>10</td><td>12</td><td>(14)</td><td>16</td><td>20</td><td>24</td><td>30</td><td>36</td></tr>
<tr><td rowspan="3">d_1</td><td>GB/T 848—2002</td><td rowspan="2">1.7</td><td rowspan="2">2.2</td><td rowspan="2">2.7</td><td rowspan="2">3.2</td><td rowspan="2">4.3</td><td rowspan="3">5.3</td><td rowspan="3">6.4</td><td rowspan="3">8.4</td><td rowspan="3">10.5</td><td rowspan="3">13</td><td rowspan="3">15</td><td rowspan="3">17</td><td rowspan="3">21</td><td rowspan="3">25</td><td rowspan="3">31</td><td rowspan="3">37</td></tr>
<tr><td>GB/T 97.1—2002</td></tr>
<tr><td>GB/T 97.2—2002</td><td>—</td><td>—</td><td>—</td><td>—</td><td>—</td></tr>
<tr><td rowspan="3">d_2</td><td>GB/T 848—2002</td><td>3.5</td><td>4.5</td><td>5</td><td>6</td><td>8</td><td>9</td><td>11</td><td>15</td><td>18</td><td>20</td><td>24</td><td>28</td><td>34</td><td>39</td><td>50</td><td>60</td></tr>
<tr><td>GB/T 97.1—2002</td><td>4</td><td>5</td><td>6</td><td>7</td><td>9</td><td rowspan="2">10</td><td rowspan="2">12</td><td rowspan="2">16</td><td rowspan="2">20</td><td rowspan="2">24</td><td rowspan="2">28</td><td rowspan="2">30</td><td rowspan="2">37</td><td rowspan="2">44</td><td rowspan="2">56</td><td rowspan="2">66</td></tr>
<tr><td>GB/T 97.2—2002</td><td>—</td><td>—</td><td>—</td><td>—</td><td>—</td></tr>
<tr><td rowspan="3">h</td><td>GB/T 848—2002</td><td rowspan="2">0.3</td><td rowspan="2">0.3</td><td rowspan="2">0.5</td><td rowspan="2">0.5</td><td>0.5</td><td rowspan="3">1</td><td rowspan="3">1.6</td><td rowspan="3">1.6</td><td>1.6</td><td>2</td><td rowspan="3">2.5</td><td>2.5</td><td rowspan="3">3</td><td rowspan="3">4</td><td rowspan="3">4</td><td rowspan="3">5</td></tr>
<tr><td>GB/T 97.1—2002</td><td>0.8</td><td rowspan="2">2</td><td rowspan="2">2.5</td><td rowspan="2">3</td></tr>
<tr><td>GB/T 97.2—2002</td><td>—</td><td>—</td><td>—</td><td>—</td><td>—</td></tr>
</table>

表 10-16　　圆螺母止动垫圈（GB/T 858—1988 摘录）　　（单位：mm）

规格（螺纹大径）	d	D（参考）	D_1	S	h	b	a	轴端 b_1	轴端 t
18	18.5	35	24	1	4	4.8	15	5	14
20	20.5	38	27				17		16
22	22.5	42	30				19		18
24	24.5	45	34				21		20
25*	25.5				5		22		—
27	27.5	48	37				24		23
30	30.5	52	40				27		26
33	33.5	56	43	1.5		5.7	30	6	29
35*	35.5						32		—
36	36.5	60	46				33		32
39	39.5	62	49				36		35
40*	40.5						37		—
42	42.5	66	53				39		38
45	45.5	72	59				42		41
48	48.5	76	61			7.7	45	8	44
50*	50.5						47		—
52	52.5	82	67		6		49		48
55*	56						52		—
56	57	90	74				53		52
60	61	94	79				57		56
64	65	100	84				61		60
65*	66						62		—

标记示例：

规格为 18，材料为 Q235A，经退火、表面氧化的圆螺母止动垫圈：

垫圈　GB/T 858　18

注：1. 表中带“＊”者仅用于滚动轴承锁紧装置。

2. 材料：Q215A、10 钢、15 钢。

3. 轴端相关数据不属于 GB/T 858—1988 中的内容，仅供参考。

10.3.5 挡圈（见表10-17~表10-19）

表10-17 轴端挡圈 （单位：mm）

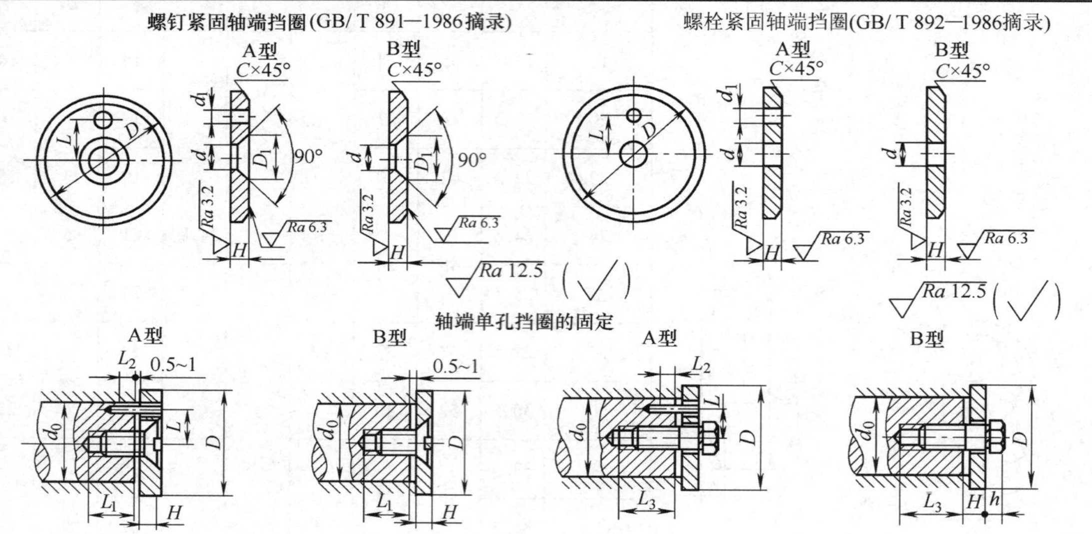

标记示例：

公称直径 D=45mm、材料为Q235A、不经表面处理的A型螺钉紧固轴端挡圈：挡圈 GB/T 891 45

公称直径 D=45mm、材料为Q235A、不经表面处理的B型螺钉紧固轴端挡圈：挡圈 GB/T 891 B45

轴径 ≤	公称直径 D	H	L	d	d_1	C	螺钉紧固轴端挡圈			螺栓紧固轴端挡圈			安装尺寸（参考）			
							D_1	螺钉 GB/T 819.1—2016（推荐）	圆柱销 GB/T 119.1—2000（推荐）	螺栓 GB/T 5783—2016（推荐）	圆柱销 GB/T 119.1—2000（推荐）	垫圈 GB/T 93—1987（推荐）	L_1	L_2	L_3	h
14	20	4	—	5.5	2.1	0.5	11	M5×12	2×10	M5×16	2×10	5	14	6	16	4.8
16	22	4	—													
18	25	4	—													
20	28	4	7.5													
22	30	4	7.5													
25	32	5	10	6.6	3.2	1	13	M6×16	3×12	M6×20	3×12	6	18	7	20	5.6
28	35	5	10													
30	38	5	10													
32	40	5	12													
35	45	5	12													
40	50	5	12													
45	55	6	16	9	4.2	1.5	17	M8×20	4×14	M8×25	4×14	8	22	8	24	7.4
50	60	6	16													
55	65	6	16													
60	70	6	20													
65	75	6	20													
70	80	6	20													
75	90	8	25	13	5.2	2	25	M12×25	5×16	M12×30	5×16	12	26	10	28	10.6
85	100	8	25													

注：1. 挡圈装在带螺纹孔的轴端时，紧固用螺钉允许加长。

2. 材料：Q235A、35钢、45钢。

3. “轴端单孔挡圈的固定”不属于GB/T 891—1986、GB/T 892—1986中的内容，仅供参考。

表 10-18　孔用弹性挡圈（A 型）（GB/T 893—2017 摘录）　（单位：mm）

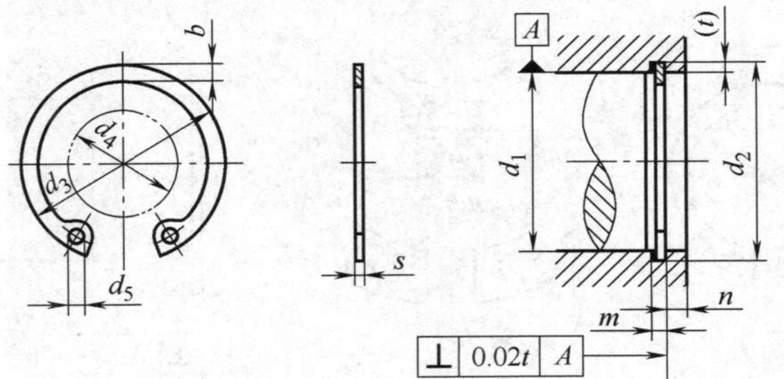

标记示例：

孔径 d_1 = 40mm、厚度 s = 1.75mm，材料 C67S、表面磷化处理的 A 型孔用弹性挡圈：

挡圈　GB/T 893 40

公称规格 d_1	挡圈				沟槽					轴
	d_3	s	b (≈)	d_5 (min)	d_2 公称尺寸	d_2 极限偏差	m H13	t	n (min)	d_4 (≤)
8	8.7	0.8	1.1	1.0	8.4	+0.09 0	0.9			3.0
9	9.8		1.3	1.0	9.4			0.20	0.6	3.7
10	10.8		1.4	1.2	10.4					3.3
11	11.8		1.5	1.2	11.4					4.1
12	13		1.7	1.5	12.5			0.25	0.8	4.9
13	14.1		1.8	1.5	13.6	+0.11 0		0.30	0.9	5.4
14	15.1		1.9	1.7	14.6					6.2
15	16.2		2.0	1.7	15.7			0.35	1.1	7.2
16	17.3	1	2.0	1.7	16.8		1.1	0.40	1.2	8.0
17	18.3		2.1	1.7	17.8					8.8
18	19.5		2.2	2.0	19					9.4
19	20.5		2.2	2.0	20	+0.13 0				10.4
20	21.5		2.3	2.0	21			0.50	1.5	11.2
21	22.5		2.4	2.0	22					12.2
22	23.5		2.5	2.0	23					13.2
24	25.9		2.6	2.0	25.2					14.8
25	26.9		2.7	2.0	26.2	+0.21 0		0.60	1.8	15.5
26	27.9		2.8	2.0	27.2					16.1
28	30.1	1.2	2.9	2.0	29.4		1.3	0.70	2.1	17.9
30	32.1		3.0	2.0	31.4					19.9
31	33.4		3.2	2.5	32.7					20.0
32	34.4		3.2	2.5	33.7			0.85	2.6	20.6
34	36.5		3.3	2.5	35.7					22.6
35	37.8		3.4	2.5	37					23.6
36	38.8	1.5	3.5	2.5	38		1.6	1.00	3	24.6
37	39.8		3.6	2.5	39	+0.25 0				25.4
38	40.8		3.7	2.5	40					26.4
40	43.5		3.9	2.5	42.5					27.8
42	45.5		4.1	2.5	44.5					29.6
45	48.5	1.75	4.3	2.5	47.5		1.85	1.25	3.8	32.0
47	50.5		4.4	2.5	49.5					33.5

公称规格 d_1	挡圈				沟槽					轴
	d_3	s	b (≈)	d_5 (min)	d_2 公称尺寸	d_2 极限偏差	m H13	t	n (min)	d_4 (≤)
48	51.5	1.75	4.5	2.5	50.5		1.85	1.25	3.8	34.5
50	54.2		4.6	2.5	53					36.3
52	56.2		4.7	2.5	55					37.9
55	59.2		5.0	2.5	58					40.7
56	60.2	2	5.1	2.5	59		2.15			41.7
58	62.2		5.2	2.5	61					43.5
60	64.2		5.4	2.5	63	+0.30 0				44.7
62	66.2		5.5	2.5	65			1.50	4.5	46.7
63	67.2		5.6	2.5	66					47.7
65	69.2		5.8	3.0	68					49.0
68	72.5		6.1	3.0	71					51.6
70	74.5		6.2	3.0	73					53.6
72	76.5	2.5	6.4	3.0	75		2.65			55.6
75	79.5		6.6	3.0	78					58.6
78	82.5		6.6	3.0	81					60.1
80	85.5		6.8	3.0	83.5					62.1
82	87.5		7.0	3.0	85.5					64.1
85	90.5		7.0	3.5	88.5					66.9
88	93.5		7.2	3.5	91.5	+0.35 0				69.9
90	95.5		7.6	3.5	93.5			1.75	5.3	71.9
92	97.5	3	7.8	3.5	95.5		3.15			73.7
95	100.5		8.1	3.5	98.5					76.5
98	103.5		8.3	3.5	101.5					79.0
100	105.5		8.4	3.5	103.5					80.6
102	108		8.5	3.5	106					82.0
105	112		8.7	3.5	109					85.0
108	115		8.9	3.5	112	+0.54 0				88.0
110	117	4	9.0	3.5	114		4.15	2.00	6	88.2
112	119		9.1	3.5	116					90.0
115	122		9.3	3.5	119					93.0
120	127		9.7	3.5	124	+0.63 0				96.9

表 10-19　轴用弹性挡圈（A型）（GB/T 894—2017 摘录）　（单位：mm）

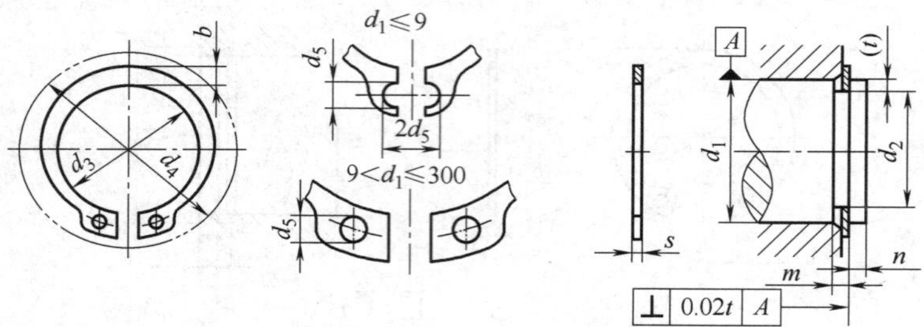

标记示例：

轴径 d_1=40mm、厚度 s=1.75mm，材料 C67S 表面磷化处理的 A 型轴用弹性挡圈：

挡圈　GB/T 894 40

公称规格 d_1	挡圈				沟槽					孔	公称规格 d_1	挡圈				沟槽					孔
	d_3	s	b (≈)	d_5 (min)	d_2 公称尺寸	d_2 极限偏差	m H13	t	n (min)	d_4 (≥)		d_3	s	b (≈)	d_5 (min)	d_2 公称尺寸	d_2 极限偏差	m H13	t	n (min)	d_4 (≥)
3	2.7	0.4	0.8	1.0	2.8	0 −0.04	0.5	0.10	0.3	7.0	38	35.2	1.75	4.2	2.5	36.0	0 −0.25	1.85	1.00	3.0	50.2
4	3.7	0.4	0.9	1.0	3.8	0 −0.05	0.5	0.10	0.3	8.6	40	36.5		4.4	2.5	37.0			1.25	3.8	52.6
5	4.7	0.6	1.1	1.0	4.8		0.7	0.10	0.3	10.3	42	38.5		4.5	2.5	39.5					55.7
6	5.6	0.7	1.3	1.2	5.7		0.8	0.15	0.5	11.7	45	41.5		4.7	2.5	42.5					59.1
7	6.5	0.8	1.4	1.2	6.7	0 −0.06	0.9	0.15	0.5	13.5	48	44.5		5.0	2.5	45.5					62.5
8	7.4	0.8	1.5	1.2	7.6		0.9	0.20	0.6	14.7	50	45.8	2	5.1	2.5	47.0		2.15	1.50	4.5	64.5
9	8.4	1.0	1.7	1.2	8.6	0 −0.11	1.1			16.0	52	47.8		5.2	2.5	49.0					66.7
10	9.3		1.8	1.5	9.6					17.0	55	50.8		5.4	2.5	52.0	0 −0.30				70.2
11	10.2		1.8	1.5	10.5			0.25	0.8	18.0	56	51.8		5.5	2.5	53.0					71.6
12	11.0		1.8	1.7	11.5					19.0	58	53.8		5.6	2.5	55.0					73.6
13	11.9		2.0	1.7	12.4			0.30	0.9	20.2	60	55.8		5.8	2.5	57.0					75.6
14	12.9		2.1	1.7	13.4					21.4	62	57.8		6.0	2.5	59.0					77.8
15	13.8		2.2	1.7	14.3			0.35	1.1	22.6	63	58.8		6.2	2.5	60.0					79.0
16	14.7		2.2	1.7	15.2			0.40	1.2	23.8	65	60.8	2.5	6.3	3.0	62.0		2.65			81.4
17	15.7		2.3	1.7	16.2					25.0	68	63.5		6.5	3.0	65.0					84.8
18	16.5	1.2	2.4	2.0	17.0		1.3	0.50	1.5	26.2	70	65.5		6.6	3.0	67.0					87.0
19	17.5		2.5	2.0	18.0					27.2	72	67.5		6.8	3.0	69.0					89.2
20	18.5		2.6	2.0	19.0	0 −0.13				28.4	75	70.5		7.0	3.0	72.0					92.7
21	19.5		2.7	2.0	20.0					29.6	78	73.5		7.3	3.0	75.0					96.1
22	20.5		2.8	2.0	21.0					30.8	80	74.5		7.4	3.0	76.5			1.75	5.3	98.1
24	22.2		3.0	2.0	22.9	0 −0.21		0.55	1.7	33.2	82	76.5		7.6	3.0	78.5					100.3
25	23.2		3.0	2.0	23.9					34.2	85	79.5	3	7.8	3.5	81.5	0 −0.35	3.15			103.3
26	24.2		3.1	2.0	24.9					35.5	88	82.5		8.0	3.5	84.5					106.5
28	25.9	1.5	3.2	2.0	26.6		1.6	0.70	2.1	37.9	90	84.5		8.2	3.5	86.5					108.5
29	26.9		3.4	2.0	27.6					39.1	95	89.5		8.6	3.5	91.5					114.8
30	27.9		3.5	2.0	28.6					40.5	100	94.5		9.0	3.5	96.5					120.2
32	29.6		3.6	2.5	30.3	0 −0.25		0.85	2.6	43.0	105	98.0	4	9.3	3.5	101.0	0 −0.54	4.15	2.00	6.0	125.8
34	31.5		3.8	2.5	32.3					45.4	110	103.0		9.6	3.5	106.0					131.2
35	32.2		3.9	2.5	33.0			1.00	3.0	46.8	115	108.0		9.8	3.5	111.0					137.3
36	33.2	1.75	4.0	2.5	34.0		1.85			47.8	120	113.0		10.2	3.5	116.0					143.1

10.4　键连接（见表 10-20）

表 10-20　　普通平键（GB/T 1095—2003 摘录，GB/T 1096—2003 摘录）　　（单位：mm）

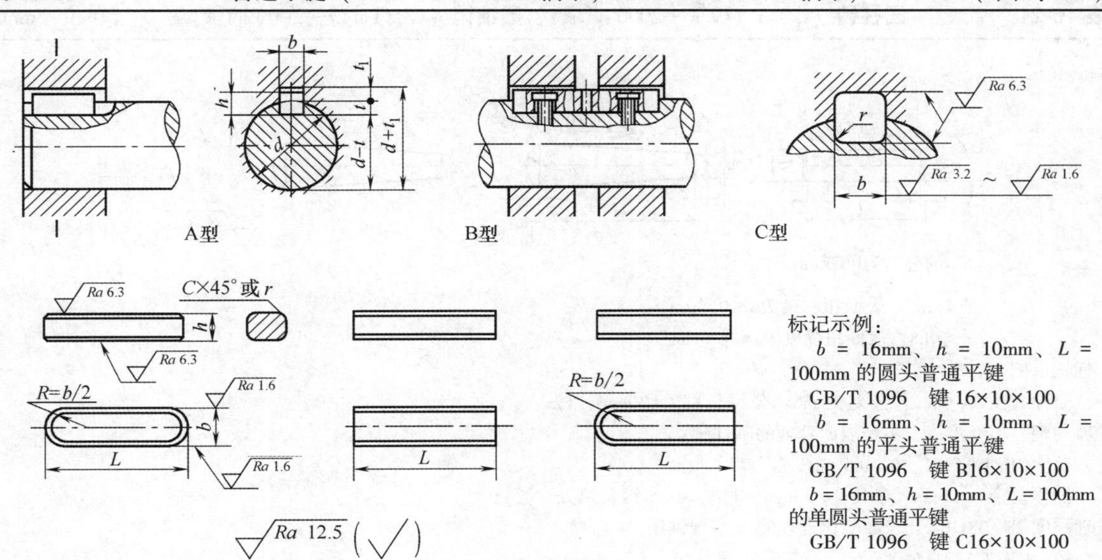

标记示例：

b = 16mm、h = 10mm、L = 100mm 的圆头普通平键

GB/T 1096　键 16×10×100

b = 16mm、h = 10mm、L = 100mm 的平头普通平键

GB/T 1096　键 B16×10×100

b = 16mm、h = 10mm、L = 100mm 的单圆头普通平键

GB/T 1096　键 C16×10×100

轴	键	键槽											
		宽度 b						深度				半径 r	
			极限偏差					轴 t		毂 t_1			
公称直径 d	公称尺寸 $b×h$	公称尺寸 b	松连接		正常连接		紧密连接						
			轴 H9	毂 D10	轴 N9	毂 Js9	轴和毂 P9	公称尺寸	极限偏差	公称尺寸	极限偏差	最小	最大
>6~8	2×2	2	+0.025	+0.060	−0.004	±0.012 5	−0.006	1.2		1			
>8~10	3×3	3	0	+0.020	−0.029		−0.031	1.8	+0.1	1.4	+0.1	0.08	0.16
>10~12	4×4	4	+0.030	+0.078	0		−0.012	2.5	0	1.8	0		
>12~17	5×5	5	0	+0.030	−0.030	±0.015	−0.042	3.0		2.3			
>17~22	6×6	6						3.5		2.8		0.16	0.25
>22~30	8×7	8	+0.036	+0.098	0	±0.018	−0.015	4.0		3.3			
>30~38	10×8	10	0	+0.040	−0.036		−0.051	5.0		3.3			
>38~44	12×8	12						5.0		3.3			
>44~50	14×9	14	+0.043	+0.120	0	±0.021 5	−0.018	5.5		3.8		0.25	0.40
>50~58	16×10	16	0	+0.050	−0.043		−0.061	6.0	+0.2	4.3	+0.2		
>58~65	18×11	18						7.0	0	4.4	0		
>65~75	20×12	20						7.5		4.9			
>75~85	22×14	22	+0.052	+0.149	0	±0.026	−0.022	9.0		5.4		0.40	0.60
>85~95	25×14	25	0	+0.065	−0.052		−0.074	9.0		5.4			
>95~110	28×16	28						10.0		6.4			
键的长度系列	6、8、10、12、14、16、18、20、22、25、28、32、36、40、45、50、56、63、70、80、90、100、110、125、140、160、180、200、220、250、280、320、360												

注：1. 在工作图中、轴槽深用 t_1 或（$d-t$）标注，轮毂槽深用（$d+t_1$）标注。
2. （$d-t$）和（$d+t_1$）两组组合尺寸的极限偏差按相应的 t 和 t_1 极限偏差选取，但（$d-t$）极限偏差值应取负号（−）。
3. 键尺寸的极限偏差 b 为 h8，h 为 h11，L 为 h14。
4. 键材料的抗拉强度应不小于 590MPa。

10.5 销连接（见表 10-21）

表 10-21 **圆柱销**（GB/T 119.1—2000 摘录）、**圆锥销**（GB/T 117—2000 摘录） （单位：mm）

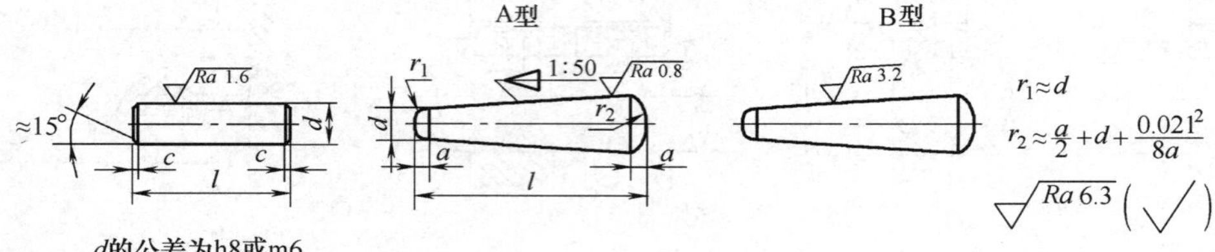

d的公差为h8或m6

公差 m6：表面粗糙度 $Ra \leqslant 0.8\mu m$

公差 h8：表面粗糙度 $Ra \leqslant 1.6\mu m$

标记示例：

公称直径 $d=6mm$、公差为 m6、公称长度 $l=30mm$、材料为钢、不经淬火、不经表面处理的圆柱销：

销 GB/T 119.1 6 m6×30

公称直径 $d=6mm$、长度 $l=30mm$、材料为 35 钢、热处理硬度 28~38HRC、表面氧化处理的 A 型圆锥销：

销 GB/T 117 6×30

公称直径 d			3	4	5	6	8	10	12	16	20	25
圆柱销	dh8 或 m6		3	4	5	6	8	10	12	16	20	25
	$c\approx$		0.5	0.63	0.8	1.2	1.6	2.0	2.5	3.0	3.5	4.0
	l（公称）		8~30	8~40	10~50	12~60	14~80	18~95	22~140	26~180	35~200	50~200
圆锥销	dh10	min	2.96	3.95	4.95	5.95	7.94	9.94	11.93	15.93	19.92	24.92
		max	3	4	5	6	8	10	12	16	20	25
	$a\approx$		0.4	0.5	0.63	0.8	1.0	1.2	1.6	2.0	2.5	3.0
	l（公称）		12~45	14~55	18~60	22~90	22~120	26~160	32~180	40~200	45~200	50~200
l（公称）的系列			12~32（2 进位），35~100（5 进位），100~200（20 进位）									

第 11 章 常用滚动轴承

11.1 常用滚动轴承（见表 11-1~表 11-3）

表 11-1　　深沟球轴承（GB/T 276—2013 摘录）

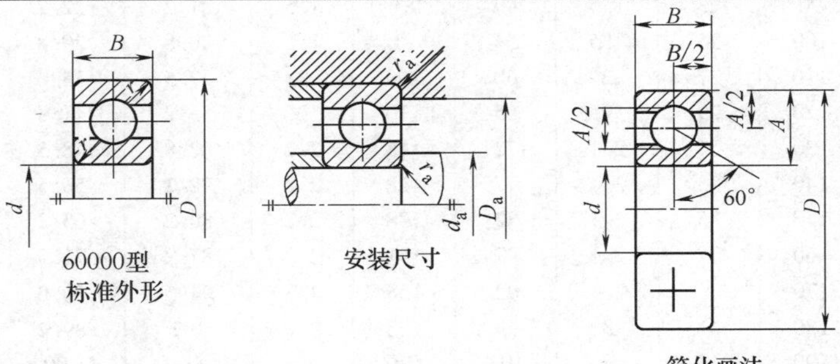

标记示例：滚动轴承 6216　GB/T 276—2013

F_a/C_0	e	Y	当量动载荷	当量静载荷
0.014	0.19	2.30	$\frac{F_a}{F_r}\leqslant e$，$P=F_r$ $\frac{F_a}{F_r}>e$，$P=0.56F_r+YF_a$	$\frac{F_a}{F_r}\leqslant 0.8$，$P_{0r}=F_r$ $\frac{F_a}{F_r}>0.8$，$P_{0r}=0.6F_r+0.5F_a$ 取上面两式计算结果的较大值
0.028	0.22	1.99		
0.056	0.26	1.71		
0.084	0.28	1.55		
0.11	0.30	1.45		
0.17	0.34	1.31		
0.28	0.38	1.15		
0.42	0.42	1.04		
0.56	0.44	1.00		

轴承型号	公称尺寸/mm				安装尺寸/mm			基本额定载荷/kN		极限转速/（r/min）	
	d	D	B	r_s（min）	d_a（min）	D_a（max）	r_{as}（max）	C_r	C_{0r}	脂润滑	油润滑
6204	20	47	14	1	26	41	1	9.88	6.18	14000	18000
6205	25	52	15	1	31	46	1	10.8	6.95	12000	16000
6206	30	62	16	1	36	56	1	15.0	10.0	9500	13000
6207	35	72	17	1.1	42	65	1	19.8	13.5	8500	11000

（续）

轴承型号	公称尺寸/mm				安装尺寸/mm			基本额定载荷/kN		极限转速/(r/min)	
	d	D	B	r_s (min)	d_a (min)	D_a (max)	r_{as} (max)	C_r	C_{0r}	脂润滑	油润滑
6208	40	80	18	1.1	47	73	1	22.8	15.8	8000	10000
6209	45	85	19	1.1	52	78	1	24.5	17.5	7000	9000
6210	50	90	20	1.1	57	83	1	27.0	19.8	6700	8500
6211	55	100	21	1.5	64	91	1.5	33.5	25.0	6000	7500
6212	60	110	22	1.5	69	101	1.5	36.8	27.8	5600	7000
6213	65	120	23	1.5	74	111	1.5	44.0	34.0	5000	6300
6214	70	125	24	1.5	79	116	1.5	46.8	37.5	4800	6000
6215	75	130	25	1.5	84	121	1.5	50.8	41.2	4500	5600
6216	80	140	26	2	90	130	2	55.0	44.8	4300	5300
6217	85	150	28	2	95	140	2	64.0	53.2	4000	5000
6218	90	160	30	2	100	150	2	73.8	60.5	3800	4800
6219	95	170	32	2.1	107	158	2.2	84.8	70.5	3600	4500
6220	100	180	34	2.1	112	168	2.2	94.0	79.0	3400	4300
6304	20	52	15	1.1	27	45	1	12.2	7.78	13000	17000
6305	25	62	17	1.1	32	55	1	17.2	11.2	10000	14000
6306	30	72	19	1.1	37	65	1	20.8	14.2	9000	12000
6307	35	80	21	1.5	44	71	1.5	25.8	17.8	8000	10000
6308	40	90	23	1.5	49	81	1.5	31.2	22.2	7000	9000
6309	45	100	25	1.5	54	91	1.5	40.8	29.8	6300	8000
6310	50	110	27	2	60	100	2	47.5	35.6	6000	7500
6311	55	120	29	2	65	110	2	55.2	41.8	5600	6700
6312	60	130	31	2.1	72	118	2.2	62.8	48.5	5300	6300
6313	65	140	33	2.1	77	128	2.2	72.2	56.5	4500	5600
6314	70	150	35	2.1	82	138	2.2	80.2	63.2	4300	5300
6315	75	160	37	2.1	87	148	2.2	87.2	71.5	4000	5000
6316	80	170	39	2.1	92	158	2.2	94.5	80.0	3800	4800
6317	85	180	41	3	99	166	2.5	102	89.2	3600	4500
6318	90	190	43	3	104	176	2.5	112	100	3400	4300
6319	95	200	45	3	109	186	2.5	122	112	3200	4000
6320	100	215	47	3	114	201	2.5	132	132	2800	3600
6404	20	72	19	1.1	27	65	1	23.8	16.8	9500	13000
6405	25	80	21	1.5	34	71	1.5	29.5	21.2	8500	11000
6406	30	90	23	1.5	39	81	1.5	36.5	26.8	8000	10000
6407	35	100	25	1.5	44	91	1.5	43.8	32.5	6700	8500
6408	40	110	27	2	50	100	2	50.2	37.8	6300	8000
6409	45	120	29	2	55	110	2	59.5	45.5	5600	7000
6410	50	130	31	2.1	62	118	2.2	71.0	55.2	5200	6500
6411	55	140	33	2.1	67	128	2.2	77.5	62.5	4800	6000
6412	60	150	35	2.1	72	138	2.2	83.8	70.0	4500	5600
6413	65	160	37	2.1	77	148	2.2	90.8	78.0	4300	5300
6414	70	180	42	3	84	166	2.5	108	99.2	3800	4800
6415	75	190	45	3	89	176	2.5	118	115	3600	4500
6416	80	200	48	3	94	186	2.5	125	125	3400	4300
6417	85	210	52	4	103	192	3	135	138	3200	4000
6418	90	225	54	4	108	207	3	148	188	2800	3600
6420	100	250	58	4	118	232	3	172	195	2400	3200

注：GB/T 276—2013 仅给出轴承型号及尺寸，安装尺寸摘自 GB/T 5868—2003。

表 11-2　　角接触球轴承（GB/T 292—2007 摘录）

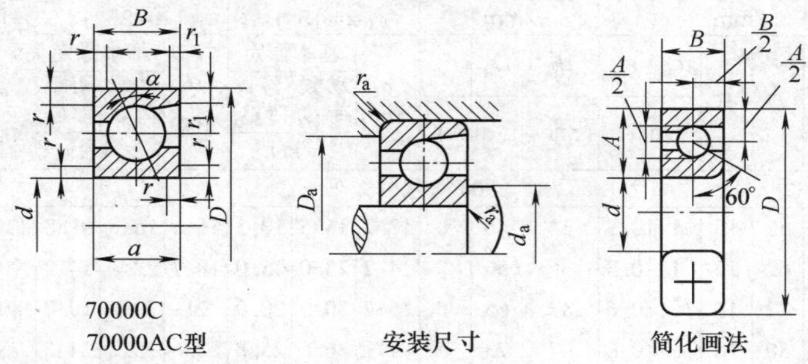

70000C
70000AC型　　　安装尺寸　　　简化画法

标记示例：滚动轴承 7210C　GB/T 292—2007

iF_a/C_{0r}	e	Y	70000C 型	70000AC 型
0.015	0.38	1.47	径向当量动载荷	径向当量动载荷
0.029	0.40	1.40		
0.058	0.43	1.30	当 $F_a/F_r \leqslant e$，$P_r=F_r$	当 $F_a/F_r \leqslant 0.68$，$P_r=F_r$
0.087	0.46	1.23	当 $F_a/F_r>e$，$P_r=0.44F_r+YF_a$	当 $F_a/F_r>0.68$，$P_r=0.41F_r+0.87F_a$
0.12	0.47	1.19		
0.17	0.50	1.12	径向当量静载荷	径向当量静载荷
0.29	0.55	1.02	$P_{0r}=0.5F_r+0.46F_a$	$P_{0r}=0.5F_r+0.38F_a$
0.44	0.56	1.00		
0.58	0.56	1.00	当 $F_{0r}<F_r$，取 $P_{0r}=F_r$	当 $F_{0r}<F_r$，取 $P_{0r}=F_r$

轴承代号		公称尺寸/mm d	D	B	r_s (min)	r_{1s} (min)	安装尺寸/mm d_a (min)	D_a (max)	r_{as} (max)	70000C (α=15°) a/mm	基本额定动载荷 C_r/kN	基本额定静载荷 C_{0r}/kN	70000AC (α=25°) a/mm	基本额定动载荷 C_r/kN	基本额定静载荷 C_{0r}/kN	极限转速/(r/min) 脂润滑	油润滑	原轴承代号	
(1) 0尺寸系列																			
7000C	7000AC	10	26	8	0.3	0.15	12.4	23.6	0.3	6.4	4.92	2.25	8.2	4.75	2.12	19000	28000	36100	46100
7001C	7001AC	12	28	8	0.3	0.15	14.4	25.6	0.3	6.7	5.42	2.65	8.7	5.20	2.55	18000	26000	36101	46101
7002C	7002AC	15	32	9	0.3	0.15	17.4	29.6	0.3	7.6	6.25	3.42	10	5.95	3.25	17000	24000	36102	46102
7003C	7003AC	17	35	10	0.3	0.15	19.4	32.6	0.3	8.5	6.60	3.85	11.1	6.30	3.68	16000	22000	36103	46103
7004C	7004AC	20	42	12	0.6	0.15	25	37	0.6	10.2	10.5	6.08	13.2	10.0	5.78	14000	19000	36104	46104
7005C	7005AC	25	47	12	0.6	0.15	30	42	0.6	10.8	11.5	7.45	14.4	11.2	7.08	12000	17000	36105	46105
7006C	7006AC	30	55	13	1	0.3	36	49	1	12.2	15.2	10.2	16.4	14.5	9.85	9500	14000	36106	46106
7007C	7007AC	35	62	14	1	0.3	41	56	1	13.5	19.5	14.2	18.3	18.5	13.5	8500	12000	36107	46107
7008C	7008AC	40	68	15	1	0.3	46	62	1	14.7	20.0	15.2	20.1	19.0	14.5	8000	11000	36108	46108
7009C	7009AC	45	75	16	1	0.3	51	69	1	16	25.8	20.5	21.9	25.8	19.5	7500	10000	36109	46109
7010C	7010AC	50	80	16	1	0.3	56	74	1	16.7	26.5	22.0	23.2	25.2	21.0	6700	9000	36110	46110
7011C	7011AC	55	90	18	1.1	0.6	62	83	1	18.7	37.2	30.5	25.9	35.2	29.2	6000	8000	36111	46111
7012C	7012AC	60	95	18	1.1	0.6	67	88	1	19.4	38.2	32.8	27.1	36.2	31.5	5600	7500	36112	46112
7013C	7013AC	65	100	18	1.1	0.6	72	93	1	20.1	40.0	35.5	28.2	38.0	33.8	5300	7000	36113	46113
7014C	7014AC	70	110	20	1.1	0.6	77	103	1	22.1	48.2	43.5	30.9	45.8	41.5	5000	6700	36114	46114
7015C	7015AC	75	115	20	1.1	0.6	82	108	1	22.7	49.5	46.5	32.2	46.8	44.2	4800	6300	36115	46115
7016C	7016AC	80	125	22	1.5	0.6	89	116	1.5	24.7	58.5	55.8	34.9	55.5	53.2	4500	6000	36116	46116
7017C	7017AC	85	130	22	1.5	0.6	94	121	1.5	25.4	62.5	60.2	36.1	59.2	57.2	4300	5600	36117	46117
7018C	7018AC	90	140	24	1.5	0.6	99	131	1.5	27.4	71.5	69.8	38.8	67.5	66.5	4000	5300	36118	46118
7019C	7019AC	95	145	24	1.5	0.6	104	136	1.5	28.1	73.5	73.2	40	69.5	69.8	3800	5000	36119	46119
7020C	7020AC	100	150	24	1.5	0.6	109	141	1.5	28.7	79.2	78.5	41.2	75	74.8	3800	5000	36120	46120
(0) 2尺寸系列																			
7200C	7200AC	10	30	9	0.6	0.15	15	25	0.6	7.2	5.82	2.95	9.2	5.58	2.82	18000	26000	36200	46200
7201C	7201AC	12	32	10	0.6	0.15	17	27	0.6	8	7.35	3.52	10.2	7.10	3.35	17000	24000	36201	46201
7202C	7202AC	15	35	11	0.6	0.15	20	30	0.6	8.9	8.68	4.62	11.4	8.35	4.40	16000	22000	36202	46202
7203C	7203AC	17	40	12	0.6	0.3	22	35	0.6	9.9	10.8	5.95	12.8	10.5	5.65	15000	20000	36203	46203
7204C	7204AC	20	47	14	1	0.3	26	41	1	11.5	14.5	8.22	14.9	14.0	7.82	13000	18000	36204	46204

（续）

轴承代号		公称尺寸/mm					安装尺寸/mm			70000C (α=15°)			70000AC (α=25°)			极限转速/(r/min)		原轴承代号	
		d	D	B	r_s	r_{1s}	d_a	D_a	r_{as}	a/mm	基本额定		a/mm	基本额定		脂润滑	油润滑		
					(min)		(min)	(max)			动载荷 C_r /kN	静载荷 C_{0r} /kN		动载荷 C_r /kN	静载荷 C_{0r} /kN				
(0) 2尺寸系列																			
7205C	7205AC	25	52	15	1	0.3	31	46	1	12.7	16.5	10.5	16.4	15.8	9.88	11000	16000	36205	46205
7206C	7206AC	30	62	16	1	0.3	36	56	1	14.2	23.0	15.0	18.7	22.0	14.2	9000	13000	36206	46206
7207C	7207AC	35	72	17	1.1	0.6	42	65	1	15.7	30.5	20.0	21	29.0	19.2	8000	11000	36207	46207
7208C	7208AC	40	80	18	1.1	0.6	47	73	1	17	36.8	25.8	23	35.2	24.5	7500	10000	36208	46208
7209C	7209AC	45	85	19	1.1	0.6	52	78	1	18.2	38.5	28.5	24.7	36.8	27.2	6700	9000	36209	46209
7210C	7210AC	50	90	20	1.1	0.6	57	83	1	19.4	42.8	32.0	26.3	40.8	30.5	6300	8500	36210	46210
7211C	7211AC	55	100	21	1.5	0.6	64	91	1.5	20.9	52.8	40.5	28.6	50.5	38.5	5600	7500	36211	46211
7212C	7212AC	60	110	22	1.5	0.6	69	101	1.5	22.4	61.0	48.5	30.8	58.2	46.2	5300	7000	36212	46212
7213C	7213AC	65	120	23	1.5	0.6	74	111	1.5	24.2	69.8	55.2	33.5	66.5	52.5	4800	6300	36213	46213
7214C	7414AC	70	125	24	1.5	0.6	79	116	1.5	25.3	70.2	60.0	35.1	69.2	57.5	4500	6000	36214	46214
7215C	7215AC	75	130	25	1.5	0.6	84	121	1.5	26.4	79.2	65.8	36.6	75.2	63.0	4300	5600	36215	46215
7216C	7216AC	80	140	26	2	1	90	130	2	27.7	89.5	78.2	38.9	85.0	74.5	4000	5300	36216	46216
7217C	7217AC	85	150	28	2	1	95	140	2	29.9	99.8	5.0	41.6	94.8	81.5	3800	5000	36217	46217
7218C	7218AC	90	160	30	2	1	100	150	2	31.7	122	105	44.2	118	100	3600	4800	36218	46218
7219C	7219AC	95	170	32	2.1	1.1	107	158	2.1	33.8	135	115	46.9	128	108	3400	4500	36219	46219
7220C	7220AC	100	180	34	2.1	1.1	112	168	2.1	35.8	148	128	49.7	142	122	3200	4300	36220	46220
(0) 3尺寸系列																			
7301C	7301AC	12	37	12	1	0.3	18	31	1	8.6	8.10	5.22	12	8.08	4.88	16000	22000	36301	46301
7302C	7302AC	15	42	13	1	0.3	21	36	1	9.6	9.38	5.95	13.5	9.08	5.58	15000	20000	36302	46302
7303C	7303AC	17	47	14	1	0.3	23	41	1	10.4	12.8	8.62	14.8	11.5	7.08	14000	19000	36303	46303
7304C	7304AC	20	52	15	1.1	0.6	27	45	1	11.3	14.2	9.68	16.8	13.8	9.10	12000	17000	36304	46304
7305C	7305AC	25	62	17	1.1	0.6	32	55	1	13.1	21.5	15.8	19.1	20.8	14.8	9500	14000	36305	46305
7306C	7306AC	30	72	19	1.1	0.6	37	65	1	15	26.5	19.8	22.2	25.2	18.5	8500	12000	36306	46306
7307C	7307AC	35	80	21	1.5	0.6	44	71	1.5	16.6	34.2	26.8	24.5	32.8	24.8	7500	10000	36307	46307
7308C	7308AC	40	90	23	1.5	0.6	49	81	1.5	18.5	40.2	32.3	27.5	38.5	30.5	6700	9000	36308	46308
7309C	7309AC	45	100	25	1.5	0.6	54	91	1.5	20.2	49.2	39.8	30.2	47.5	37.2	6000	8000	36309	46309
7310C	7310AC	50	110	27	2	1	60	100	2	22	53.5	47.2	33	55.5	44.5	5600	7500	36310	46310
7311C	7311AC	55	120	29	2	1	65	110	2	23.8	70.5	60.5	35.8	67.2	56.8	5000	6700	36311	46311
7312C	7312AC	60	130	31	2.1	1.1	72	118	2.1	25.6	80.5	70.2	38.7	77.8	65.8	4800	6300	36312	46312
7313C	7313AC	65	140	33	2.1	1.1	77	128	2.1	27.4	91.5	80.5	41.5	89.8	75.5	4300	5600	36313	46313
7314C	7414AC	70	150	35	2.1	1.1	82	138	2.1	29.2	102	91.5	44.3	98.5	86.0	4000	5300	36314	46314
7315C	7315AC	75	160	37	2.1	1.1	87	148	2.1	31	112	105	47.2	108	97.0	3800	5000	36315	46315
7316C	7316AC	80	170	39	2.1	1.1	92	158	2.1	32.8	122	118	50	118	108	3600	4800	36316	46316
7317C	7317AC	85	180	41	3	1.1	99	166	2.5	34.6	132	128	52.8	125	122	3400	4500	36317	46317
7318C	7318AC	90	190	43	3	1.1	104	176	2.5	36.4	142	142	55.6	135	135	3200	4300	36318	46318
7319C	7319AC	95	200	45	3	1.1	109	186	2.5	38.2	152	158	58.5	145	148	3000	4000	36319	46379
7320C	7320AC	100	215	47	3	1.1	114	201	2.5	40.2	162	175	61.9	165	178	2600	3600	36320	46320

注：表中 C_r 值，对（1）0、（0）2系列为真空脱气轴承钢的载荷能力，对（0）3系列为电炉轴承钢的载荷能力。

表 11-3 圆锥滚子轴承（GB/T 297—2015 摘录） （单位：mm）

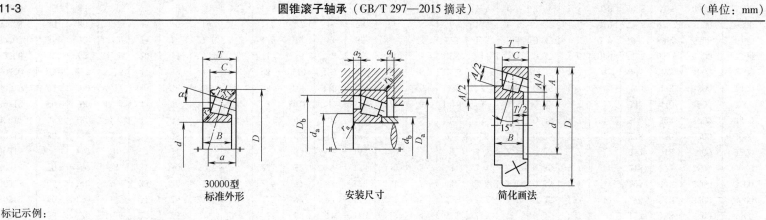

30000型
标准外形

安装尺寸

简化画法

标记示例：

滚动轴承 30308 GB/T 297—2015

当量动载荷																	当量静载荷						
$\frac{F_a}{F_r} \leqslant e, P=F_r; \frac{F_a}{F_r}>e, P=0.4F_r+YF_a$																	$P_0=0.5F_r+Y_0F_a$ 若 $P_0<F_r$，则取 $P_0=F_r$						
轴承型号	公称尺寸/mm					其他尺寸/mm			安装尺寸/mm								e	Y	Y_0	基本额定载荷/kN		极限转速/(r/min)	
	d	D	T	B	C	$a(\approx)$	r_s (min)	r_{1s} (min)	d_a (min)	d_b (max)	D_a (min)	D_b (max)	a_1 (min)	a_2 (min)	r_{as} (max)	r_{bs} (max)				C_r	C_{0r}	脂润滑	油润滑
30203	17	40	13.25	12	11	9.8	1	1	23	23	34	37	2	2.5	1	1	0.35	1.7	1	20.8	21.8	9000	12000
30204	20	47	15.25	14	12	11.2	1	1	26	27	41	43	2	3.5	1	1	0.35	1.7	1	28.2	30.5	8000	10000
30205	25	52	16.25	15	13	12.6	1	1	31	31	46	48	2	3.5	1	1	0.37	1.6	0.9	32.2	37.0	7000	9000
30206	30	62	17.25	16	14	13.8	1	1	36	37	56	57	2	3.5	1	1	0.37	1.6	0.9	43.2	50.5	6000	7500
30207	35	72	18.25	17	15	15.3	1.5	1.5	42	44	65	67	3	3.5	1.5	1.5	0.37	1.6	0.9	54.2	63.5	5300	6700
30208	40	80	19.75	18	16	16.9	1.5	1.5	47	49	73	74	3	4	1.5	1.5	0.37	1.6	0.9	63.0	74.0	5000	6300
30209	45	85	20.75	19	16	18.6	1.5	1.5	52	54	78	80	3	5	1.5	1.5	0.4	1.5	0.8	67.8	83.5	4500	5600
30210	50	90	21.75	20	17	20	1.5	1.5	57	58	83	85	3	5	1.5	1.5	0.42	1.4	0.8	73.2	92.0	4300	5300
30211	55	100	22.75	21	18	21	2	1.5	64	64	91	94	4	5	2	1.5	0.4	1.5	0.8	90.8	115	3800	4800
30212	60	110	23.75	22	19	22.4	2	1.5	69	70	101	103	4	5	2	1.5	0.4	1.5	0.8	102	130	3600	4500
30213	65	120	24.75	23	20	24	2	1.5	74	77	111	113	4	5	2	1.5	0.4	1.5	0.8	120	152	3200	4000
30214	70	125	26.25	24	21	25.9	2	1.5	79	81	116	118	4	5.5	2	1.5	0.42	1.4	0.8	132	175	3000	3800
30215	75	130	27.25	25	22	27.4	2	1.5	84	86	121	124	4	5.5	2	1.5	0.44	1.4	0.8	138	185	2800	3600
30216	80	140	28.25	26	22	28	2.5	2	90	91	130	133	4	6	2.1	2	0.42	1.4	0.8	160	212	2600	3400

（续）

轴承型号	公称尺寸/mm					其他尺寸/mm			安装尺寸/mm								e	Y	Y_0	基本额定载荷/kN		极限转速/(r/min)	
当量动载荷: $\frac{F_a}{F_r} \leqslant e, P=F_r; \frac{F_a}{F_r}>e, P=0.4F_r+YF_a$													当量静载荷: $P_0=0.5F_r+Y_0F_a$，若 $P_0<F_r$，则取 $P_0=F_r$										
	d	D	T	B	C	a(≈)	r_s (min)	r_{1s} (min)	d_a (min)	d_b (max)	D_a (min)	D_b (max)	a_1 (min)	a_2 (min)	r_{as} (max)	r_{bs} (max)				C_r	C_{0r}	脂润滑	油润滑
30217	85	150	30.5	28	24	29.9	2.5	2	95	97	140	141	5	6.5	2.1	2	0.42	1.4	0.8	178	238	2400	3200
30218	90	160	32.5	30	26	32.4	2.5	2	100	103	150	151	5	6.5	2.1	2	0.42	1.4	0.8	200	270	2200	3000
30219	95	170	34.5	32	27	35.1	3	2.5	107	109	158	160	5	7.5	2.5	2.1	0.42	1.4	0.8	228	308	2000	2800
30220	100	180	37	34	29	36.5	3	2.5	112	115	168	169	5	8	2.5	2.1	0.42	1.4	0.8	255	350	1900	2600
30303	17	47	15.25	14	12	10	1	1	23	25	41	42	3	3.5	1	1	0.29	2.1	1.2	28.2	27.2	8500	11000
30304	20	52	16.25	15	13	11	1.5	1.5	27	28	45	47	3	3.5	1.5	1.5	0.3	2	1.1	33.0	33.2	7500	9500
30305	25	62	18.25	17	15	13	1.5	1.5	32	35	55	57	3	3.5	1.5	1.5	0.3	2	1.1	46.8	48.0	6300	8000
30306	30	72	20.75	19	16	15	1.5	1.5	37	41	65	66	3	5	1.5	1.5	0.31	1.9	1	59.0	63.0	5600	7000
30307	35	80	22.75	21	18	17	2	1.5	44	45	71	74	3	5	2	1.5	0.31	1.9	1	75.2	82.5	5000	6300
30308	40	90	25.25	23	20	19.5	2	1.5	49	52	81	82	3	5.5	2	1.5	0.35	1.7	1	90.8	108	4500	5600
30309	45	100	27.25	25	22	21.5	2	1.5	54	59	91	92	3	5.5	2	1.5	0.35	1.7	1	108	130	4000	5000
30310	50	110	29.25	27	23	23	2.5	2	60	65	100	102	4	6.5	2.1	2	0.35	1.7	1	130	158	3800	4800
30311	55	120	31.5	29	25	25	2.5	2	65	71	110	112	4	6.5	2.1	2	0.35	1.7	1	152	188	3400	4300
30312	60	130	33.5	31	26	26.5	3	2.5	72	77	118	121	5	7.5	2.1	2.1	0.35	1.7	1	170	210	3200	4000
30313	65	140	36	33	28	29	3	2.5	77	83	128	131	5	8	2.5	2.1	0.35	1.7	1	195	242	2800	3600
30314	70	150	38	35	30	30.6	3	2.5	82	89	138	140	5	8	2.5	2.1	0.35	1.7	1	218	272	2600	3400
30315	75	160	40	37	31	32	3	2.5	87	95	148	149	5	9	2.5	2.1	0.35	1.7	1	252	318	2400	3200
30316	80	170	42.5	39	33	34	3	2.5	92	102	158	159	5	9.5	2.5	2.1	0.35	1.7	1	278	352	2200	3000
30317	85	180	44.5	41	34	36	4	3	99	107	166	168	6	10.5	3	2.5	0.35	1.7	1	305	388	2000	2800
30318	90	190	46.5	43	36	37.5	4	3	104	113	176	177	6	10.5	3	2.5	0.35	1.7	1	342	440	1900	2600
30319	95	200	49.5	45	38	40	4	3	109	118	186	185	6	11.5	3	2.5	0.35	1.7	1	370	478	1800	2400
30320	100	215	51.5	47	39	42	4	3	114	127	201	198	6	12.5	3	2.5	0.35	1.7	1	405	525	1600	2000
32206	30	62	21.25	20	17	15.4	1	1	36	37	56	58	3	4.5	1	1	0.37	1.6	0.9	51.8	63.8	6000	7500
32207	35	72	24.25	23	19	17.6	1.5	1.5	42	43	65	67	3	5.5	1.5	1.5	0.37	1.6	0.9	70.5	89.5	5300	6700
32208	40	80	24.75	23	19	19	1.5	1.5	47	48	73	75	3	6	1.5	1.5	0.37	1.6	0.9	77.8	97.2	5000	6300
32209	45	85	24.75	23	19	20	1.5	1.5	52	53	78	80	3	6	1.5	1.5	0.4	1.5	0.8	80.8	105	4500	5600

32210	50	90	24.75	23	19	21	1.5	1.5	57	58	83	85	3	6	1.5	1.5	0.42	1.4	0.8	82.8	108	4300	5300
32211	55	100	26.75	25	21	22.5	2	1.5	64	63	91	96	4	6	2	1.5	0.4	1.5	0.8	108	142	3800	4800
32212	60	110	29.75	28	24	24.9	2	1.5	69	69	101	104	4	6	2	1.5	0.4	1.5	0.8	132	180	3600	4500
32213	65	120	32.75	31	27	27.2	2	1.5	74	75	111	115	4	6	2	1.5	0.4	1.5	0.8	160	222	3200	4000
32214	70	125	33.25	31	27	27.9	2	1.5	79	80	116	119	4	6.5	2	1.5	0.42	1.4	0.8	168	238	3000	3800
32215	75	130	33.25	31	27	30.2	2	1.5	84	85	121	125	4	6.5	2	1.5	0.44	1.4.	0.8	170	242	2800	3600
32216	80	140	35.25	33	28	31.3	2.5	2	90	90	130	134	5	7.5	2.1	2	0.42	1.4	0.8	198	278	2600	3400
32217	85	150	38.5	36	30	34	2.5	2	95	96	140	143	5	8.5	2.1	2	0.42	1.4	0.8	228	325	2400	3200
32218	90	160	42.5	40	34	36.7	2.5	2	100	101	150	153	5	8.5	2.1	2	0.42	1.4	0.8	270	395	2200	3000
32219	95	170	45.5	43	37	39	3	2.5	107	107	158	162	5	8.5	2.5	2.1	0.42	1.4	0.8	302	448	2000	2800
32220	100	180	49	46	39	41.8	3	2.5	112	113	168	172	5	10	2.5	2.1	0.42	1.4	0.8	340	512	1900	2600
32303	17	47	20.25	19	16	12	1	1	23	24	41	43	3	4.5	1	1	0.29	2.1	1.2	35.2	36.2	8500	11000
32304	20	52	22.25	21	18	13.4	1.5	1.5	27	27	45	47	3	4.5	1.5	1.5	0.3	2	1.1	42.8	46.2	7500	9500
32305	25	62	25.25	24	20	15.5	1.5	1.5	32	33	55	57	3	5.5	1.5	1.5	0.3	2	1.1	61.5	68.8	6300	8000
32306	30	72	28.75	27	23	18.8	1.5	1.5	37	39	65	66	4	6	1.5	1.5	0.31	1.9	1	81.5	96.5	5600	7000
32307	35	80	32.75	31	25	20.5	2	1.5	44	44	71	74	4	8	2	1.5	0.31	1.9	1	99.0	118	5000	6300
32308	40	90	35.25	33	27	23.4	2	1.5	49	50	81	82	4	8	2	1.5	0.35	1.7	1	115	148	4500	5600
32309	45	100	38.25	36	30	25.6	2	1.5	54	56	91	93	4	8.5	2	1.5	0.35	1.7	1	145	188	4000	5000
32310	50	110	42.25	40	33	28	2.5	2	60	62	100	102	5	9.5	2.1	2	0.35	1.7	1	178	235	3800	4800
32311	55	120	45.5	43	35	30.6	2.5	2	65	68	110	111	5	10.5	2.1	2	0.35	1.7	1	202	270	3400	4300
32312	60	130	48.5	46	37	32	3	2.5	72	73	118	121	6	11.5	2.5	2.1	0.35	1.7	1	228	302	3200	4000
32313	65	140	51	48	39	34	3	2.5	77	80	128	131	6	12	2.5	2.1	0.35	1.7	1	260	350	2800	3600
32314	70	150	54	51	42	36.5	3	2.5	82	86	138	140	6	12	2.5	2.1	0.35	1.7	1	298	408	2600	3400
32315	75	160	58	55	45	39	3	2.5	87	91	148	150	7	13	2.5	2.1	0.35	1.7	1	348	482	2400	3200
32316	80	170	61.5	58	48	42	3	2.5	92	98	158	160	7	13.5	2.5	2.1	0.35	1.7	1	388	542	2200	3000
32317	85	180	63.5	60	49	43.6	4	3	99	103	166	168	8	14.5	3	2.5	0.35	1.7	1	422	592	2000	2800
32318	90	190	67.5	64	53	46	4	3	104	108	176	178	8	14.5	3	2.5	0.35	1.7	1	478	682	1900	2600
32319	95	200	71.5	67	55	49	4	3	109	114	186	187	8	16.5	3	2.5	0.35	1.7	1	515	738	1800	2400
32320	100	215	77.5	73	60	53	4	3	114	123	201	201	8	17.5	3	2.5	0.35	1.7	1	600	872	1600	2000

注：GB/T 297—2015 仅给出轴承型号及尺寸，安装尺寸摘自 GB/T 5868—1986。

11.2 滚动轴承的配合（见表11-4~表11-7）

表11-4 安装向心轴承的轴公差带代号（GB/T 275—2015摘录）

圆柱孔轴承							
载荷情况			举例	深沟球轴承、调心球轴承和角接触球轴承	圆柱滚子轴承和圆锥滚子轴承	调心滚子轴承	公差带
				轴承公称内径/mm			
内圈承受旋转载荷或方向不定载荷	轻载荷		输送机、轻载齿轮箱	≤18 >18~100 >100~200 —	— ≤40 >40~140 >140~200	— ≤40 >40~100 >100~200	h5 j6① k6① m6①
	正常载荷		一般通用机械、电动机、泵、内燃机、直齿轮传动装置	≤18 >18~100 >100~140 >140~200 >200~280 — —	— ≤40 >40~100 >100~140 >140~200 >200~400 —	— ≤40 >40~65 >65~100 >100~140 >140~280 >280~500	j5，js5 k5② m5② m6 n6 p6 r6
	重载荷		铁路机车车辆轴箱、牵引电动机、破碎机等	—	>50~140 >140~200 >200 —	>50~100 >100~140 >140~200 >200	n6① p6② r6③ r7③
内圈承受固定载荷	所有载荷	内圈需在轴向易移动	非旋转轴上的各种轮子	所有尺寸			f6 g6
		内圈不需在轴向易移动	张紧轮、绳轮				h6 j6
仅有轴向载荷			所有尺寸				j6，js6

① 凡精度要求较高的场合，应用j5、k5、m5代替j6、k6、m6。

② 圆锥滚子轴承、角接触球轴承配合对游隙影响不大，可用k6、m6代替k5、m5。

③ 重载荷下轴承游隙应选大于N组。

表11-5 安装向心轴承的孔公差带代号（GB/T 275—2015摘录）

运转状态		载荷状态	其他状态	公差带①	
说明	举例			球轴承	滚子轴承
固定的外圈载荷	一般机械、铁路机车车辆轴箱	轻、正常、重	轴向易移动，可采用剖分式外壳	H7，G7②	
		冲击	轴向能移动，可采用整体或剖分式外壳	J7，JS7	
方向不定载荷	电动机、泵、曲轴主轴承	轻、正常			
		正常、重	轴向不移动，采用整体式外壳	K7	
		冲击		M7	
旋转的外圈载荷	皮带张紧轮	轻		J7	K7
	轮毂轴承	正常		K7，M7	M7，N7
		重		—	N7，P7

① 并列公差带随尺寸的增大从左至右选择，对旋转精度有较高要求时，可相应提高一个公差等级。

② 不适用于剖分式外壳。

表 11-6　　轴和轴承座孔的几何公差（GB/T 275—2015 摘录）

公称尺寸/mm		圆柱度 t				轴向圆跳动 t_1			
		轴颈		轴承座孔		轴肩		轴承座孔肩	
		轴承公差等级							
		/P0	/P6 (/P6x)	/P0	/P6 (/P6x)	/P0	/P6 (/P6x)	/P0	/P6 (/P6x)
大于	至	公差值/μm							
	6	2. 5	1. 5	4	2. 5	5	3	8	5
6	10	2. 5	1. 5	4	2. 5	6	4	10	6
10	18	3. 0	2. 0	5	3. 0	8	5	12	8
18	30	4. 0	2. 5	6	4. 0	10	6	15	10
30	50	4. 0	2. 5	7	4. 0	12	8	20	12
50	80	5. 0	3. 0	8	5. 0	15	10	25	15
80	120	6. 0	4. 0	10	6. 0	15	10	25	15
120	180	8. 0	5. 0	12	8. 0	20	12	30	20
180	250	10. 0	7. 0	14	10. 0	20	12	30	20
250	315	12. 0	8. 0	16	12. 0	25	15	40	25

注：轴承公差等级新、旧标准代号对照为：/P0—G 级；/P6—E 级；/P6x—Ex 级。

表 11-7　　配合面及端面的表面粗糙度（GB/T 275—2015 摘录）

轴或轴承座孔直径/mm		轴或轴承座孔配合表面直径公差等级					
		IT7		IT6		IT5	
		表面粗糙度 Ra/μm					
超过	到	磨	车	磨	车	磨	车
	80	1. 6	3. 2	0. 8	1. 6	0. 4	0. 8
80	500	1. 6	3. 2	1. 6	3. 2	0. 8	1. 6
端面		3. 2	6. 3	3. 2	6. 3	1. 6	3. 2

注：与/P0、P6（/P6x）级公差轴承配合的轴，其公差等级一般为 IT6，轴承座孔一般为 IT7。

第 12 章 常用联轴器

12.1 联轴器轴孔和键槽形式

表 12-1 轴孔和键槽的形式、代号及系列尺寸（GB/T 3852—2017 摘录）

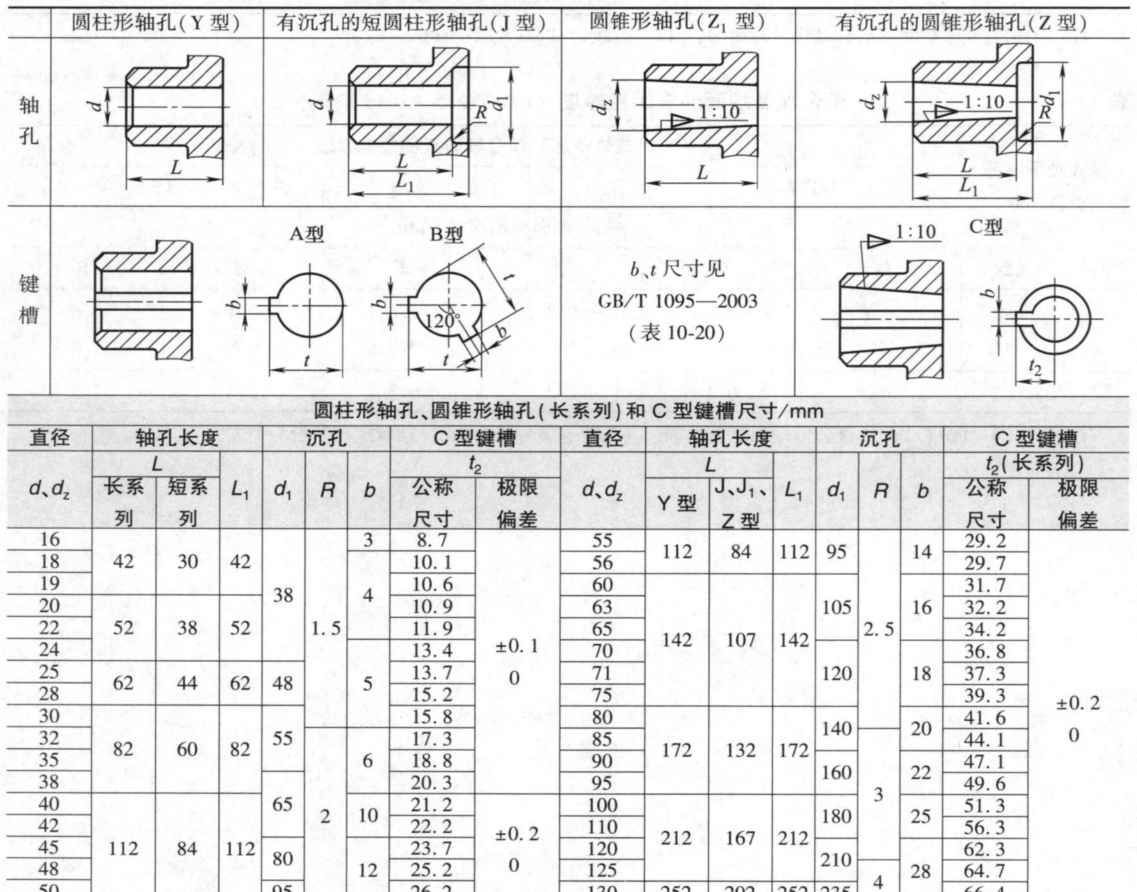

圆柱形轴孔、圆锥形轴孔(长系列)和 C 型键槽尺寸/mm

直径 d、d_z	轴孔长度 L 长系列	轴孔长度 L 短系列	轴孔长度 L_1	沉孔 d_1	沉孔 R	C 型键槽 b	C 型键槽 t_2 公称尺寸	C 型键槽 t_2 极限偏差
16	42	30	42	38	1.5	3	8.7	±0.1 0
18						4	10.1	
19							10.6	
20	52	38	52				10.9	
22							11.9	
24						5	13.4	
25	62	44	62	48			13.7	
28							15.2	
30	82	60	82	55			15.8	
32					2	6	17.3	
35							18.8	
38				65			20.3	
40	112	84	112			10	21.2	±0.2 0
42							22.2	
45				80		12	23.7	
48							25.2	
50				95			26.2	

直径 d、d_z	轴孔长度 L Y 型	轴孔长度 L J、J_1、Z 型	轴孔长度 L_1	沉孔 d_1	沉孔 R	C 型键槽 b	C 型键槽 t_2(长系列) 公称尺寸	C 型键槽 t_2(长系列) 极限偏差
55	112	84	112	95	2.5	14	29.2	±0.2 0
56							29.7	
60	142	107	142	105		16	31.7	
63							32.2	
65							34.2	
70				120		18	36.8	
71							37.3	
75							39.3	
80	172	132	172	140		20	41.6	
85					3		44.1	
90				160		22	47.1	
95							49.6	
100	212	167	212	180		25	51.3	
110							56.3	
120				210		28	62.3	
125					4		64.7	
130	252	202	252	235			66.4	

（续）

轴孔与轴伸的配合、键槽宽度 b 的极限偏差				
d、d_z/mm	圆柱形轴孔与轴伸的配合		圆锥形轴孔的直径偏差	键槽宽度 b 的极限偏差
>6~30	H7/j6	根据使用要求也可选用 H7/n6、H7/p6 和 H7/r6	H8（圆锥角度及圆锥形状公差应小于直径公差）	P9（或 JS9）
>30~50	H7/k6			
>50	H7/m6			

注：无沉孔的圆锥形轴孔（Z_1 型）和 B_1 型、D 型键槽尺寸，详见 GB/T 3852—2008。

12.2　刚性联轴器（见表 12-2）

表 12-2　　凸缘联轴器（GB/T 5843—2003 摘录）　　（单位：mm）

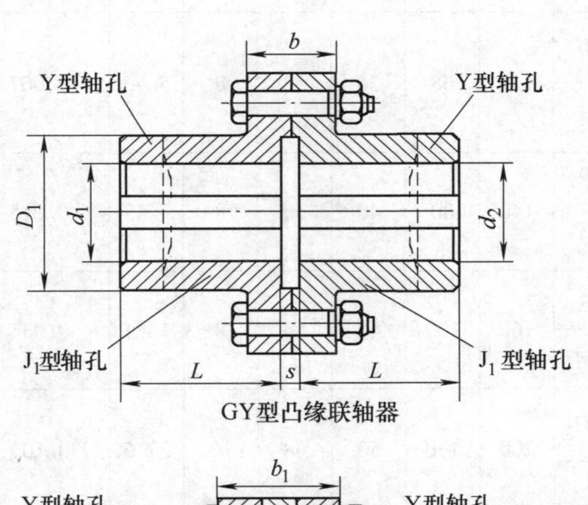

GY型凸缘联轴器

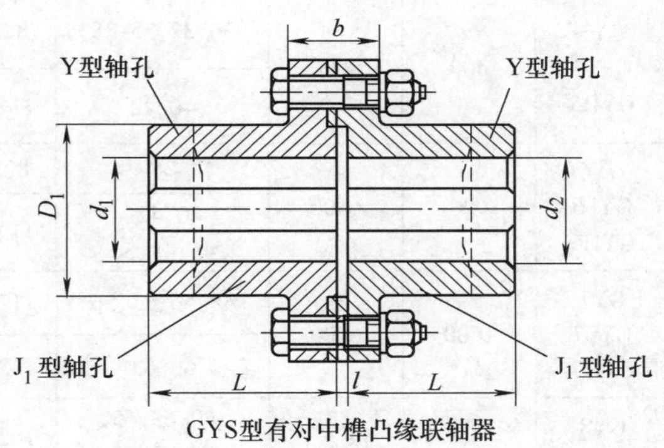

GYS型有对中榫凸缘联轴器

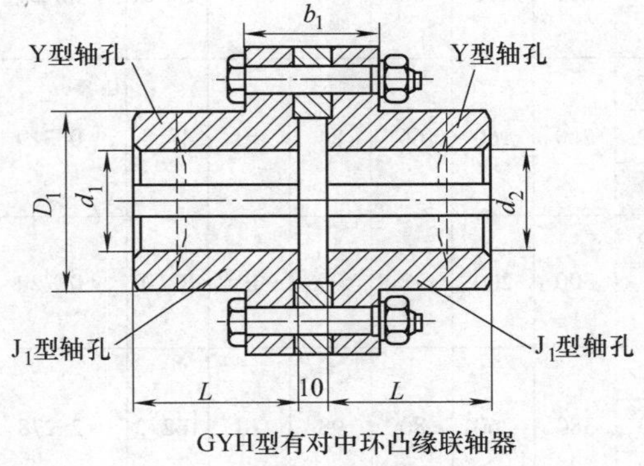

GYH型有对中环凸缘联轴器

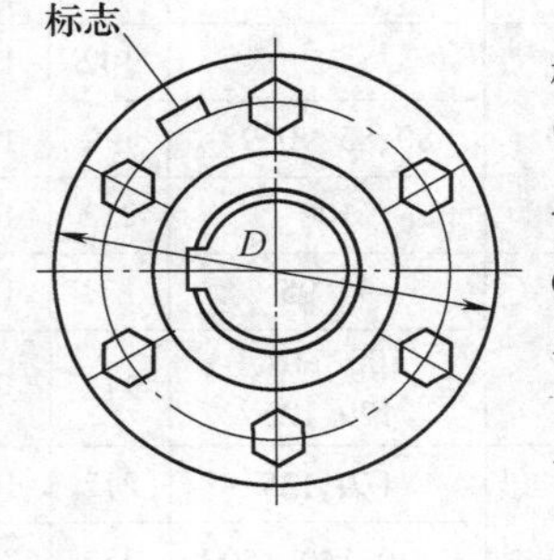

标记示例：
GYS4联轴器 $\dfrac{J_1 30\times60}{J_1 B35\times60}$ GB/T 5834
GYS4凸缘弹联轴器
主动轴：J_1型轴孔，A型键槽，d=30mm，L=60mm
主动轴：J_1型轴孔，B型键槽，d=35mm，L=60mm

型号	公称转矩 T_n/N·m	许用转速 [n] /(r/min)	轴孔直径 d_1、d_2/mm	轴孔长度 L/mm		D /mm	D_1 /mm	b /mm	b_1 /mm	s /mm	质量 m/kg	转动惯量 I/kg·m²
				Y 型	J_1 型							
GY1 GYS1 GYH1	25	12000	12、14	32	27	80	30	26	42	6	1.16	0.0008
			16、18、19	42	30							

（续）

型号	公称转矩 T_n/N·m	许用转速 [n] /(r/min)	轴孔直径 d_1、d_2/mm	轴孔长度 L/mm		D /mm	D_1 /mm	b /mm	b_1 /mm	s /mm	质量 m/kg	转动惯量 I/kg·m^2
				Y型	J_1型							
GY2 GYS2 GYH2	63	10000	16、18、19	42	30	90	40	28	44	6	1.72	0.0015
			20、22、24	52	38							
			25	62	44							
GY3 GYS3 GYH3	112	9500	20、22、24	52	38	100	45	30	46	6	2.38	0.0025
			25、28	62	44							
GY4 GYS4 GYH4	224	9000	25、28	62	44	105	55	32	48	6	3.15	0.003
			30、32、35	82	60							
GY5 GYS5 GYH5	400	8000	30、32、35、38	82	60	120	68	36	52	8	5.43	0.007
			40、42	112	84							
GY6 GYS6 GYH6	900	6800	38	82	60	140	80	40	56	8	7.59	0.015
			40、42、45、48、50	112	84							
GY7 GYS7 GYH7	1600	6000	48、50、55、56	112	84	160	100	40	56	8	13.1	0.031
			60、63	142	107							
GY8 GYS8 GYH8	3150	4800	60、63、65、70、71、75	142	107	200	130	50	68	10	27.5	0.103
			80	172	132							
GY9 GYS9 GYH9	6300	3600	75	142	107	260	160	66	84	10	47.8	0.319
			80、85、90、95	172	132							
			100	212	167							
GY10 GYS10 GYH10	10000	3200	90、95	172	132	300	200	72	90	10	82.0	0.720
			100、110、120、125	212	167							
GY11 GYS11 GYH11	25000	2500	120、125	212	167	380	260	80	98	10	162.2	2.278
			130、140、150	252	202							
			160	302	242							
GY12 GYS12 GYH12	50000	2000	150	252	202	460	320	92	112	12	285.6	5.923
			160、170、180	302	242							
			190、200	352	282							
GY13 GYS13 GYH13	100000	1600	190、200、220	352	282	590	400	110	130	12	611.9	19.978
			240、250	410	330							

注：质量、转动惯量是按 GY 型联轴器 Y/J_1 轴孔组合形式和最小轴孔直径计算的。

12.3　弹性联轴器(见表 12-3～表 12-5)

表 12-3　　弹性套柱销联轴器(GB/T 4323—2017 摘录)

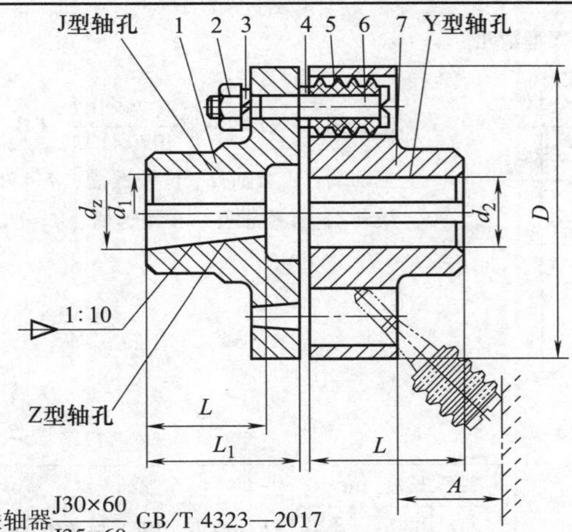

1、7—半联轴器
2—螺母
3—垫圈
4—挡圈
5—弹性套
6—柱销

标记示例:LT5 联轴器 $\frac{\text{J30×60}}{\text{J35×60}}$ GB/T 4323—2017

主动端:J 型轴孔、A 型键槽、d=30mm、L=60mm

从动端:J 型轴孔、A 型键槽、d=35mm、L=60mm

型号	公称转矩/N·m	许用转速/(r/min)	轴孔直径 d_1、d_2、d_z/mm	轴孔长度/mm			D	A	质量/kg	转动惯量/kg·m^2	许用补偿量	
				Y 型	J、Z 型		mm				径向 ΔY/mm	角向 $\Delta\alpha$
				L	L_1	L						
LT1	16	8800	10,11	22	25	22	71	18	0.7	0.0004	0.2	1°30′
			12,14	27	32	27						
LT2	25	7600	12,14				80		1.0	0.001		
			16,18,19	30	42	30						
LT3	63	6300	16,18,19				95	35	2.2	0.002		
			20,22	38	52	38						
LT4	100	5700	20,22,24				106		3.2	0.004		
			25,28	44	62	44						
LT5	224	4600	25,28				130	45	5.5	0.011	0.3	
			30,32,35	60	82	60						
LT6	355	3800	32,35,38				160		9.6	0.026		1°
			40,42	84	112	84						
LT7	560	3600	40,42,45,48				190		15.7	0.06		
LT8	1120	3000	40,42,45,48,50,55				224	65	24.0	0.13	0.4	
			60,63,65	107	142	107						
LT9	1600	2850	50,55	84	112	84	250		31.0	0.20		
			60,63,65,70	107	142	107						
LT10	3150	2300	63,65,70,75				315	80	60.2	0.64		
			80,85,90,95	132	172	132						
LT11	6300	1800	80,85,90,95				400	100	114	2.06	0.5	0°30′
			100,110	167	212	167						
LT12	12500	1450	100,110,120,125				475	130	212	5.00		
			130	202	252	202						
LT13	22400	1150	120,125	167	212	167	600	180	416	16.0	0.6	
			130,140,150	202	252	202						
			160,170	242	302	242						

注：1. 转动惯量和质量是按 Y 型最大轴孔长度、最小轴孔直径计算的数值。

2. 本联轴器具有一定补偿两轴线相对偏移和减振缓冲能力，适用于安装底座刚性好，冲击载荷不大的中、小功率轴系传动，可用于经常正反转、起动频繁的场合，工作温度为-20～+70℃。

表 12-4 弹性柱销联轴器（GB/T 5014—2017 摘录）

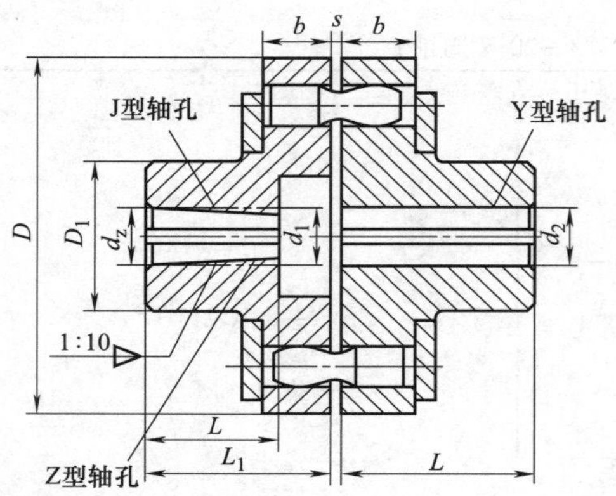

标记示例：LX7 联轴器$\frac{ZC75\times107}{JB70\times107}$ GB/T 5014—2017

主动端：Z 型轴孔、C 型键槽、$d_z=75$mm、$L=107$mm；

从动端：J 型轴孔、B 型键槽、$d_2=70$mm、$L=107$mm

型号	公称转矩/N·m	许用转速/(r/min)	轴孔直径 d_1、d_2、d_z/mm	轴孔长度/mm			D/mm	D_1/mm	b/mm	s/mm	转动惯量/kg·m^2	质量/kg
				Y 型	J、J_1、Z 型							
				L	L	L_1						
LX1	250	8500	12，14	32	27	—	90	40	20	2.5	0.002	2
			16，18，19	42	30	42						
			20，22，24	52	38	52						
LX2	560	6300	20，22，24	52	38	52	120	55	28	2.5	0.009	5
			25，28	62	44	62						
			30，32，35	82	60	82						
LX3	1250	4750	30，32，35，38	82	60	82	160	75	36	2.5	0.026	8
			40，42，45，48	112	84	112						
LX4	2500	3850	40，42，45，48，50，55，56	112	84	112	195	100	45	3	0.109	22
			60，63	142	107	142						
LX5	3150	3450	50，55，56	112	84	112	220	120	45	3	0.191	30
			60，63，65，70，71，75	142	107	142						
LX6	6300	2720	60，63，65，70，71，75	142	107	142	280	140	56	4	0.543	53
			80，85	172	132	172						
LX7	11200	2360	70，71，75	142	107	142	320	170	56	4	1.314	98
			80，85，90，95	172	132	172						
			100，110	212	167	212						
LX8	16000	2120	80，85，90，95	172	132	172	360	200	56	5	2.023	119
			100，110，120，125	212	167	212						
LX9	22400	1850	100，110，120，125	212	167	212	410	230	63	5	4.386	197
			130，140	252	202	252						
LX10	35500	1600	110，120，125	212	167	212	480	280	75	6	9.760	322
			130，140，150	252	202	252						
			160，170，180	302	242	302						

注：本联轴器适用于连接两同轴线的传动轴系，并具有补偿两轴相对位移和一般减振性能。工作温度-20～+70℃。

表 12-5　梅花形弹性联轴器（GB/T 5272—2017 摘录）

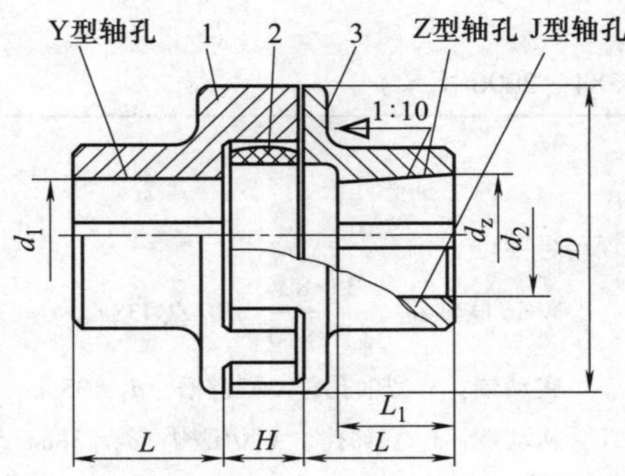

标记示例：

LM105 型联轴器 $\frac{ZC30\times60}{YB25\times44}$　GB/T 5272—2017

主动端：Z 型轴孔、C 型键槽、轴孔直径 d_z = 30mm，轴孔长度 L = 60mm；

从动端：Y 型轴孔、B 型键槽、轴孔直径 d_1 = 25mm，轴孔长度 L = 44mm；

1、3—半联轴器；

2—梅花形弹性体

型号	公称转矩 T_n /N·m	最大转矩 T_{max} /N·m	许用转速 [n] /(r/min)	轴孔直径 d_1、d_2、d_z/mm	轴孔长度 L/mm Y 型 L	Z、J 型 L_1	Z、J 型 L	D_1 /mm	D_2 /mm	H /mm	质量 /kg	转动惯量 /kg·m²	许用补偿量 径向 ΔY /mm	轴向 ΔX /mm	角向 $\Delta\alpha$
LM50	28	50	15000	10,11	22	—	—	50	42	16	1.00	0.0002	0.5	1.2	2°
				12,14	27	—	—								
				16,18,19	30	—	—								
				20,22,24	38	—	—								
LM70	112	200	11000	16,18,19	30	—	—	70	55	23	2.50	0.0011	0.8	1.5	
				20,22,24	38	—	—								
				25,28	44	—	—								
				30,32,35,38	60	—	—								
LM85	160	288	9000	20,22,24	38	—	—	85	60	24	3.42	0.0022		2	
				25,28	44	—	—								
				30,32,35,38	60	—	—								
LM105	355	640	7250	20,22,24	38	—	—	105	65	27	5.15	0.0051		2.5	
				25,28	44	—	—								
				30,32,35,38	60	—	—								
				40,42	84	—	—								
LM125	450	810	6000	25,28	44	62	44	125	85	33	10.1	0.014	1.0	3.0	1.5°
				30,32,35,38	60	82	60								
				40,42,45,48,50,55	84	—	—								
LM145	710	1280	5250	30,32,35,38	60	82	60	145	95	39	13.1	0.025			
				40,42,45,48,50,55	84	112	84								
LM170	1250	2250	4500	40,42,45,48,50,55	84	112	84	170	120	41	21.2	0.055		3.5	
				60,63,65,70,75	107	—	—								
LM200	2000	3600	3750	40,42,45,48,50,55	84	112	84	200	135	48	33.0	0.119		4.0	
				60,63,65,70,75	107	142	107								
LM230	3150	5670	3250	40,42,45,48,50,55	84	112	84	230	150	50	45.5	0.217	1.5	4.5	1°
				60,63,65,70,75	107	142	107								
				80,85,90,95	132	—	—								

注：1. 无 J 型、Z 型轴孔形式。

2. 转动惯量和质量是按 Y 型最大轴孔长度、最小轴孔直径计算的数值。

3. 本联轴器补偿两轴的位移量较大，有一定弹性和缓冲性，常用于中、小功率，中高速、起动频繁，正反转变化和要求工作可靠的部位，由于安装时需轴向移动两半联轴器，不适用于大型、重型设备上，工作温度为-35～+80℃。

12.4　滑块联轴器（见表 12-6）

表 12-6　　滑块联轴器（JB/ZQ 4384—2006 摘录）

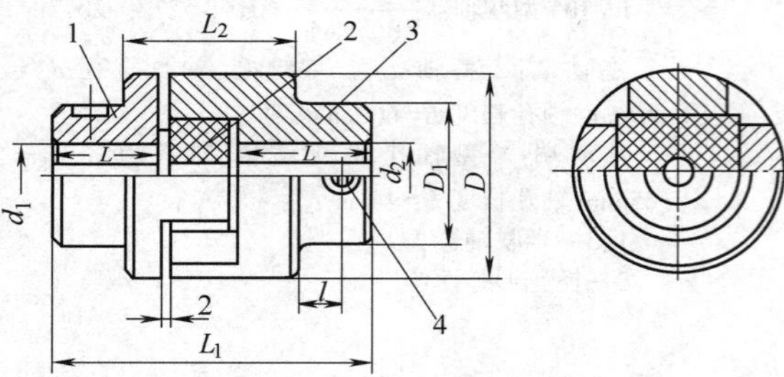

1、3—半联轴器　2—滑块　4—紧定螺钉

标记示例：

WH6 联轴器 $\dfrac{35\times82}{J_1 38\times60}$ JB/ZQ4384

主动端：Y 型轴孔，A 型键槽，$d_1=35$mm，$L=82$

从动端：J_1 型轴孔，A 型键槽，$d_2=38$mm，$L=60$

<table>
<tr><th rowspan="3">型号</th><th rowspan="3">公称转矩
/N·m</th><th rowspan="3">许用转速
/(r/min)</th><th rowspan="2">轴孔直径
d_1、d_2</th><th colspan="2">轴孔长度 L</th><th rowspan="2">D</th><th rowspan="2">D_1</th><th rowspan="2">L_2</th><th rowspan="2">l</th><th rowspan="3">质量
/kg</th><th rowspan="3">转动惯量
/kg·m²</th></tr>
<tr><th>Y 型</th><th>J_1 型</th></tr>
<tr><th colspan="7">mm</th></tr>
<tr><td rowspan="2">WH1</td><td rowspan="2">16</td><td rowspan="2">10000</td><td>10，11</td><td>25</td><td>22</td><td rowspan="2">40</td><td rowspan="2">30</td><td rowspan="2">52</td><td rowspan="2">5</td><td rowspan="2">0.6</td><td rowspan="2">0.0007</td></tr>
<tr><td>12，14</td><td rowspan="2">32</td><td rowspan="2">27</td></tr>
<tr><td rowspan="2">WH2</td><td rowspan="2">31.5</td><td rowspan="2">8200</td><td>12，14</td><td rowspan="2">50</td><td rowspan="2">32</td><td rowspan="2">56</td><td rowspan="2">5</td><td rowspan="2">1.5</td><td rowspan="2">0.0038</td></tr>
<tr><td>16，(17)，18</td><td rowspan="2">42</td><td rowspan="2">30</td></tr>
<tr><td rowspan="2">WH3</td><td rowspan="2">63</td><td rowspan="2">7000</td><td>(17)，18，19</td><td rowspan="2">70</td><td rowspan="2">40</td><td rowspan="2">60</td><td rowspan="2">5</td><td rowspan="2">1.8</td><td rowspan="2">0.0063</td></tr>
<tr><td>20，22</td><td rowspan="2">52</td><td rowspan="2">38</td></tr>
<tr><td rowspan="2">WH4</td><td rowspan="2">160</td><td rowspan="2">5700</td><td>20，22，24</td><td rowspan="2">80</td><td rowspan="2">50</td><td rowspan="2">64</td><td rowspan="2">8</td><td rowspan="2">2.5</td><td rowspan="2">0.013</td></tr>
<tr><td>25，28</td><td rowspan="2">62</td><td rowspan="2">44</td></tr>
<tr><td rowspan="2">WH5</td><td rowspan="2">280</td><td rowspan="2">4700</td><td>25，28</td><td rowspan="2">100</td><td rowspan="2">70</td><td rowspan="2">75</td><td rowspan="2">10</td><td rowspan="2">5.8</td><td rowspan="2">0.045</td></tr>
<tr><td>30，32，35</td><td rowspan="2">82</td><td rowspan="2">60</td></tr>
<tr><td rowspan="2">WH6</td><td rowspan="2">500</td><td rowspan="2">3800</td><td>30，32，35，38</td><td rowspan="2">120</td><td rowspan="2">80</td><td rowspan="2">90</td><td rowspan="2">15</td><td rowspan="2">9.5</td><td rowspan="2">0.12</td></tr>
<tr><td>40，42，45</td><td rowspan="4">112</td><td rowspan="4">84</td></tr>
<tr><td rowspan="2">WH7</td><td rowspan="2">900</td><td rowspan="2">3200</td><td>40，42，45，48</td><td rowspan="2">150</td><td rowspan="2">100</td><td rowspan="2">120</td><td rowspan="2">25</td><td rowspan="2">25</td><td rowspan="2">0.43</td></tr>
<tr><td>50，55</td></tr>
<tr><td rowspan="2">WH8</td><td rowspan="2">1800</td><td rowspan="2">2400</td><td>50，55</td><td rowspan="2">190</td><td rowspan="2">120</td><td rowspan="2">150</td><td rowspan="2">25</td><td rowspan="2">55</td><td rowspan="2">1.98</td></tr>
<tr><td>60，63，65，70</td><td rowspan="2">142</td><td rowspan="2">107</td></tr>
<tr><td rowspan="2">WH9</td><td rowspan="2">3550</td><td rowspan="2">1800</td><td>65，70，75</td><td rowspan="2">250</td><td rowspan="2">150</td><td rowspan="2">180</td><td rowspan="2">25</td><td rowspan="2">85</td><td rowspan="2">4.9</td></tr>
<tr><td>80，85</td><td rowspan="2">172</td><td rowspan="2">132</td></tr>
<tr><td rowspan="2">WH10</td><td rowspan="2">5000</td><td rowspan="2">1500</td><td>80，85，90，95</td><td rowspan="2">330</td><td rowspan="2">190</td><td rowspan="2">180</td><td rowspan="2">40</td><td rowspan="2">120</td><td rowspan="2">7.5</td></tr>
<tr><td>100</td><td>212</td><td>167</td></tr>
</table>

注：1. 装配时两轴的许用补偿量：轴向 $\Delta X=1\sim2$mm，径向 $\Delta Y\leqslant0.2$mm，角向 $\Delta\alpha\leqslant0°40'$。

2. 括号内的数值尽量不用。

3. 本联轴器具有一定补偿两轴相对偏移量、减振和缓冲性能，适用于中、小功率，转速较高，转矩较小的轴系传动，如控制器、液压泵装置等，工作温度为−20～+70℃。

第13章 润滑与密封

13.1 润滑剂（见表13-1~表13-3）

表13-1 常用润滑油的主要性质和用途

名称	代号	运动黏度/(mm²/s) 40/℃	100/℃	倾点(≤)/℃	闪点(开口)(≥)/℃	主要用途
全损耗系统用油（GB443—1989摘录）	L-AN5	4.14~5.06	—	-5	80	用于各种高速轻载机械轴承的润滑和冷却（循环式或油箱式），如转速在10000r/min以上的精密机械、机床及纺织纱锭的润滑和冷却
	L-AN7	6.12~7.48			110	
	L-AN10	9.00~11.0			130	
	L-AN15	13.5~16.5			150	用于小型机床齿轮箱、传动装置轴承，中小型电动机、风动工具等
	L-AN22	19.8~24.2				
	L-AN32	28.8~35.2				用于一般机床齿轮变速箱、中小型机床导轨及100kW以上电动机轴承
	L-AN46	41.4~50.6			160	主要用在大型机床、大型刨床上
	L-AN68	61.2~74.8				主要用在低速重载的纺织机械及重型机床、锻压、铸工设备上
	L-AN100	90.0~110			180	
	L-AN150	135~165				
工业闭式齿轮油（GB5903—2011摘录）	L-CKC68	61.2~74.8	—	-8		适用于煤炭、水泥、冶金工业部门大型封闭式齿轮传动装置的润滑
	L-CKC100	90~110				
	L-CKC150	135~165			200	
	L-CKC220	198~242				
	L-CKC320	288~352				
	L-CKC460	414~506				
	L-CKC680	612~748		-5		
液压油（GB11118.1—2011摘录）	L-HL15	13.5~16.5	—	-12	140	适用于机床和其他设备的低压齿轮泵，也可以用于使用其他抗氧防锈型润滑油的机械设备（如轴承和齿轮等）
	L-HL22	19.8~24.2		-9	165	
	L-HL32	28.8~35.2		-6	175	
	L-HL46	41.4~50.6			185	
	L-HL68	61.2~74.8			195	
	L-HL100	90.0~110			205	

（续）

名　称	代　号	运动黏度/(mm²/s)		倾点(≤)/℃	闪点(开口)(≥)/℃	主 要 用 途
		40/℃	100/℃			
涡轮机油（GB11120—2011 摘录）	L-TSA32	28.8~35.2	—	-6	186	—
	L-TSA46	41.4~50.6				
	L-TSA68	61.2~74.8			195	
	L-TSA100	90.0~110				
汽油机油（GB11121—2006 摘录）	5W/20	5.6~<9.3	—	-35	200	适用于电力工业、船舶及其他工业汽轮机组、水轮机组的润滑和密封
	10W/30	9.3~<12.5		-30	205	
	15W/40	12.5~<16.3		-25	215	
L—CKE/P 蜗轮蜗杆油①［SH/T 0094—1991(2007)摘录］	220	198~242	—	-12	200	用于铜-钢配对的圆柱型、承受重载荷、传动中有振动和冲击的蜗轮蜗杆副
	320	288~352				
	460	414~506			220	
	680	612~748				
	1000	900~1100				
10 号仪表油［SH/T 0318—1992(2005)摘录］	—	9~11	—	-60（凝点）	125	适用于各种仪表（包括低温下操作）的润滑

① 标准 1991 年实施，2007 年再次确认，下同。

表 13-2　常用润滑脂的主要性质和用途

名　称	代号	滴点/℃ 不低于	工作锥入度 (25℃，150g)/0.1mm	主 要 用 途
钙基润滑脂（GB/T 491—2008 摘录）	1 号	80	310~340	有耐水性能。用于工作温度低于 55~60℃的各种工农业、交通运输机械设备的轴承润滑，特别是有水或潮湿处
	2 号	85	265~295	
	3 号	90	220~250	
	4 号	95	175~205	
钠基润滑脂（GB/T 492—1989 摘录）	2 号	160	265~295	不耐水（或潮湿）。用于工作温度在-10~110℃的一般中载荷机械设备轴承润滑
	3 号		220~250	
通用锂基润滑脂（GB/T 7324—2010 摘录）	1 号	170	310~340	有良好的耐水性和耐热性。适用于温度在-20~120℃范围内各种机械的滚动轴承、滑动轴承及其他摩擦部位的润滑
	2 号	175	265~295	
	3 号	180	220~250	
钙钠基润滑脂［SH/T 0368—1992（2003）摘录］	2 号	120	250~290	用于工作温度在 80~100℃、有水分或较潮湿环境中工作的机械润滑，多用于铁路机车、列车、小电动机、发电机滚动轴承（温度较高者）的润滑。不适于低温工作
	3 号	135	200~240	
铝基润滑脂（SH/T 0371—1992 摘录）	—	75	230~280	有高度的耐水性，用于航空机器的摩擦部位及金属表面防腐剂

（续）

名　　称	代号	滴点/℃ 不低于	工作锥入度 （25℃，150g） /0.1mm	主 要 用 途
7407 号齿轮润滑脂 （SH/T 0469—1994 摘录）	—	160	75～90	适用于各种低速，中、重载荷齿轮、链和联轴器等的润滑，使用温度不高于 120℃，可承受冲击载荷
高温润滑脂 ［SH/T 0431—1992 （1998）摘录］	7017-1 号	300	65～80	适用于高温下各种滚动轴承的润滑，也可用于一般滑动轴承和齿轮的润滑。使用温度为-40～200℃
精密机床主轴润滑脂 ［SH/T 0382—1992 （2003）摘录］	2	180	265～295	用于精密机床主轴润滑
	3		220～250	

表 13-3　　齿轮传动中润滑油黏度荐用值　　（单位：mm^2/s）

齿轮材料	齿面硬度	圆周速度/（m/s）						
		<0.5	0.5～1	1～2.5	2.5～5	5～12.5	12.5～25	>25
调质钢	<280HBW	266（32）	177（21）	118（11）	82	59	44	32
	280～350HBW	266（32）	266（32）	177（21）	118（11）	82	59	44
渗碳或表面淬火钢	40～64HRC	444（52）	266（32）	266（32）	177（21）	118（11）	82	59
塑料、青铜、铸铁	—	177	118	82	59	44	32	—

注：1. 多级齿轮传动，润滑油黏度按各级传动的圆周速度平均值来选取。

2. 表内数值是温度为 50℃的黏度，而括号内的数值是温度为 100℃时的黏度。

13.2 润滑装置（见表 13-4～表 13-6）

表 13-4　　直通式压注油杯（JB/T 7940.1—1995 摘录）　　（单位：mm）

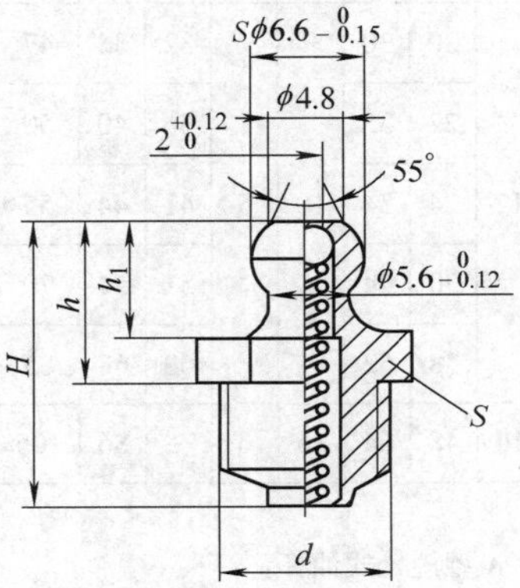

$S\phi6.6_{-0.15}^{\ 0}$　$\phi4.8$　$2_{\ 0}^{+0.12}$　55°　$\phi5.6_{-0.12}^{\ 0}$　H　h　h_1　S　d

d	H	h	h_1	S
M6	13	8	6	8
M8×1	16	9	6.5	10
M10×1	18	10	7	11

标记示例：

连接螺纹 M10×1、直通式压注油杯：

油杯　M10×1　JB/T 7940.1

表 13-5　压配式压注油杯（JB/T 7940.4—1995 摘录）　（单位：mm）

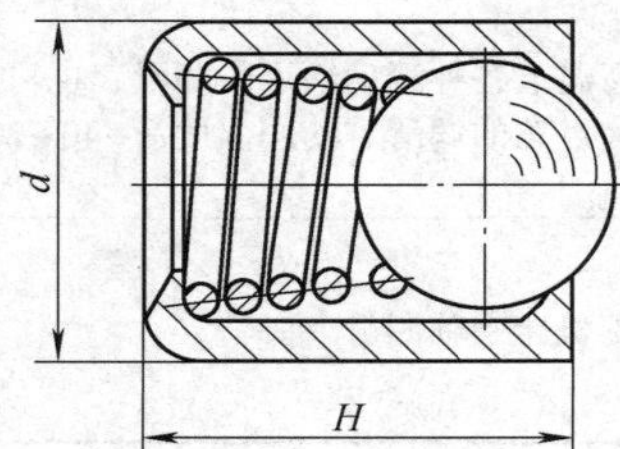

d 公称尺寸	d 极限偏差	H	钢球直径（按 GB/T 308）
6	+0.040 +0.028	6	4
8	+0.049 +0.034	10	5
10	+0.058 +0.040	12	6
16	+0.063 +0.045	20	11
25	+0.085 +0.064	30	13

标记示例：

d=6mm，压配式压注油杯：

油杯　6　JB/T 7940.4

表 13-6　旋盖式油杯（JB/T 7940.3—1995 摘录）　（单位：mm）

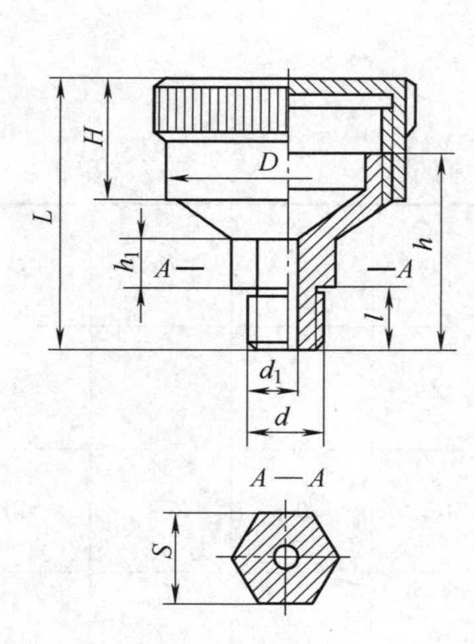

最小容量/cm³	d	l	H	h	h_1	d_1	D A 型	D B 型	L (max)	S 公称尺寸	S 极限偏差
1.5	M8×1	8	14	22	7	3	16	18	33	10	0 −0.22
3	M10×1		15	23	8	4	20	22	35	13	0 −0.27
6			17	26			26	28	40		
12	M14×1.5	12	20	30	10	5	32	34	47	18	
18			22	32			36	40	50		
25			24	34			41	44	55		
50	M16×1.5		30	44			51	54	70	21	0 −0.33
100			38	52			68	68	85		
200	M24×1.5	16	48	64	16	6	—	86	105	30	—

标记示例：

最小容量 25cm³，A 型旋盖式油杯：

油杯　A25　JB/T 7940.3

注：B 型油杯除尺寸 D 和滚花部分尺寸稍有不同外，其余尺寸与 A 型相同。

13.3　密封装置（见表 13-7～表 13-10）

表 13-7　　O 形密封圈内径、截面直径系列和公差（GB/T 3452.1—2005 摘录）　　（单位：mm）

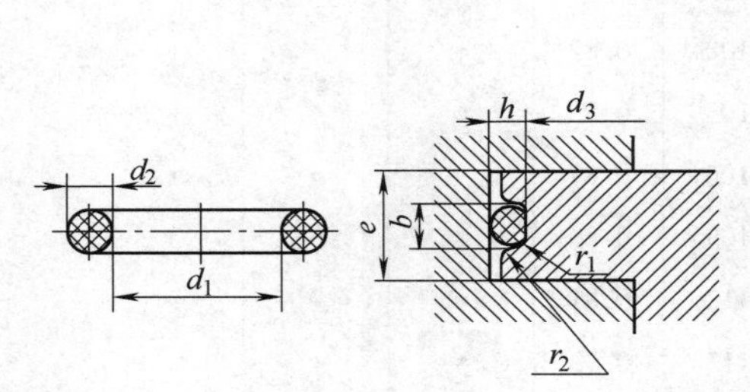

标记示例：

内径 $d_1=32.5$mm、截面直径 $d_2=2.65$mm、A 系列 N 级 O 形密封圈：

O 形密封圈 32.5×2.65-A-N-GB/T 3452.1

沟槽尺寸（GB/T 3452.3—2005）

d_2	$b^{+0.25}_{0}$	$h^{+0.10}_{0}$	d_3 偏差值	r_1	r_2
1.8	2.4	1.38	0 −0.04	0.2～ 0.4	0.1～ 0.3
2.65	3.6	2.07	0 −0.05	0.4～ 0.8	0.1～ 0.3
3.55	4.8	2.74	0 −0.06	0.4～ 0.8	0.1～ 0.3
5.3	7.1	4.19	0 −0.07	0.8～ 1.2	0.1～ 0.3
7.0	9.5	5.67	0 −0.09	0.8～ 1.2	0.1～ 0.3

d_1		d_2			d_1		d_2			
尺寸	公差±	1.8±0.08	2.65±0.09	3.55±0.10	尺寸	公差±	1.8± 0.08	2.65± 0.09	3.55± 0.10	5.3± 0.13
13.2	0.21	*	*		33.5	0.36	*	*	*	
14	0.22	*	*		34.5	0.37	*	*	*	
15	0.22	*	*		35.5	0.38	*	*	*	
16	0.23	*	*		36.5	0.38	*	*	*	
17	0.24	*	*		37.5	0.39	*	*	*	
18	0.25	*	*	*	38.7	0.40	*	*	*	
19	0.25	*	*	*	40	0.41	*	*	*	*
20	0.26	*	*	*	41.2	0.42	*	*	*	*
21.2	0.27	*	*	*	42.5	0.43	*	*	*	*
22.4	0.28	*	*	*	43.7	0.44	*	*	*	*
23.6	0.29	*	*	*	45	0.44	*	*	*	*
25	0.30	*	*	*	46.2	0.45	*	*	*	*
25.8	0.31	*	*	*	47.5	0.46	*	*	*	*
26.5	0.31	*	*	*	48.7	0.47	*	*	*	*
28.0	0.32	*	*	*	50	0.48	*	*	*	*
30.0	0.34	*	*	*	51.5	0.49		*	*	*
31.5	0.35	*	*	*	53	0.50		*	*	*
32.5	0.36	*	*	*	54.5	0.51		*	*	*

（续）

d_1		d_2			d_1		d_2			
尺寸	公差±	2.65±0.09	3.55±0.10	5.3±0.13	尺寸	公差±	2.65±0.09	3.55±0.10	5.3±0.13	7±0.15
56	0.52	*	*	*	95	0.79	*	*	*	
58	0.54	*	*	*	97.5	0.81	*	*	*	
60	0.55	*	*	*	100	0.82	*	*	*	
61.5	0.56	*	*	*	103	0.85	*	*	*	
63	0.57	*	*	*	106	0.87	*	*	*	
65	0.58	*	*	*	109	0.89	*	*	*	*
67	0.60	*	*	*	112	0.81	*	*	*	*
69	0.61	*	*	*	115	0.93	*	*	*	*
71	0.63	*	*	*	118	0.95	*	*	*	*
73	0.64	*	*	*	122	0.97	*	*	*	*
75	0.65	*	*	*	125	0.99	*	*	*	*
77.5	0.67	*	*	*	128	1.01	*	*	*	*
80	0.69	*	*	*	132	10.4	*	*	*	*
82.5	0.71	*	*	*	136	1.07	*	*	*	*
85	0.72	*	*	*	140	1.09	*	*	*	*
87.5	0.74	*	*	*	145	1.13	*	*	*	*
90	0.76	*	*	*	150	1.16	*	*	*	*
92.5	0.77	*	*	*	155	1.19		*	*	*

注：* 为可选规格。

表 13-8　　迷宫式密封槽（JB/ZQ4245—2006 摘录）　　（单位：mm）

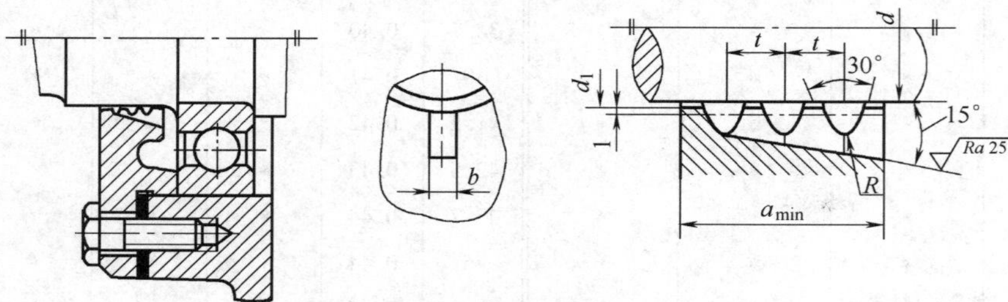

轴径 d	25~80	>80~120	>120~180	油沟数 n
R	1.5	2	2.5	2~3（使用 3 个的情况较多）
t	4.5	6	7.5	
b	4	5	6	
d_1	$d+1$			
a_{min}	$nt+R$			

表 13-9　旋转轴唇形密封圈的类型、尺寸及其安装要求（GB/T 13871.1—2007 摘录）　（单位：mm）

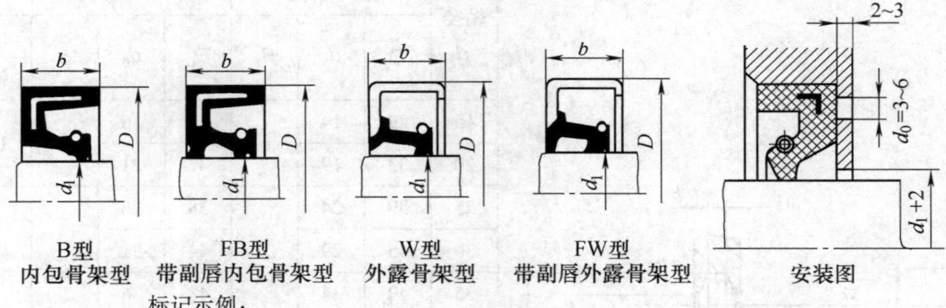

B型 内包骨架型　FB型 带副唇内包骨架型　W型 外露骨架型　FW型 带副唇外露骨架型　安装图

标记示例：

d_1 = 120mm、D = 150mm、带副唇的内包骨架型旋转轴唇形密封圈：

（F）B　120　150　GB/T 13871.1

d_1	D	b	d_1	D	b	d_1	D	b
6	16、22	7	25	40、47、52	7	60	80、85	8
7	22		28	40、47、52		65	85、90	10
8	22、24		30	42、47、(50)、52		70	90、95	
9	22		32	45、47、52	8	75	95、100	
10	22、25		35	50、52、55		80	100、110	
12	24、25、30		38	52、58、62		85	110、120	12
15	26、30、35		40	55、(60)、62		90	(115)、120	
16	30、(35)		42	55、62		95	120	
18	30、35		45	62、65		100	125	
20	35、40、(45)		50	68、(70)、72		105	(130)	
22	35、40、47		55	72、(75)、80				

旋转轴唇形密封圈的安装要求

轴导入倒角

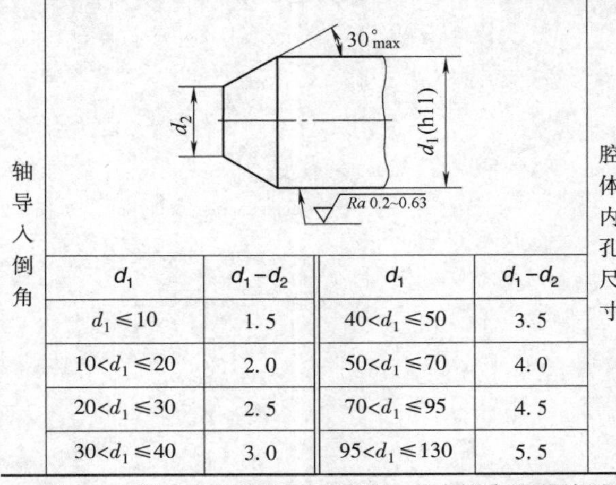

d_1	d_1-d_2	d_1	d_1-d_2
$d_1 \leqslant 10$	1.5	$40<d_1 \leqslant 50$	3.5
$10<d_1 \leqslant 20$	2.0	$50<d_1 \leqslant 70$	4.0
$20<d_1 \leqslant 30$	2.5	$70<d_1 \leqslant 95$	4.5
$30<d_1 \leqslant 40$	3.0	$95<d_1 \leqslant 130$	5.5

腔体内孔尺寸

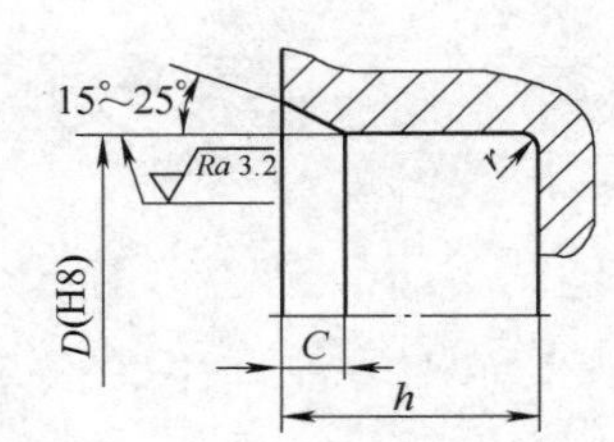

基本宽度 b	最小内孔深 h	倒角长度 C	r_{max}
≤10	b+0.9	0.70~1.00	0.50
>10	b+1.2	1.20~1.50	0.75

注：1. 标准中考虑到国内实际情况，除全部采用国际标准的公称尺寸外，还补充了若干种国内常用的规格，并加括号以示区别。

2. 安装要求中若轴端采用倒圆，则倒圆的圆角半径不小于表中（d_1-d_2）的值。

表 13-10　　毡圈油封及沟槽　　（单位：mm）

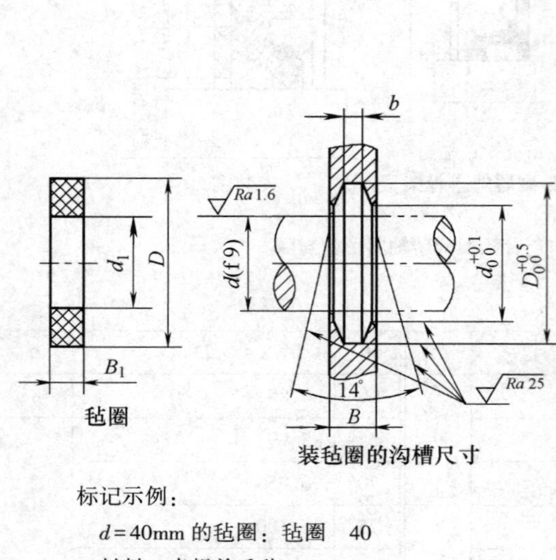

毡圈　　装毡圈的沟槽尺寸

标记示例：

d=40mm 的毡圈：毡圈　40

材料：半粗羊毛毡

<table>
<tr><th rowspan="3">轴径
d</th><th colspan="3">毡　圈</th><th colspan="5">沟　槽</th></tr>
<tr><th rowspan="2">D</th><th rowspan="2">d_1</th><th rowspan="2">B_1</th><th rowspan="2">D_0</th><th rowspan="2">d_0</th><th rowspan="2">b</th><th colspan="2">B_{min}</th></tr>
<tr><th>钢</th><th>铸铁</th></tr>
<tr><td>15</td><td>29</td><td>14</td><td rowspan="2">6</td><td>28</td><td>16</td><td rowspan="2">5</td><td rowspan="2">10</td><td rowspan="2">12</td></tr>
<tr><td>20</td><td>33</td><td>19</td><td>32</td><td>21</td></tr>
<tr><td>25</td><td>39</td><td>24</td><td rowspan="4">7</td><td>38</td><td>26</td><td rowspan="4">6</td><td rowspan="11">12</td><td rowspan="11">15</td></tr>
<tr><td>30</td><td>45</td><td>29</td><td>44</td><td>31</td></tr>
<tr><td>35</td><td>49</td><td>34</td><td>48</td><td>36</td></tr>
<tr><td>40</td><td>53</td><td>39</td><td>52</td><td>41</td></tr>
<tr><td>45</td><td>61</td><td>44</td><td rowspan="7">8</td><td>60</td><td>46</td><td rowspan="7">7</td></tr>
<tr><td>50</td><td>69</td><td>49</td><td>68</td><td>51</td></tr>
<tr><td>55</td><td>74</td><td>53</td><td>72</td><td>56</td></tr>
<tr><td>60</td><td>80</td><td>58</td><td>78</td><td>61</td></tr>
<tr><td>65</td><td>84</td><td>63</td><td>82</td><td>66</td></tr>
<tr><td>70</td><td>90</td><td>68</td><td>88</td><td>71</td></tr>
<tr><td>75</td><td>94</td><td>73</td><td>92</td><td>77</td></tr>
<tr><td>80</td><td>102</td><td>78</td><td rowspan="3">9</td><td>100</td><td>82</td><td rowspan="5">8</td><td rowspan="5">15</td><td rowspan="5">18</td></tr>
<tr><td>85</td><td>107</td><td>83</td><td>105</td><td>87</td></tr>
<tr><td>90</td><td>112</td><td>88</td><td>110</td><td>92</td></tr>
<tr><td>95</td><td>117</td><td>93</td><td rowspan="2">10</td><td>115</td><td>97</td></tr>
<tr><td>100</td><td>122</td><td>98</td><td>120</td><td>102</td></tr>
</table>

注：本标准适用于线速度 v<5m/s。

第 14 章 减速器附件

14.1 检查孔及孔盖（见表 14-1）

表 14-1　检查孔及检查孔盖　（单位：mm）

参数	值
A	100、120、150、180、200
A_1	$A+(5\sim6)d_4$
A_2	$\frac{1}{2}(A+A_1)$
B	$B_1-(5\sim6)d_4$
B_1	箱体宽-（15~20）
B_2	$\frac{1}{2}(B+B_1)$
d_4	M5~M8，螺钉数 4~6 个
R	5~10
h	3~5

注：材料 Q235A 钢板或 HT150。

14.2 通气器（见表 14-2、表 14-3）

表 14-2　简易通气器　（单位：mm）

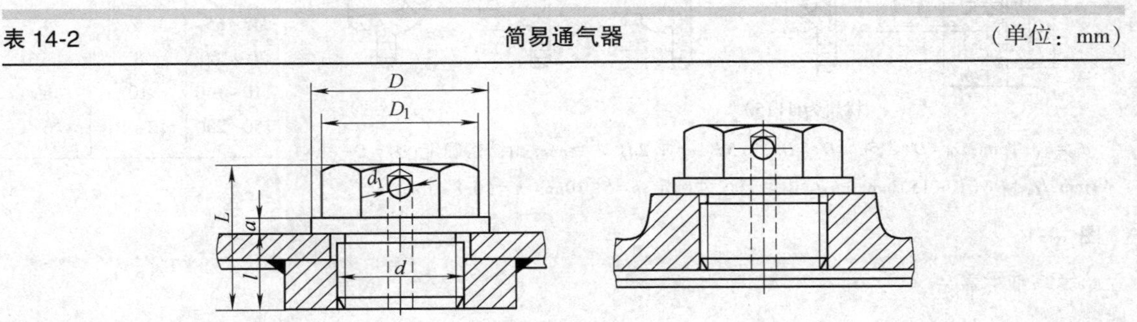

（续）

d	D	D_1	L	l	a	d_1
M12×1.25	18	16.5	19	10	2	4
M16×1.5	22	19.6	23	12	2	5
M20×1.5	30	25.4	28	15	4	6
M22×1.5	32	25.4	29	15	4	7
M27×1.5	38	31.2	34	18	4	8

表 14-3　通气器　（单位：mm）

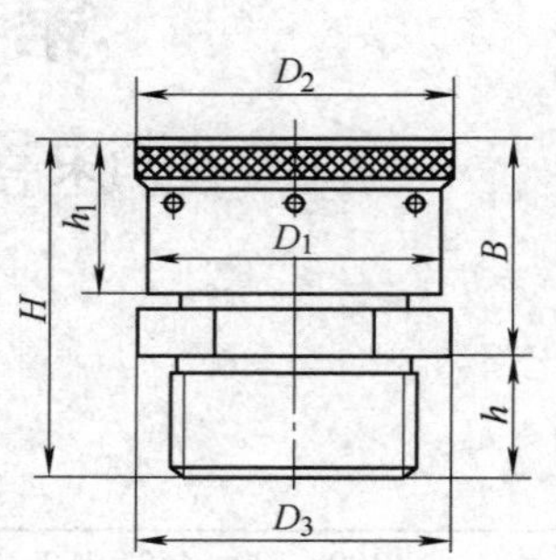

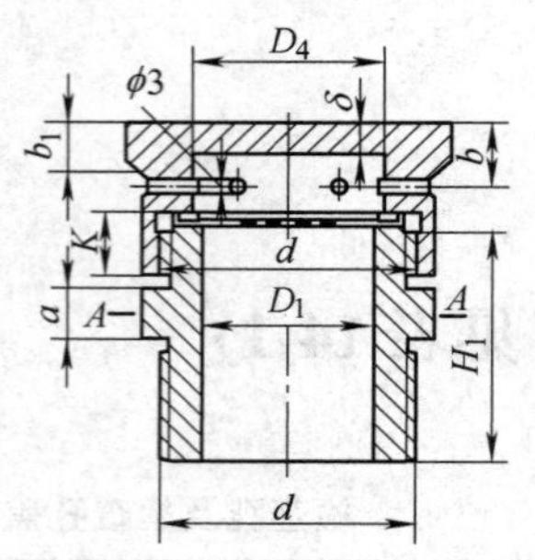

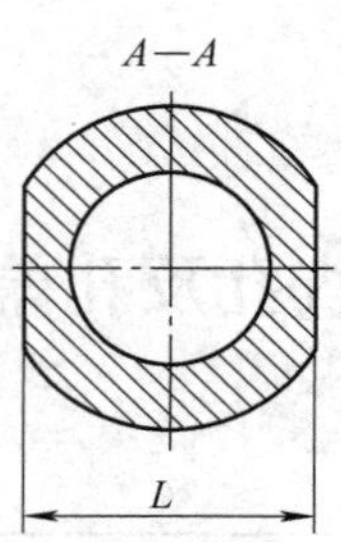

d	D_1	B	H	h	D_2	H_1	a	δ	K	b	h_1	b_1	D_3	D_4	L	孔数
M27×1.5	15	≈30	≈45	15	36	32	6	4	10	8	22	6	32	18	32	6
M36×2	20	≈40	≈60	20	48	42	8	4	12	11	29	8	42	24	41	6
M48×3	30	≈45	≈70	25	62	52	10	5	15	13	32	10	56	36	45	8

14.3　轴承盖与套杯（见图 14-1～图 14-3）

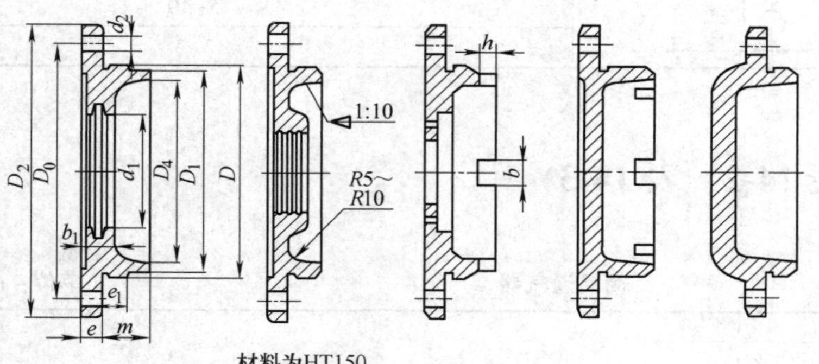

d_3 为端盖连接螺钉直径，尺寸见下表

轴承外径 D	螺钉直径 d_3	端盖上螺钉数目
45～65	6	4
70～100	8	4～6
110～140	10	6
150～230	12～16	6

$d_2=d_3+1\text{mm}$；$D_0=D+2.5d_3$；$D_2=D_0+2.5d_3$；$e=1.2d_3$；$e_1\geqslant e$，m 由结构确定；$D_1=D-(3\sim4)\text{mm}$；$D_4=D-(10\sim15)\text{mm}$；$b_1$、$d_1$ 由密封尺寸确定；$b=5\sim10\text{mm}$；$h=(0.8\sim1)b$

图 14-1

凸缘式轴承盖

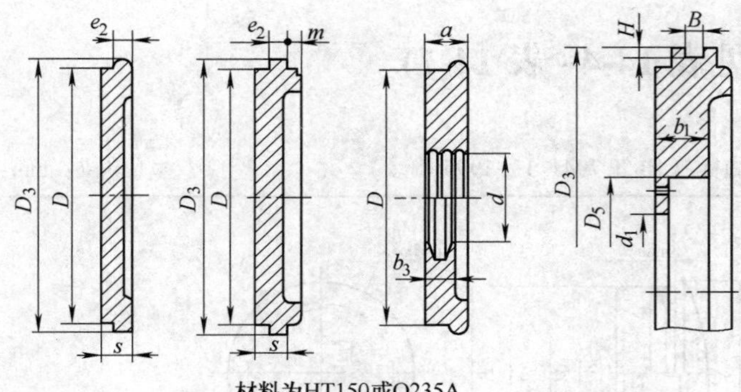

$e_2=5\sim10$mm；$s=10\sim15$mm；m 由结构确定；$D_3=D+e_2$，装有 O 形密封圈的，按 O 形密封圈外径取整（见表 13-7）；D_5、d_1、b_1 等由密封尺寸确定；H、B 按 O 形密封圈沟槽尺寸确定（见表 13-7）；a 由结构确定。

图 14-2

嵌入式轴承盖

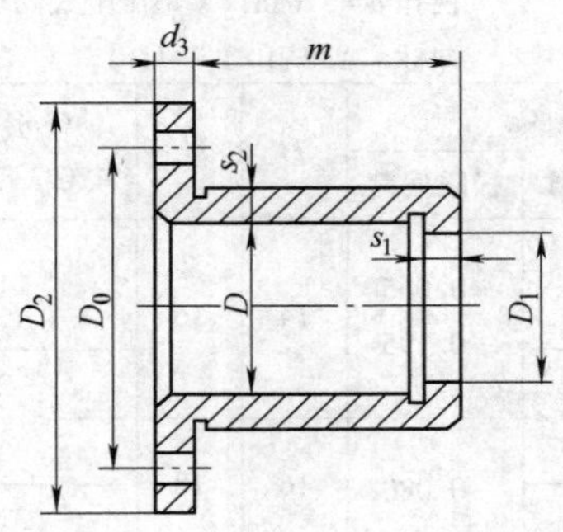

$s_1\approx s_2=6\sim12$；m 由结构确定；$D_2=D_0+2.5d_3$；$D_0=D+2s_2+2.5d_3$；d_3 为螺钉直径；D_1 由轴承安装尺寸确定。

图 14-3

轴承套杯

14.4　吊耳和吊钩（见图 14-4）

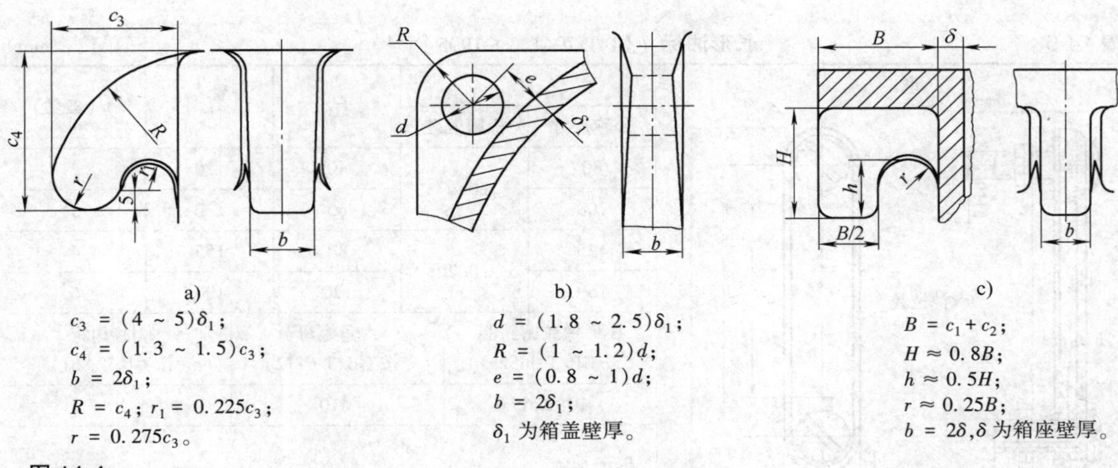

a)
$c_3=(4\sim5)\delta_1$；
$c_4=(1.3\sim1.5)c_3$；
$b=2\delta_1$；
$R=c_4$；$r_1=0.225c_3$；
$r=0.275c_3$。

b)
$d=(1.8\sim2.5)\delta_1$；
$R=(1\sim1.2)d$；
$e=(0.8\sim1)d$；
$b=2\delta_1$；
δ_1 为箱盖壁厚。

c)
$B=c_1+c_2$；
$H\approx0.8B$；
$h\approx0.5H$；
$r\approx0.25B$；
$b=2\delta$，δ 为箱座壁厚。

图 14-4

吊耳和吊钩

a）吊耳（起吊箱盖用）　b）吊耳环（起吊箱盖用）　c）吊钩（起吊整机用）

14.5　油标、油尺及螺塞（见表 14-4~表 14-7）

表 14-4　　压配式圆形油标（JB/T 7941.1—1995 摘录）　　（单位：mm）

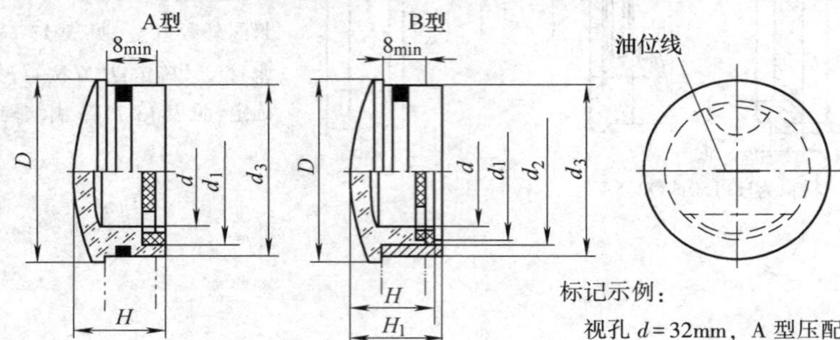

标记示例：

视孔 d=32mm，A 型压配式圆形油标：

油标　A32 JB/T 7941.1

d	D	d_1		d_2		d_3		H	H_1	O 形橡胶密封圈（按 GB/T 3452.1—2005）
		公称尺寸	极限偏差	公称尺寸	极限偏差	公称尺寸	极限偏差			
12	22	12	−0.050 −0.160	17	−0.050 −0.160	20	−0.065 −0.195	14	16	15×2.65
16	27	18		22	−0.065 −0.195	25				20×2.65
20	34	22	−0.065 −0.195	28		32	−0.080 −0.240	16	18	25×3.55
25	40	28		34	−0.080 −0.240	38				31.5×3.55
32	48	35	−0.080 −0.240	41		45		18	20	38.7×3.55
40	58	45		51	−0.100 −0.290	55	−0.100 −0.290			48.7×3.55
50	70	55	−0.100 −0.290	61		65		22	24	—
63	85	70		76		80				

表 14-5　　长形油标（JB/T 7941.3—1995 摘录）　　（单位：mm）

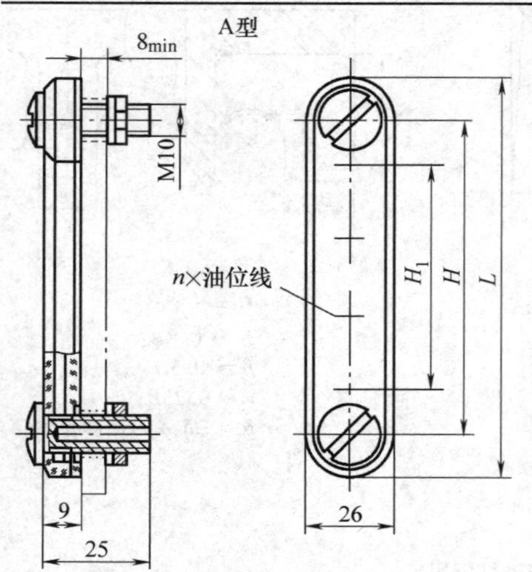

H		H_1	L	n（条数）
公称尺寸	极限偏差			
80	±0.17	40	110	2
100		60	130	3
125	±0.20	80	155	4
160		120	190	6

O 形橡胶密封圈（按 GB/T 3452.1）	六角螺母（按 GB/T 6172）	弹性垫圈（按 GB/T 861）
10×2.65	M10	10

标记示例：

H=80mm，A 型长形油标：

油标　A80 GB/T 7941.3

表 14-6　　油尺　　（单位：mm）

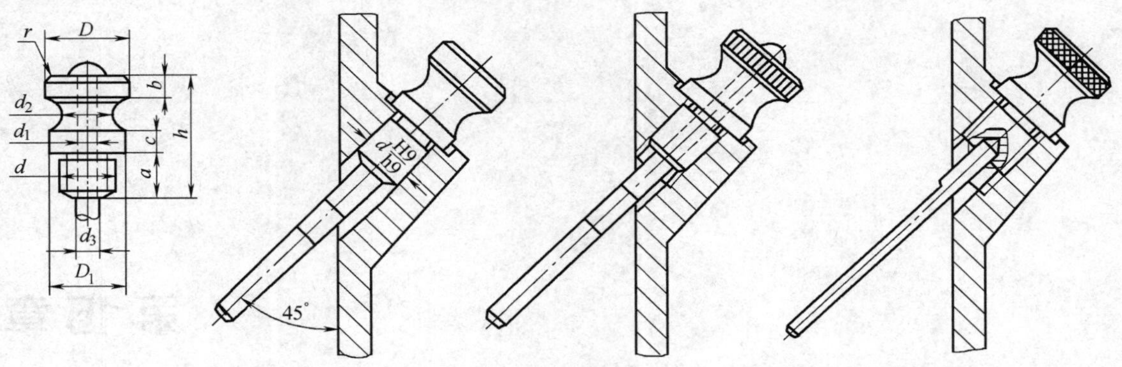

$d\left(d\frac{H9}{h9}\right)$	d_1	d_2	d_3	h	a	b	c	D	D_1
M12（12）	4	12	6	28	10	6	4	20	16
M16（16）	4	16	6	35	12	8	5	26	22
M20（20）	6	20	8	42	15	10	6	32	26

表 14-7　　螺塞及封油圈　　（单位：mm）

外六角螺塞

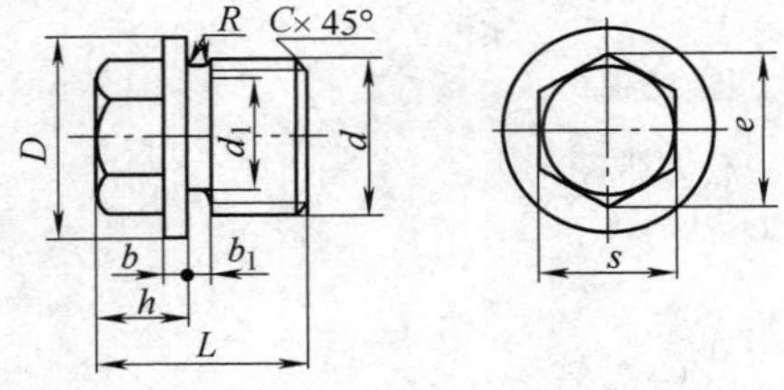

封油圈

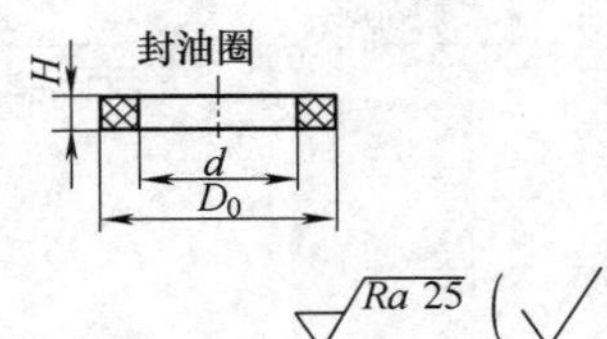

<table>
<tr><th rowspan="2">d</th><th rowspan="2">d₁</th><th rowspan="2">D</th><th rowspan="2">e</th><th rowspan="2">s</th><th rowspan="2">L</th><th rowspan="2">h</th><th rowspan="2">b</th><th rowspan="2">b₁</th><th rowspan="2">R</th><th rowspan="2">C</th><th rowspan="2">D₀</th><th colspan="2">H</th></tr>
<tr><th>纸圈</th><th>皮圈</th></tr>
<tr><td>M10×1</td><td>8.5</td><td>18</td><td>12.7</td><td>11</td><td>20</td><td>10</td><td rowspan="4">3</td><td rowspan="6">3</td><td rowspan="9">1</td><td>0.7</td><td>18</td><td rowspan="5">2</td><td rowspan="6">2</td></tr>
<tr><td>M12×1.25</td><td>10.2</td><td>22</td><td>15</td><td>13</td><td>24</td><td rowspan="2">12</td><td rowspan="4">1.0</td><td rowspan="2">22</td></tr>
<tr><td>M14×1.5</td><td>11.8</td><td>23</td><td>20.8</td><td>18</td><td>25</td></tr>
<tr><td>M18×1.5</td><td>15.8</td><td>28</td><td rowspan="2">24.2</td><td rowspan="2">21</td><td>27</td><td rowspan="3">15</td><td>25</td></tr>
<tr><td>M20×1.5</td><td>17.8</td><td>30</td><td rowspan="2">30</td><td rowspan="5">4</td><td>30</td></tr>
<tr><td>M22×1.5</td><td>19.8</td><td>32</td><td>27.7</td><td>24</td><td rowspan="3">1.5</td><td>32</td><td rowspan="4">3</td></tr>
<tr><td>M24×2</td><td>21</td><td>34</td><td>31.2</td><td>27</td><td>32</td><td>16</td><td rowspan="3">4</td><td>35</td><td rowspan="3">2.5</td></tr>
<tr><td>M27×2</td><td>24</td><td>38</td><td>34.6</td><td>30</td><td>35</td><td>17</td><td>40</td></tr>
<tr><td>M30×2</td><td>27</td><td>42</td><td>39.3</td><td>34</td><td>38</td><td>18</td><td>45</td></tr>
</table>

标记示例：

螺塞　M20×1.5

$D_0=30$mm、$d=20$mm 的纸封油圈：封油圈　30×20

$D_0=30$mm、$d=20$mm 的皮封油圈：封油圈　30×20

材料：纸封油圈—石棉橡胶纸；皮封油圈—工业用革；螺塞—Q235

第 15 章 极限与配合、几何公差和表面粗糙度

15.1 极限与配合

国家标准 GB/T 1800.1～.2—2009 中，孔（轴）的公称尺寸、上极限尺寸和下极限尺寸的关系如图 15-1 所示。实际应用中，为简化起见，常不画出孔（轴），仅用公差带图来表示其公称尺寸、尺寸公差及偏差的关系，如图 15-2 所示。

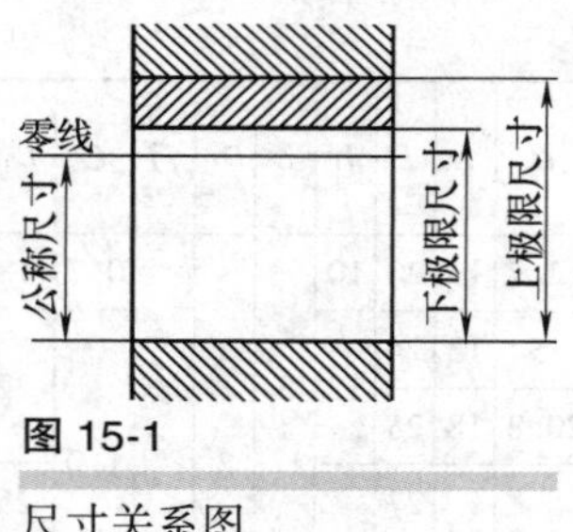

图 15-1

尺寸关系图

下极限偏差(EI,ei)
公差带
尺寸公差
+
上极限偏差
(ES,es)
偏差/μm
0
零线
−
公称尺寸

图 15-2

公差带图

基本偏差是确定公差带相对零线位置的上极限偏差或下极限偏差，一般指靠近零线的那个偏差。图 15-2 所示的基本偏差为下极限偏差。基本偏差的代号规定用拉丁字母（一个或两个）表示，对孔用大写字母 A、B、…、ZC 表示，对轴用小写字母 a、b、…、zc 表示，如图 15-3 所示。其中，基本偏差 H 代表基准孔，h 代表基准轴。极限偏差即上极限偏差和下极限偏差。上极限偏差代号，孔用大写字母“ES”表示，轴用小写字母“es”表示。下极限偏差代号，孔用大写字母“EI”表示，轴用小写字母“ei”表示。

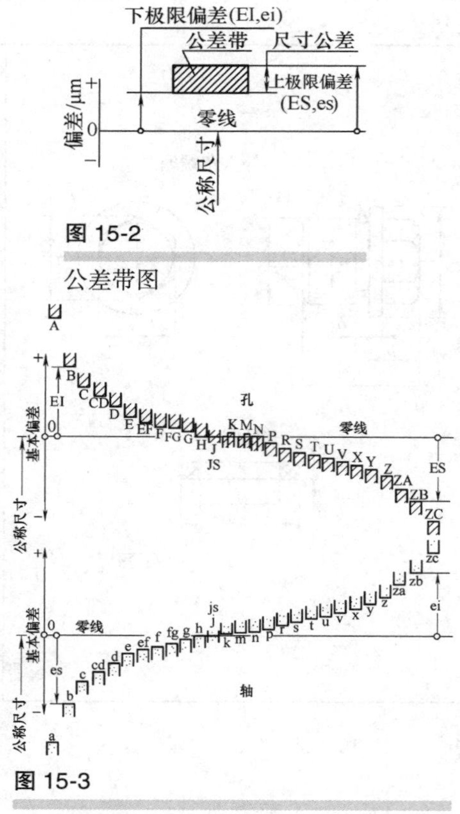

图 15-3

基本偏差系列图

标准公差等级代号用符号 IT 和数字组成，如 IT8。当其与代表基本偏差的字母一起组成公差带

时，省略 IT 字母，即公差带用基本偏差代号和公差等级数字表示。例如：H8 表示孔的公差带为 8 级，h8 表示轴的公差带为 8 级。标准公差等级分 IT01、IT0、IT1 至 IT18 共 20 级，公称尺寸为 3~500mm 的各级标准公差数值见表 15-1。

表 15-1　公称尺寸为 3~500mm 标准公差数值（GB/T 1800.1—2009 摘录）　（单位：μm）

公称尺寸/mm		标 准 公 差 等 级							
大于	至	IT5	IT6	IT7	IT8	IT9	IT10	IT11	IT12
3	6	5	8	12	18	30	48	75	120
6	10	6	9	15	22	36	58	90	150
10	18	8	11	18	27	43	70	110	180
18	30	9	13	21	33	52	84	130	210
30	50	11	16	25	39	62	100	160	250
50	80	13	19	30	46	74	120	190	300
80	120	15	22	35	54	87	140	220	350
120	180	18	25	40	63	100	160	250	400
180	250	20	29	46	72	115	185	290	460
250	315	23	32	52	81	130	210	320	520
315	400	25	36	57	89	140	230	360	570
400	500	27	40	63	97	155	250	400	630

配合是指公称尺寸相同的、相互结合的孔和轴公差带之间的关系。配合代号用公称尺寸和孔、轴的公差带代号表示，如 ϕ30H8/f7。国家标准规定有两种配合，即基孔制和基轴制。在一般情况下，优先选用基孔制配合。按照孔、轴公差带位置的不同，两种基准制可分为间隙配合、过渡配合和过盈配合三种。

15.1.1　未注公差尺寸的极限偏差（见表 15-2）

表 15-2　未注公差尺寸的极限偏差（GB/T 1804—2000 摘录）　（单位：mm）

公差等级	线性尺寸的极限偏差数值								倒圆半径与倒角高度尺寸的极限偏差数值			
	尺寸分段								尺寸分段			
	0.5~3	>3~6	>6~30	>30~120	>120~400	>400~1000	>1000~2000	>2000~4000	0.5~3	>3~6	>6~30	>30
f（精密级）	±0.05	±0.05	±0.1	±0.15	±0.2	±0.3	±0.5	—	±0.2	±0.5	±1	±2
m（中等级）	±0.1	±0.1	±0.2	±0.3	±0.5	±0.8	±1.2	±2				
c（粗糙级）	±0.2	±0.3	±0.5	±0.8	±1.2	±2	±3	±4	±0.4	±1	±2	±4
v（最粗级）	—	±0.5	±1	±1.5	±2.5	±4	±6	±8				

注：线性尺寸未注公差指在车间一般加工条件下可保证的公差，主要用于较低精度的非配合尺寸，一般不检验。本标准适用于金属切削加工的尺寸，也适用于一般冲压加工的尺寸。

15.1.2　轴和孔的极限偏差（见表15-3、表15-4）

表15-3　轴的极限偏差（GB/T 1800.2—2009 摘录）　（单位：μm）

公称尺寸/mm		公差带																						
		a	c	d				e			f					g			h					
大于	至	11*	▼11	8*	▼9	10*	11*	7*	8*	9*	5*	6*	▼7	8*	9*	5*	▼6	7*	5*	▼6	▼7	8*	▼9	10*
3	6	-270 -345	-70 -145	-30 -48	-30 -60	-30 -78	-30 -105	-20 -32	-20 -38	-20 -50	-10 -15	-10 -18	-10 -22	-10 -28	-10 -40	-4 -9	-4 -12	-4 -16	0 -5	0 -8	0 -12	0 -18	0 -30	0 -48
6	10	-280 -370	-80 -170	-40 -62	-40 -76	-40 -98	-40 -130	-25 -40	-25 -47	-25 -61	-13 -19	-13 -22	-13 -28	-13 -35	-13 -49	-5 -11	-5 -14	-5 -20	0 -6	0 -9	0 -15	0 -22	0 -26	0 -58
10	18	-290 -400	-95 -205	-50 -77	-50 -93	-50 -120	-50 -160	-32 -50	-32 -59	-32 -75	-16 -24	-16 -27	-16 -34	-16 -43	-16 -59	-6 -14	-6 -17	-6 -24	0 -8	0 -11	0 -18	0 -27	0 -43	0 -70
18	30	-300 -430	-110 -240	-65 -98	-65 -117	-65 -149	-65 -195	-40 -61	-40 -73	-40 -92	-20 -29	-20 -33	-20 -41	-20 -53	-20 -72	-7 -16	-7 -20	-7 -28	0 -9	0 -13	0 -21	0 -33	0 -52	0 -84
30	40	-310 -470	-120 -280	-80 -119	-80 -142	-80 -180	-80 -240	-50 -75	-50 -89	-50 -112	-25 -36	-25 -41	-25 -50	-25 -64	-25 -87	-9 -20	-9 -25	-9 -34	0 -11	0 -16	0 -25	0 -39	0 -62	0 -100
40	50	-320 -480	-130 -290																					
50	65	-340 -530	-140 -330	-100 -146	-100 -174	-100 -220	-100 -290	-60 -90	-60 -106	-60 -134	-30 -43	-30 -49	-30 -60	-30 -76	-30 -104	-10 -23	-10 -29	-10 -40	0 -13	0 -19	0 -30	0 -46	0 -74	0 -120
65	80	-360 -550	-150 -340																					
80	100	-380 -600	-170 -390	-120 -174	-120 -207	-120 -260	-120 -340	-72 -107	-72 -126	-72 -159	-36 -51	-36 -58	-36 -71	-36 -90	-36 -123	-12 -27	-12 -34	-12 -47	0 -15	0 -22	0 -35	0 -54	0 -87	0 -140
100	120	-410 -630	-180 -400																					

120	140	−460 −710	−200 −450																		
140	160	−520 −770	−210 −460	−145 −208	−145 −245	−145 −305	−145 −395	−85 −125	−85 −148	−85 −185	−43 −61	−43 −68	−43 −83	−43 −106	−43 −143	−14 −32	−14 −39	−14 −54	0 −18	0 −25	0 −40	0 −63	0 −100	0 −160
160	180	−580 −830	−230 −480																		
180	200	−660 −950	−240 −530																		
200	225	−740 −1 030	−260 −550	−170 −242	−170 −285	−170 −355	−170 −460	−100 −146	−100 −172	−100 −215	−50 −70	−50 −79	−50 −96	−50 −122	−50 −165	−15 −35	−15 −44	−15 −61	0 −20	0 −29	0 −46	0 −72	0 −115	0 −185
225	250	−820 −1 110	−280 −570																		
250	280	−920 −1 240	−300 −620	−190 −271	−190 −320	−190 −400	−190 −510	−110 −162	−110 −191	−110 −240	−56 −79	−56 −88	−56 −108	−56 −137	−56 −186	−17 −40	−17 −49	−17 −69	0 −23	0 −32	0 −52	0 −81	0 −130	0 −210
280	315	−1 050 −1 370	−330 −650																		
315	355	−1 200 −1 560	−360 −720	−210 −299	−210 −350	−210 −440	−210 −570	−125 −182	−125 −214	−125 −265	−62 −87	−62 −98	−62 −119	−62 −151	−62 −202	−18 −43	−18 −54	−18 −75	0 −25	0 −36	0 −57	0 −89	0 −140	0 −230
355	400	−1 350 −1 710	−400 −760																		
400	450	−1 500 −1 900	−440 −840	−230 −327	−230 −385	−230 −480	−230 −630	−135 −198	−135 −232	−135 −290	−68 −95	−68 −108	−68 −131	−68 −165	−68 −223	−20 −47	−20 −60	−20 −83	0 −27	0 −40	0 −63	0 −97	0 −115	0 −250
450	500	−1 650 −2 050	−480 −880																		

（续）

公称尺寸/mm		公差带																						
		h		j		js			k			m			n			p		r		s	u	
大于	至	▼11	12*	5	6	5*	6*	7*	5*	▼6	7*	5*	6*	7*	5*	▼6	7*	▼6	7*	6*	7*	▼6	▼6	8
3	6	0 −75	0 −120	+3 −2	+6 −2	±2.5	±4	±6	+6 +1	+9 +1	+13 +1	+9 +4	+12 +4	+16 +4	+13 +8	+16 +8	+20 +8	+20 +12	+24 +12	+23 +15	+37 +15	+27 +19	+31 +23	+41 +23
6	10	0 −90	0 −150	+4 −2	+7 −2	±3	±4.5	±7	+7 +1	+10 +1	+16 +1	+12 +6	+15 +6	+21 +6	+16 +10	+19 +10	+25 +10	+24 +15	+30 +15	+28 +19	+34 +19	+32 +23	+37 +28	+50 +28
10	18	0 −110	0 −180	+5 −3	+8 −3	±4	±5.5	±9	+9 +1	+12 +1	+19 +1	+15 +7	+18 +7	+25 +7	+20 +12	+23 +12	+30 +12	+29 +18	+36 +18	+34 +23	+41 +23	+39 +28	+44 +33	+60 +33
18	24	0 −130	0 −210	+5 −4	+9 −4	±4.5	±6.5	±10	+11 +2	+15 +2	+23 +2	+17 +8	+21 +8	+29 +8	+24 +15	+28 +15	+36 +15	+35 +22	+43 +22	+41 +28	+49 +28	+48 +35	+54 +41	+74 +41
24	30																						+61 +48	+81 +48
30	40	0 −160	0 −250	+6 −5	+11 −5	±5.5	±8	±12	+13 +2	+18 +2	+27 +2	+20 +9	+25 +9	+34 +9	+28 +17	+33 +17	+42 +17	+42 +26	+51 +26	+50 +34	+59 +34	+59 +43	+76 +60	+99 +60
40	50																						+86 +70	+109 +70
50	65	0 −190	0 −300	+6 −7	+12 −7	±6.5	±9.5	±15	+15 +2	+21 +2	+32 +2	+24 +11	+30 +11	+41 +11	+33 +20	+39 +20	+50 +20	+51 +32	+62 +32	+60 +41	+71 +41	+72 +53	+106 +87	+133 +87
65	80																			+62 +43	+73 +43	+78 +59	+121 +102	+148 +102
80	100	0 −220	0 −350	+6 −9	+13 −9	±7.5	±11	±17	+18 +3	+25 +3	+38 +3	+28 +13	+35 +13	+48 +13	+38 +23	+45 +23	+58 +23	+59 +37	+72 +37	+73 +51	+86 +51	+93 +71	+146 +124	+178 +124
100	120																			+76 +54	+89 +54	+101 +79	+166 +144	+198 +144

120	140																	+88 +63	+103 +63	+117 +92	+195 +170	+233 +170
140	160	0 -250	0 -400	+7 -11	+14 -11	±9	±12.5	±20	+21 +3	+28 +3	+43 +3	+33 +15	+40 +15	+55 +15	+45 +27	+52 +27	+67 +27	+68 +43	+83 +43	+90 +65	+105 +65	+125 +100	+215 +190	+253 +190
160	180																	+93 +68	+108 +68	+133 +108	+235 +210	+273 +210
180	200																	+106 +77	+123 +77	+151 +122	+265 +236	+308 +236
200	225	0 -290	0 -460	+7 -13	+16 -13	±10	±14.5	±23	+24 +4	+33 +4	+50 +4	+37 +17	+46 +17	+63 +17	+51 +31	+60 +31	+77 +31	+79 +50	+96 +50	+109 +80	+126 +80	+159 +130	+287 +258	+330 +258
225	250																	+113 +84	+130 +84	+169 +140	+313 +284	+356 +284
250	280	0 -320	0 -520	+7 -16	—	±11.5	±16	±26	+27 +4	+36 +4	+56 +4	+43 +20	+52 +20	+72 +20	+57 +34	+66 +34	+86 +34	+88 +56	+108 +56	+126 +94	+146 +94	+190 +158	+347 +315	+396 +315
280	315																	+130 +98	+150 +98	+202 +170	+382 +350	+431 +350
315	355	0 -360	0 -570	+7 -18	—	±12.5	±18	±28	+29 +4	+40 +4	+61 +4	+46 +21	+57 +21	+78 +21	+62 +37	+73 +37	+94 +37	+98 +62	+119 +62	+144 +108	+165 +108	+226 +190	+426 +390	+479 +390
355	400																	+150 +114	+171 +114	+244 +208	+471 +435	+524 +435
400	450	0 -400	0 -630	+7 -20	—	±13.5	±20	±31	+32 +5	+45 +5	+68 +5	+50 +23	+63 +23	+86 +23	+67 +40	+80 +40	+103 +40	+108 +68	+131 +68	+166 +126	+189 +126	+272 +232	+530 +490	+587 +490
450	500																	+172 +132	+195 +132	+292 +252	+580 +540	+637 +540

注：▼为优先公差带，＊为常用公差带，其余为一般公差带。

表 15-4 孔的极限偏差（GB/T 1800.2—2009 摘录） （单位：μm）

公称尺寸/mm		公差带																						
		C	D				E		F				G		H								J	
大于	至	▼11	8*	▼9	10*	11*	8*	9*	6*	7*	▼8	9*	6*	▼7	5	6*	▼7	▼8	▼9	10*	▼11	12*	6	7
3	6	+145 +70	+48 +30	+60 +30	+78 +30	+105 +30	+38 +20	+50 +20	+18 +10	+22 +10	+28 +10	+40 +10	+12 +4	+16 +4	+5 0	+8 0	+12 0	+18 0	+30 0	+48 0	+75 0	+120 0	+5 -3	—
6	10	+170 +80	+62 +40	+76 +40	+98 +40	+130 +40	+47 +25	+61 +25	+22 +13	+28 +13	+35 +13	+49 +13	+14 +5	+20 +5	+6 0	+9 0	+15 0	+22 0	+36 0	+58 0	+90 0	+150 0	+5 -4	+8 -7
10	18	+205 +95	+77 +50	+93 +50	+120 +50	+160 +50	+59 +32	+75 +32	+27 +16	+34 +16	+43 +16	+59 +16	+17 +6	+24 +6	+8 0	+11 0	+18 0	+27 0	+43 0	+70 0	+110 0	+180 0	+6 -5	+10 -8
18	30	+240 +110	+98 +65	+117 +65	+149 +65	+195 +65	+73 +40	+92 +40	+33 +20	+41 +20	+53 +20	+72 +29	+20 +7	+28 +7	+9 0	+13 0	+21 0	+33 0	+52 0	+84 0	+130 0	+210 0	+8 -5	+12 -9
30	40	+280 +120	+119 +80	+142 +80	+180 +80	+240 +80	+89 +50	+112 +50	+41 +25	+50 +25	+64 +25	+87 +25	+25 +9	+34 +9	+11 0	+16 0	+25 0	+39 0	+62 0	+120 0	+160 0	+250 0	+10 -6	+14 -11
40	50	+290 +130																						
50	65	+330 +140	+146 +100	+174 +100	+220 +100	+290 +100	+106 +60	+134 +60	+49 +30	+60 +30	+76 +30	+104 +30	+29 +10	+40 +10	+13 0	+19 0	+30 0	+46 0	+74 0	+120 0	+190 0	+300 0	+13 -6	+18 -12
65	80	+340 +150																						
80	100	+390 +170	+174 +120	+207 +120	+260 +120	+340 +120	+126 +72	+159 +72	+58 +36	+71 +36	+90 +36	+123 +36	+34 +12	+47 +12	+15 0	+22 0	+35 0	+54 0	+87 0	+140 0	+220 0	+350 0	+16 -6	+22 -13
100	120	+400 +180																						

120	140	+450 +200																				
140	160	+460 +210	+208 +145	+245 +145	+305 +145	+395 +145	+148 +85	+185 +85	+68 +43	+83 +43	+106 +43	+143 +43	+39 +14	+54 +14	+18 0	+25 0	+40 0	+63 0	+100 0	+160 0	+250 0	+400 0	+18 −7	+26 −14
160	180	+480 +230																				
180	200	+530 +240																				
200	225	+550 +260	+242 +170	+285 +170	+355 +170	+460 +170	+172 +100	+215 +100	+79 +50	+96 +50	+122 +50	+165 +50	+44 +15	+61 +15	+20 0	+29 0	+46 0	+72 0	+115 0	+185 0	+290 0	+460 0	+22 −7	+30 −16
225	250	+570 +280																				
250	280	+620 +300	+271 +190	+320 +190	+400 +190	+510 +190	+191 +110	+240 +110	+88 +56	+108 +56	+137 +56	+186 +56	+49 +17	+69 +17	+23 0	+32 0	+52 0	+81 0	+130 0	+210 0	+320 0	+520 0	+25 −7	+36 −16
280	315	+650 +330																				
315	355	+720 +360	+299 +210	+350 +210	+440 +210	+570 +210	+214 +125	+265 +125	+98 +62	+119 +62	+151 +62	+202 +62	+54 +18	+75 +18	+25 0	+36 0	+57 0	+89 0	+140 0	+230 0	+360 0	+570 0	+29 −7	+39 −18
355	400	+760 +400																				
400	450	+840 +440	+327 +230	+385 +230	+480 +230	+630 +230	+232 +135	+290 +135	+108 +68	+131 +38	+165 +68	+223 +68	+60 +20	+83 +20	+27 0	+40 0	+63 0	+97 0	+155 0	+250 0	+400 0	+630 0	+33 −7	+43 −20
450	500	+880 +480																				

（续）

公称尺寸/mm		公差带																						
		Js					K			M			N				P			R		S		U
大于	至	6*	7*	8*	9	10	6*	▼7	8*	6*	7*	8*	6*	▼7	8*	9	6*	▼7	9	6*	7*	6*	▼7	▼7
3	6	±4	±6	±9	±15	±24	+2 -6	+3 -9	+5 -13	-1 -9	0 -12	+2 -16	-5 -13	-4 -16	-2 -20	-2 -30	-9 -17	-8 -20	-12 -42	-12 -20	-11 -23	-16 -24	-15 -27	-19 -31
6	10	±4.5	±7	±11	±18	±29	+2 -7	+5 -10	+6 -16	-3 -12	0 -15	+1 -21	-7 -16	-4 -19	-3 -25	0 -36	-12 -21	-9 -24	-15 -25	-16 -25	-13 -28	-20 -29	-17 -32	-22 -37
10	18	±5.5	±9	±13	±21	±35	+2 -9	+6 -12	+8 -19	-4 -15	0 -18	+2 -25	-9 -20	-5 -23	-3 -30	0 -43	-15 -26	-11 -29	-18 -61	-20 -31	-16 -34	-25 -36	-21 -39	-26 -44
18	24	±6.5	±10	±16	±26	±42	+2 -11	+6 -15	+10 -23	-4 -17	0 -21	+4 -29	-11 -24	-7 -28	-3 -36	0 -52	-18 -31	-14 -35	-22 -74	-24 -37	-20 -41	-31 -44	-27 -48	-33 -54
24	30																							-40 -61
30	40	±8	±12	±19	±31	±50	+3 -13	+7 -18	+12 -27	-4 -20	0 -25	+5 -34	-12 -28	-8 -33	-3 -42	0 -62	-21 -37	-17 -42	-26 -88	-29 -45	-25 -50	-38 -54	-34 -59	-51 -76
40	50																							-61 -86
50	65	±9.5	±15	±23	±37	±60	+4 -15	+9 -21	+14 -32	-5 -24	0 -30	+5 -41	-14 -33	-9 -39	-4 -50	0 -74	-26 -45	-21 -51	-32 -106	-35 -54	-30 -60	-47 -66	-42 -72	-76 -106
65	80																			-37 -56	-32 -62	-53 -72	-48 -78	-91 -121
80	100	±11	±17	±27	±43	±70	+4 -18	+10 -25	+16 -38	-6 -28	0 -35	+6 -48	-16 -48	-10 -45	-4 -58	0 -87	-30 -52	-24 -59	-37 -124	-44 -66	-38 -73	-64 -86	-58 -93	-111 -146
100	120																			-47 -69	-41 -76	-72 -94	-66 -101	-131 -166

120	140																			-56 -81	-48 -88	-85 -110	-77 -117	-155 -195
140	160	±12.5	±20	±31	±50	±80	+4 -21	+12 -28	+20 -43	-8 -33	0 -40	+8 -55	-20 -45	-12 -52	-4 -67	0 -100	-36 -61	-28 -68	-43 -143	-58 -83	-50 -90	-93 -118	-85 -125	-175 -215
160	180																			-61 -86	-53 -93	-101 -126	-93 -133	-195 -235
180	200																			-68 -97	-60 -106	-113 -142	-105 -151	-219 -265
200	225	±14.5	±23	±36	±57	±92	+5 -24	+13 -33	+22 -50	-8 -37	0 -46	+9 -63	-22 -51	-14 -60	-5 -77	0 -115	-41 -70	-33 -79	-50 -165	-71 -100	-63 -109	-121 -150	-113 -159	-241 -287
225	250																			-75 -104	-67 -113	-131 -160	-123 -169	-267 -313
250	280	±16	±26	±40	±65	±105	+5 -27	+16 -36	+25 -56	-9 -41	0 -52	+9 -72	-25 -57	-14 -66	-5 -86	0 -130	-47 -79	-36 -88	-56 -186	-85 -117	-74 -126	-149 -181	-138 -190	-295 -347
280	315																			-89 -121	-78 -130	-161 -193	-150 -202	-330 -382
315	355	±18	±20	±44	±70	±115	+7 -29	+17 -40	+28 -61	-10 -46	0 -57	+11 -78	-26 -62	-16 -73	-5 -94	0 -140	-51 -87	-41 -98	-62 -202	-97 -133	-87 -144	-179 -215	-169 -226	-369 -426
355	400																			-103 -139	-93 -150	-197 -233	-187 -244	-414 -471
400	450	±20	±31	±48	±77	±125	+8 -32	+18 -45	+29 -68	-10 -50	0 -63	+11 -86	-27 -67	-17 -80	-6 -103	0 -155	-55 -95	-45 -108	-68 -223	-113 -153	-103 -166	-219 -259	-209 -272	-467 -530
450	500																			-119 -159	-109 -172	-239 -279	-229 -292	-517 -580

注：▼为优先公差带，＊为常用公差带，其余为一般公差带。

15.1.3　减速器主要零件的荐用配合（见表15-5）

表15-5　减速器主要零件的荐用配合

配合零件	荐用配合	装拆方法
一般情况下的齿轮、蜗轮、带轮、链轮、联轴器与轴的配合	$\frac{H7}{r6}$，$\frac{H7}{n6}$	用压力机
小锥齿轮及常拆卸的齿轮、带轮、链轮、联轴器与轴的配合	$\frac{H7}{m6}$，$\frac{H7}{k6}$	用压力机或锤子打入
蜗轮轮缘与轮心的配合	轮箍式：H7/js6 螺栓连接式：H7/h6	加热轮缘或用压力机推入
轴套、挡油盘、溅油盘与轴的配合	$\frac{D11}{k6}$，$\frac{F9}{k6}$，$\frac{F9}{m6}$，$\frac{H8}{h7}$，$\frac{H8}{h8}$	徒手装配与拆卸
轴承套杯与箱体孔的配合	$\frac{H7}{js6}$，$\frac{H7}{h6}$	
轴承盖与箱体孔（或套杯孔）的配合	$\frac{H7}{d11}$，$\frac{H7}{h8}$	
嵌入式轴承盖的凸缘与箱体孔凹槽之间的配合	$\frac{H11}{h11}$	
与密封件相接触轴段的公差带	f9，h11	

15.2　几何公差

15.2.1　几何特征及符号（见表15-6）

表15-6　几何公差的几何特征及符号（GB/T 1182—2018摘录）

公差类型	几何特征	符号	有或无基准
形状公差	直线度	⏤	无
	平面度	⏥	无
	圆度	○	无
	圆柱度	⌭	无
形状公差或位置公差	线轮廓度	⌒	有或无
	面轮廓度	⌓	有或无
方向公差	平行度	∥	有
	垂直度	⊥	有
	倾斜度	∠	有
位置公差	位置度	⌖	有或无
	同心度（用于中心点）	◎	有
	同轴度（用于轴线）	◎	有
	对称度	⌯	有
跳动公差	圆跳动	↗	有
	全跳动	⌰	有

15.2.2　形状公差（见表 15-7、表 15-8）

表 15-7　　直线度、平面度公差（GB/T 1184—1996 摘录）　　（单位：μm）

主参数 L 图例

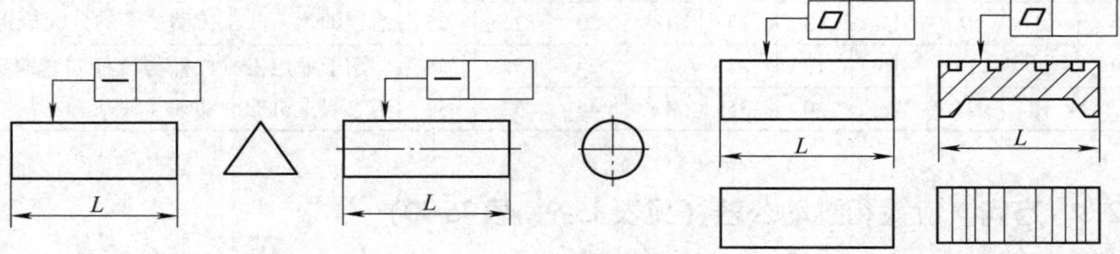

公差等级	主参数 L/mm													应用举例（参考）
	≤10	>10~16	>16~25	>25~40	>40~63	>63~100	>100~160	>160~250	>250~400	>400~630	>630~1000	>1000~1600	>1600~2500	
5 6	2 3	2.5 4	3 5	4 6	5 8	6 10	8 12	10 15	12 20	15 25	20 30	25 40	30 50	普通精度机床导轨，柴油机进、排气门导杆
7 8	5 8	6 10	8 12	10 15	12 20	15 25	20 30	25 40	30 50	40 60	50 80	60 100	80 120	轴承体的支承面，压力机导轨及滑块，减速器箱体、液泵、轴系支承轴承的结合面
9 10	12 20	15 25	20 30	25 40	30 50	40 60	50 80	60 100	80 120	100 150	120 200	150 250	200 300	辅助机构及手动机械的支承面，液压管件和法兰的连接面
11 12	30 60	40 80	50 100	60 120	80 150	100 200	120 250	150 300	200 400	250 500	300 600	400 800	500 1000	离合器的摩擦片，汽车发动机缸盖结合面

表 15-8　　圆度、圆柱度公差（GB/T 1184—1996 摘录）　　（单位：μm）

主参数 d（D）图例

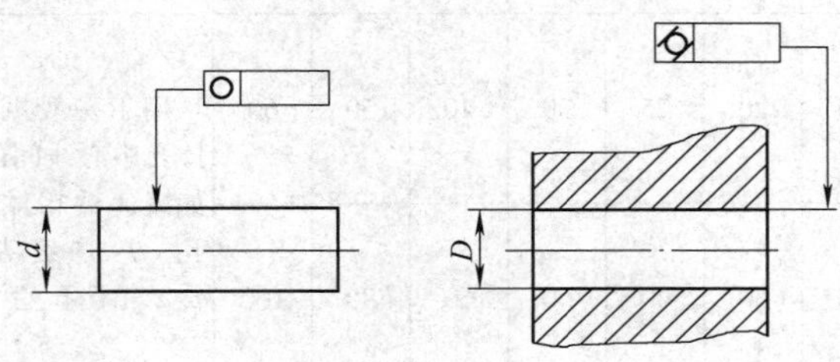

公差等级	主参数 d（D）/mm										应用举例
	>6~10	>10~18	>18~30	>30~50	>50~80	>80~120	>120~180	>180~250	>250~315	>315~400	
5	1.5	2	2.5	2.5	3	4	5	7	8	9	用于装 P6、P0 级精度滚动轴承的配合面，通用减速器轴颈，一般机床主轴及箱孔
6	2.5	3	4	4	5	6	8	10	12	13	

（续）

公差等级	主参数 d（D）/mm										应用举例
	>6~10	>10~18	>18~30	>30~50	>50~80	>80~120	>120~180	>180~250	>250~315	>315~400	
7	4	5	6	7	8	10	12	14	16	18	用于千斤顶或液压缸活塞、水泵及一般减速器轴颈，液压传动系统的分配机构
8	6	8	9	11	13	15	18	20	23	25	
9	9	11	13	16	19	22	25	29	32	36	用于通用机械杠杆与拉杆同套筒销子，吊车、起重机的滑动轴承轴颈
10	15	18	21	25	30	35	40	46	52	57	

15.2.3 方向、位置和跳动公差（见表15-9、表15-10）

表15-9 平行度、垂直度、倾斜度公差（GB/T 1184—1996摘录）（单位：μm）

主参数 *L*、*d*（*D*）图例

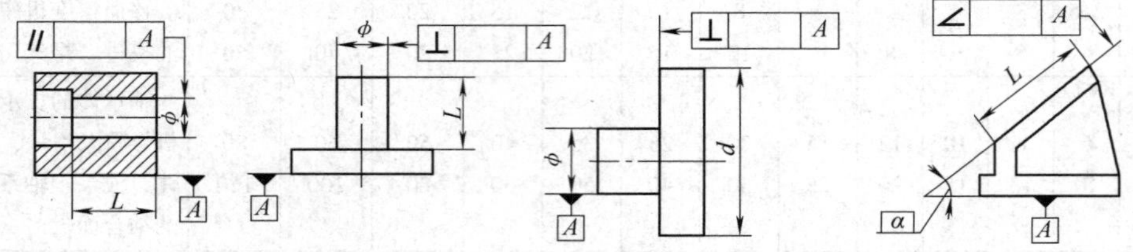

公差等级	主参数 L、d（D）/mm										应用举例	
	≤10	>10~16	>16~25	>25~40	>40~63	>63~100	>100~160	>160~250	>250~400	>400~630	平行度	垂直度和倾斜度
5	5	6	8	10	12	15	20	25	30	40	用于重要轴承孔对基准面的要求，一般减速器箱体孔的中心线等	用于装P4、P5级轴承的箱体的凸肩；发动机轴和离合器的凸缘
6	8	10	12	15	20	25	30	40	50	60	用于一般机械中箱体孔中心线间的要求，如减速器箱体的轴承孔、7~10级精度齿轮传动箱体孔的中心线	用于装P6、P0级轴承的箱体孔的中心线，低精度机床主要基准面和工作面
7	12	15	20	25	30	40	50	60	80	100		
8	20	25	30	40	50	60	80	100	120	150	用于重型机械轴承盖的端面，手动传动装置中的传动轴	用于一般导轨，普通传动箱体中的轴肩
9	30	40	50	60	80	100	120	150	200	250	用于低精度零件、重型机械滚动轴承端盖	用于花键轴肩端面，减速器箱体平面等
10	50	60	80	100	120	150	200	250	300	400		

表 15-10　　同轴度、对称度、圆跳动和全跳动公差（GB/T 1184—1996 摘录）　　（单位：μm）

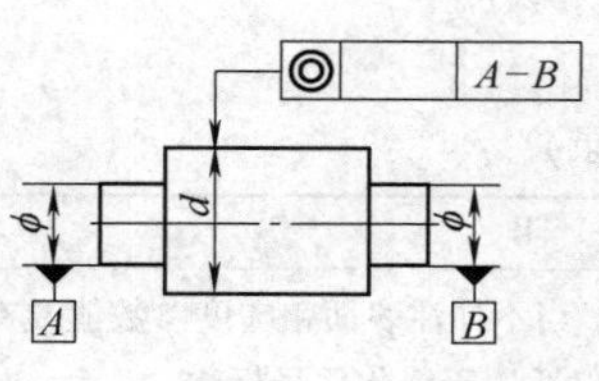

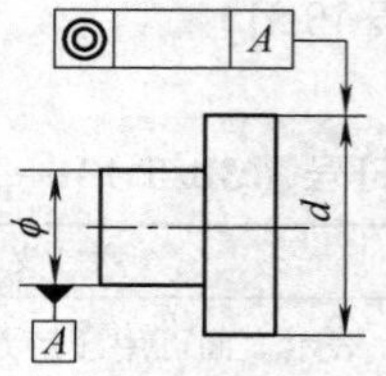

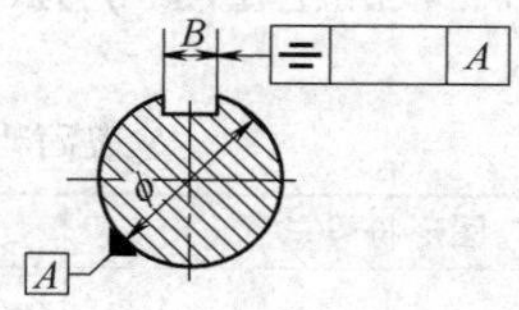

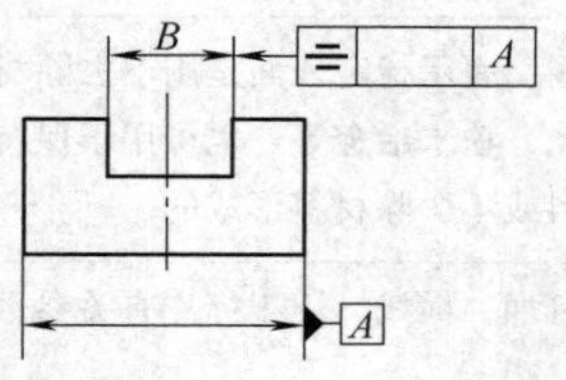

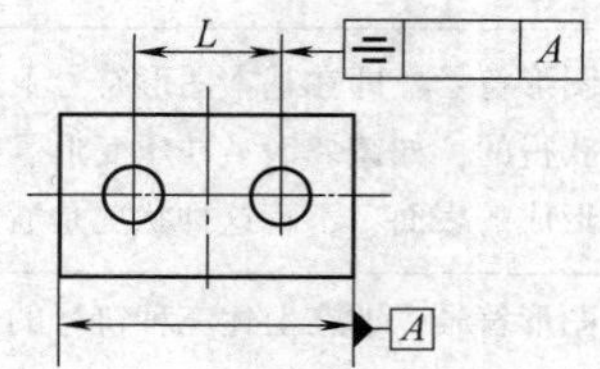

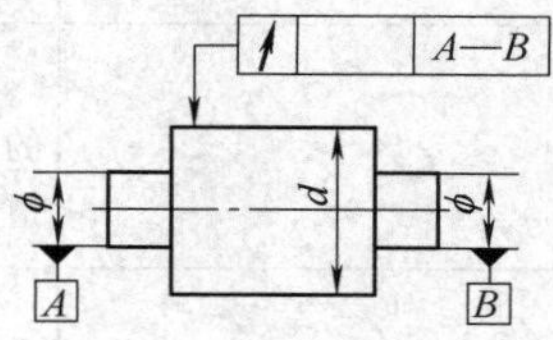

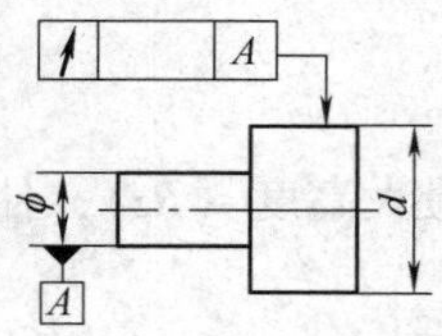

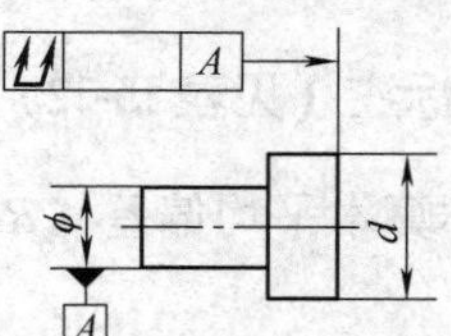

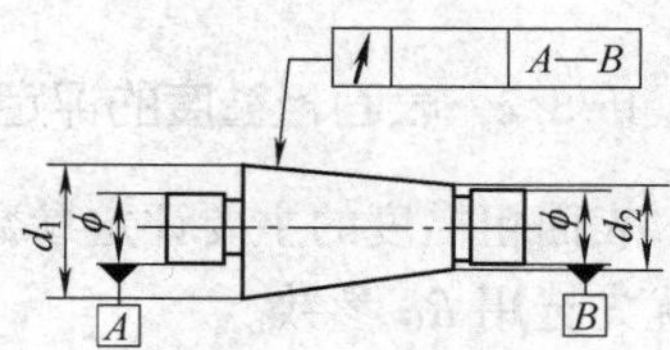

当被测要素为圆锥面时，取 $d=\frac{d_1+d_2}{2}$

公差等级	主参数 d（D）、B、L/mm								应用举例
	>3~6	>6~10	>10~18	>18~30	>30~50	>50~120	>120~250	>250~500	
5	3	4	5	6	8	10	12	15	用于机床轴颈、高精度滚动轴承外圈、一般精度轴承内圈、6~7 级精度齿轮轴的配合面
6	5	6	8	10	12	15	20	25	
7	8	10	12	15	20	25	30	40	用于齿轮轴、凸轮轴、水泵轴轴颈、P0 级精度滚动轴承内圈、8~9 级精度齿轮轴的配合面
8	12	15	20	25	30	40	50	60	
9	25	30	40	50	60	80	100	120	用于 9 级精度以下齿轮轴、自行车中轴、摩托车活塞的配合面
10	50	60	80	100	120	150	200	250	

15.3 表面粗糙度

15.3.1 表面粗糙度代号及符号（见表15-11）

表15-11 表面粗糙度代号及符号（GB/T 131—2006 摘录）

图形符号	意义及说明
√	基本图形符号：表示表面可用任何方法获得。当不加注表面粗糙度参数值或有关说明（如表面处理、局部热处理状况等）时，仅适用于简化代号标注
（基本符号加一短横）	扩展图形符号：即在基本图形符号上加一短横，表示指定表面是用去除材料的方法获得的，如车、铣、钻、磨、剪切、抛光、腐蚀、电火花加工、气割等
（基本符号加一圆圈）	扩展图形符号：即在基本图形符号上加一个圆圈，表示指定表面是用不去除材料的方法获得的，如铸、锻、冲压变形、热轧、冷轧、粉末冶金等。也可用于保持上道工序形成的表面，不管这种状况是通过去除材料或不去除材料形成的
（三种符号长边加横线）	完整图形符号：即在上述三种符号的长边上均可加一横线，用于标注有关参数和说明
（三种符号加小圆圈）	当在图样的某个视图上构成封闭轮廓的各表面有相同的表面结构要求时，在上述三种符号上均可加一个小圆圈，标注在图样中零件的封闭轮廓线上

15.3.2 表面粗糙度的评定参数及其标注（见表15-12）

表面粗糙度的主要评定参数有：轮廓算术平均偏差（*Ra*）和轮廓最大高度（*Rz*），使用时优先选用 *Ra* 参数。

表面粗糙度高度参数 *Ra*、*Rz* 在代号中用数值标注时，在参数值前须标出相应的参数代号 *Ra* 或 *Rz*。标注示例见表15-12。

表15-12 表面粗糙度标注示例

Ra 值的标注		*Rz* 值的标注	
代号	意义	代号	意义
√*Ra* 3.2	用任何方法获得的表面粗糙度，*Ra* 的上限值为3.2μm	√*Rz* 3.2	用任何方法获得的表面粗糙度，*Rz* 的上限值为3.2μm
√*Ra* 3.2（去除材料）	用去除材料方法获得的表面粗糙度，*Ra* 的上限值为3.2μm	√*Rz* 200（不去除材料）	用不去除材料方法获得的表面粗糙度，*Rz* 的上限值为200μm
√*Ra* 3.2（不去除材料）	用不去除材料方法获得的表面粗糙度，*Ra* 的上限值为3.2μm	√U *Rz* 3.2 L *Rz* 1.6（去除材料）	用去除材料方法获得的表面粗糙度，*Rz* 的上限值为3.2μm，*Rz* 的下限值为1.6μm
√U *Ra* 3.2 L *Ra* 1.6（去除材料）	用去除材料方法获得的表面粗糙度，*Ra* 的上限值为3.2μm，*Ra* 的下限值为1.6μm	√*Ra* 3.2 *Rz* 12.5（去除材料）	用去除材料方法获得的表面粗糙度，*Ra* 的上限为3.2μm，*Rz* 的上限值为12.5μm
√*Ra* max3.2	用任何方法获得的表面粗糙度，*Ra* 的最大值为3.2μm	√*Rz* max3.2	用任何方法获得的表面粗糙度，*Rz* 的最大值为3.2μm

（续）

Ra 值的标注		*Rz* 值的标注	
代号	意　义	代号	意　义
√*Ra* max3.2	用去除材料方法获得的表面粗糙度，*Ra* 的最大值为 3.2μm	√*Rz* max200（不去除材料）	用不去除材料方法获得的表面粗糙度，*Rz* 的最大值为 200μm
√*Ra* max3.2（不去除材料）	用不去除材料方法获得的表面粗糙度，*Ra* 的最大值为 3.2μm	√*Rz* max3.2 *Rz* min1.6	用去除材料方法获得的表面粗糙度，*Rz* 的最大值为 3.2μm，*Rz* 的最小值为 1.6μm
√*Ra* max3.2 *Ra* min1.6	用去除材料方法获得的表面粗糙度，*Ra* 的最大值为 3.2μm，*Ra* 的最小值为 1.6μm	√*Ra* max3.2 *Rz* max12.5	用去除材料方法获得的表面粗糙度，*Ra* 的最大值为 3.2μm，*Rz* 的最大值为 12.5μm

15.3.3　典型零件的表面粗糙度

典型零件的表面粗糙度参考值详见表 6-2、表 11-7、表 16-23、表 16-24。

第 16 章

渐开线圆柱齿轮精度

圆柱齿轮的精度制包括下列两部分内容：一是标准 GB/T 10095. 1—2008《圆柱齿轮　精度制　第 1 部分：轮齿同侧齿面偏差的定义和允许值》中，规定了单个渐开线圆柱齿轮轮齿同侧齿面偏差的定义和允许值；二是标准 GB/T 10095. 2—2008《圆柱齿轮　精度制　第 2 部分：径向综合偏差与径向圆跳动的定义和允许值》中，规定了单个渐开线圆柱齿轮径向综合偏差和径向圆跳动的定义和允许值。

16. 1　精度等级、检验项目

16.1.1　精度等级及其选择

国家标准 GB/T 10095. 1—2008 和 GB/T 10095. 2—2008 对渐开线圆柱齿轮的精度做了如下规定：

1）对轮齿同侧齿面偏差，标准规定了 0~12 共 13 个精度等级，其中 0 级精度最高，12 级精度最低。0~2 级称为未来发展级（齿轮要求非常高），3~5 级称为高精度等级，6~8 级称为中等精度等级（最常用），9 级称为较低精度等级，10~12 级称为低精度等级。

2）对径向综合偏差，标准规定了 4~12 共 9 个精度等级，其中 4 级精度最高，12 级精度最低。

3）对径向圆跳动，在附录中推荐了 0~12 共 13 个精度等级，其中 0 级精度最高，12 级精度最低。

标准 GB/T 10095. 1—2008 中规定，可按供需双方协议对工作和非工作齿面规定不同的精度等级，也可对不同偏差项目规定不同的精度等级；标准 GB/T 10095. 2—2008 中规定，径向综合偏差精度等级的确定不一定与标准 GB/T 10095. 1—2008 中的要素偏差选用相同的精度等级。当技术文件须叙述齿轮精度要求时，均应注明标准号 GB/T 10095. 1—2008 或 GB/T 10095. 2—2008。

齿轮精度等级的选择，不但应满足传动装置的使用要求，同时也应考虑工艺性和经济性的要求。因此，应根据齿轮传动的用途、工作条件、传递功率、圆周速度、振动、噪声及工作寿命等多种因素，合理确定齿轮精度等级。其选择原则是：在满足使用要求的前提下，尽量选用精度较低的级别。

各类机械传动采用的齿轮精度等级见表 16-1，部分精度等级齿轮的适用范围见表 16-2，供选用时参考。

表 16-1　各类机械传动采用的齿轮精度等级

应用范围	精度等级	应用范围	精度等级
测量齿轮	3~5	内燃机与电气机车	6~7
汽轮机减速器	3~6	轻型汽车	5~8
金属切削机床	3~8	重型汽车	6~9
航空发动机	4~7	矿用绞车	8~10
拖拉机	6~10	起重机机构	7~10
一般用途的减速器	6~9	农业机械	8~11
轧钢设备的小齿轮	6~10	—	—

表 16-2　部分精度等级齿轮的适用范围

精度等级	圆周速度 v/(m/s)		工作条件与适用范围
	直齿轮	斜齿轮	
4	$20<v\leqslant35$	$40<v\leqslant70$	1）特精密分度机构或在最平稳、无噪声的极高速情况下工作的传动齿轮 2）高速汽轮机齿轮 3）控制机构齿轮 4）检测 6~7 级齿轮的测量齿轮
5	$15<v\leqslant20$	$30<v\leqslant40$	1）精密分度机构或在极平稳、无噪声的高速情况下工作的传动齿轮 2）精密机构用齿轮 3）检测 8~9 级齿轮的测量齿轮
6	$10<v\leqslant15$	$15<v\leqslant30$	1）高速下平稳工作、需要高效率及低噪声的齿轮 2）特别重要的航空、汽车用齿轮 3）读数装置中特别精密传动的齿轮
7	$6<v\leqslant10$	$10<v\leqslant15$	1）增强和减速用齿轮传动 2）金属切削机床进给机构用齿轮 3）高速减速器齿轮 4）航空、汽车用齿轮 5）读数装置用齿轮
8	$2<v\leqslant6$	$4<v\leqslant10$	1）无特殊精度要求的一般机械制造用齿轮 2）机床的变速齿轮 3）通用减速器齿轮 4）起重机构用齿轮、农业机械中的重要齿轮 5）航空、汽车用的不重要齿轮
9	$v\leqslant2$	$v\leqslant4$	1）无精度要求的粗糙工作齿轮 2）重载、低速不重要工作机械的齿轮 3）农机齿轮

不同机械中齿轮传动的精度等级和圆周速度见表 16-3。

表 16-3 不同机械中齿轮传动的精度等级和圆周速度

设备名称	齿轮特征	精度等级						
		4	5	6	7	8	9	10
		传动的圆周速度/(m/s)						
森林机械	任何齿轮	—	—	<15	<10	<6	<2	手动
通用减速器	斜齿轮	—	—	—	—	<12	—	—
回转机构	直齿轮	—	—	<15~18	<10~12	<5~6	<2~3	—
	斜齿轮	—	—	<13~36	<20~25	<9~12	<4~6	—
冶金机械	直齿轮	—	—	10~15	6~10	2~6	0.5~2	—
	斜齿轮	—	—	15~30	10~15	4~10	1~4	—
地质勘探机械	直齿轮	—	—	—	6~10	2~6	0.5~2	—
	斜齿轮	—	—	—	10~15	4~10	1~4	—
煤炭机械	直齿轮	—	—	—	6~10	2~6	<2	低速
	斜齿轮	—	—	—	10~15	4~10	<4	
发动机	任何齿轮	>40 (>4 000)	>60 (<2 000)	15~60 (<2 000)	到 15 (<2 000)	—	—	—
		—	>40 (2 000~4 000)	<40 (2 000~4 000)	—	—	—	—
履带式机器	模数<2.5	—	16~28	11~16	7~11	2~7	2	—
	模数 6~10	—	13~18	9~13	4~9	<4	—	—
拖拉机	任何齿轮	—	—	未淬火	淬火	—	—	—
造船机械	直齿轮	—	—	—	<9~10	<5~6	<2.5~3	0.5
	斜齿轮	—	—	—	<13~16	<8~10	<4~5	—

注：括号内数值为单位长度的载荷（N/cm）。

16.1.2 单个齿轮检验项目

渐开线圆柱齿轮精度制国家标准中给出了多种偏差项目。在检验时，测量全部检验项目既不经济也没有必要。作为划分齿轮质量等级的标准一般只有下列几项：齿距累计总偏差 F_p，单个齿距偏差 f_{pt}、F_{pk}，齿廓总偏差 F_α，螺旋线总偏差 F_β 及齿厚偏差 E_{sn}。必须检验的项目可以客观地评定齿轮的加工质量，其他非必检项目可以根据需方要求来确定。按照我国的生产实践及现有生产和检测水平，特推荐五个检验组（见表 16-4），建议供需双方按齿轮使用要求、生产批量和检验设备选取其中一个检验组来评定齿轮的精度。

表 16-4 检验组（推荐）

检验组	检验项目	精度等级	测量仪器	备注
1	F_p、F_α、F_β、F_r、E_{sn} 或 E_{bn}	3~9	齿距仪、齿形仪、齿向仪、摆差测定仪、齿厚卡尺或公法线千分尺	单件、小批
2	F_p、F_{pk}、F_α、F_β、F_r、E_{sn} 或 E_{bn}	3~9	齿距仪、齿形仪、齿向仪、摆差测定仪、齿厚卡尺或公法线千分尺	单件、小批
3	F''_i、f''_i、E_{sn} 或 E_{bn}	6~9	双面啮合测量仪、齿厚卡尺或公法线千分尺	大批
4	f_{pt}、F_r、E_{sn} 或 E_{bn}	10~12	齿距仪、摆差测定仪、齿厚卡尺或公法线千分尺	—
5	F'_i、f'_i、F_β、E_{sn} 或 E_{bn}	3~6	单啮仪、齿向仪、齿厚卡尺或公法线千分尺	大批

16.2　齿轮各检验项目的偏差数值表（见表 16-5~表 16-12）

表 16-5　　单个齿距偏差 $\pm f_{pt}$（GB/T 10095.1—2008 摘录）　　（单位：μm）

分度圆直径 d/mm	模数 m/mm	精度等级												
		0	1	2	3	4	5	6	7	8	9	10	11	12
$20<d\leqslant50$	$0.5\leqslant m\leqslant2$	0.9	1.2	1.8	2.5	3.5	5.0	7.0	10.0	14.0	20.0	28.0	40.0	56.0
	$2<m\leqslant3.5$	1.0	1.4	1.9	2.7	3.9	5.5	7.5	11.0	15.0	22.0	31.0	44.0	52.0
	$3.5<m\leqslant6$	1.1	1.5	2.1	3.0	4.3	6.0	8.5	12.0	17.0	24.0	34.0	48.0	68.0
	$6<m\leqslant10$	1.2	1.7	2.5	3.5	4.9	7.0	10.0	14.0	20.0	28.0	40.0	56.0	79.0
$50<d\leqslant125$	$0.5\leqslant m\leqslant2$	0.9	1.3	1.9	2.7	3.8	5.5	7.5	11.0	15.0	21.0	30.0	43.0	61.0
	$2<m\leqslant3.5$	1.0	1.5	2.1	2.9	4.1	6.0	8.5	12.0	17.0	23.0	33.0	47.0	66.0
	$3.5<m\leqslant6$	1.1	1.6	2.3	3.2	4.6	6.5	9.0	13.0	18.0	26.0	36.0	52.0	73.0
	$6<m\leqslant10$	1.3	1.8	2.6	3.7	5.0	7.5	10.0	15.0	21.0	30.0	42.0	59.0	84.0
$125<d\leqslant280$	$0.5\leqslant m\leqslant2$	1.1	1.5	2.1	3.0	4.2	6.0	8.5	12.0	17.0	24.0	34.0	48.0	67.0
	$2<m\leqslant3.5$	1.1	1.6	2.3	3.2	4.6	6.5	9.0	13.0	18.0	26.0	36.0	51.0	73.0
	$3.5<m\leqslant6$	1.2	1.8	2.5	3.5	5.0	7.0	10.0	14.0	20.0	28.0	40.0	56.0	79.0
	$6<m\leqslant10$	1.4	2.0	2.8	4.0	5.5	8.0	11.0	16.0	23.0	32.0	45.0	64.0	90.0
$280<d\leqslant560$	$0.5\leqslant m\leqslant2$	1.2	1.7	2.4	3.3	4.7	6.5	9.5	13.0	19.0	27.0	38.0	54.0	76.0
	$2<m\leqslant3.5$	1.3	1.8	2.5	3.6	5.0	7.0	10.0	14.0	20.0	29.0	41.0	57.0	81.0
	$3.5<m\leqslant6$	1.4	1.9	2.7	3.9	5.5	8.0	11.0	16.0	22.0	31.0	44.0	62.0	88.0
	$6<m\leqslant10$	1.5	2.2	3.1	4.4	6.0	8.5	12.0	17.0	25.0	35.0	49.0	70.0	99.0

表 16-6　　齿距累积总偏差 F_p（GB/T 10095.1—2008 摘录）　　（单位：μm）

分度圆直径 d/mm	模数 m/mm	精度等级												
		0	1	2	3	4	5	6	7	8	9	10	11	12
$20<d\leqslant50$	$0.5\leqslant m\leqslant2$	2.5	3.6	5.0	7.0	10.0	14.0	20.0	29.0	41.0	57.0	81.0	115.0	162.0
	$2<m\leqslant3.5$	2.6	3.7	5.0	7.5	10.0	15.0	21.0	30.0	42.0	59.0	84.0	119.0	168.0
	$3.5<m\leqslant6$	2.7	3.9	5.5	7.5	11.0	15.0	22.0	31.0	44.0	62.0	87.0	123.0	174.0
	$6<m\leqslant10$	2.9	4.1	6.0	8.0	12.0	16.0	23.0	33.0	46.0	65.0	93.0	131.0	185.0
$50<d\leqslant125$	$0.5\leqslant m\leqslant2$	3.3	4.6	6.5	9.0	13.0	18.0	26.0	37.0	52.0	74.0	104.0	147.0	208.0
	$2<m\leqslant3.5$	3.3	4.7	6.5	9.5	13.0	19.0	27.0	38.0	53.0	76.0	107.0	151.0	214.0
	$3.5<m\leqslant6$	3.4	4.9	7.0	9.5	14.0	19.0	28.0	39.0	55.0	78.0	110.0	156.0	220.0
	$6<m\leqslant10$	3.6	5.0	7.0	10.0	14.0	20.0	29.0	41.0	58.0	82.0	116.0	164.0	231.0
$125<d\leqslant280$	$0.5\leqslant m\leqslant2$	4.3	6.0	8.5	12.0	17.0	24.0	35.0	49.0	69.0	98.0	138.0	195.0	276.0
	$2<m\leqslant3.5$	4.4	6.0	9.0	12.0	18.0	25.0	35.0	50.0	70.0	100.0	141.0	199.0	282.0
	$3.5<m\leqslant6$	4.5	6.5	9.0	13.0	18.0	25.0	36.0	51.0	72.0	102.0	144.0	204.0	238.0
	$6<m\leqslant10$	4.7	6.5	9.5	13.0	19.0	26.0	37.0	53.0	75.0	106.0	149.0	211.0	299.0
$280<d\leqslant560$	$0.5\leqslant m\leqslant2$	5.5	8.0	11.0	16.0	23.0	32.0	46.0	64.0	91.0	129.0	182.0	257.0	364.0
	$2<m\leqslant3.5$	6.0	8.0	12.0	16.0	23.0	33.0	46.0	65.0	92.0	131.0	185.0	261.0	370.0
	$3.5<m\leqslant6$	6.0	8.5	12.0	17.0	24.0	33.0	47.0	66.0	94.0	133.0	188.0	266.0	376.0
	$6<m\leqslant10$	6.0	8.5	12.0	17.0	24.0	34.0	48.0	68.0	97.0	137.0	193.0	274.0	387.0

表 16-7 齿廓总偏差 F_α（GB/T 10095.1—2008 摘录） （单位：μm）

分度圆直径 d/mm	模数 m/mm	精度等级												
		0	1	2	3	4	5	6	7	8	9	10	11	12
20<d≤50	0.5≤m≤2	0.9	1.3	1.8	2.6	3.6	5.0	7.5	10.0	15.0	21.0	29.0	41.0	58.0
	2<m≤3.5	1.3	1.8	2.5	3.6	5.0	7.0	10.0	14.0	20.0	29.0	40.0	57.0	81.0
	3.5<m≤6	1.6	2.2	3.1	4.4	6.0	9.0	12.0	18.0	25.0	35.0	50.0	70.0	99.0
	6<m≤10	1.9	2.7	3.8	5.5	7.5	11.0	15.0	22.0	31.0	43.0	61.0	87.0	123.0
50<d≤125	0.5≤m≤2	1.0	1.5	2.1	2.9	4.1	6.0	8.5	12.0	17.0	23.0	33.0	47.0	66.0
	2<m≤3.5	1.4	2.0	2.8	3.9	5.5	8.0	11.0	16.0	22.0	31.0	44.0	63.0	89.0
	3.5<m≤6	1.7	2.4	3.4	4.8	6.5	9.5	13.0	19.0	27.0	38.0	54.0	76.0	108.0
	6<m≤10	2.0	2.9	4.1	6.0	8.0	12.0	16.0	23.0	33.0	46.0	65.0	92.0	131.0
125<d≤280	0.5≤m≤2	1.2	1.7	2.4	3.5	4.9	7.0	10.0	14.0	20.0	28.0	39.0	55.0	78.0
	2<m≤3.5	1.6	2.2	3.2	4.5	6.5	9.0	13.0	18.0	25.0	36.0	50.0	71.0	101.0
	3.5<m≤6	1.9	2.6	3.7	5.5	7.5	11.0	15.0	21.0	30.0	42.0	60.0	84.0	119.0
	6<m≤10	2.2	3.2	4.5	6.5	9.0	13.0	18.0	25.0	36.0	50.0	71.0	101.0	143.0
280<d≤560	0.5≤m≤2	1.5	2.1	2.9	4.1	6.0	8.5	12.0	17.0	23.0	33.0	47.0	66.0	94.0
	2<m≤3.5	1.8	2.6	3.6	5.0	7.5	10.0	15.0	21.0	29.0	41.0	58.0	82.0	116.0
	3.5<m≤6	2.1	3.0	4.2	6.0	8.5	12.0	17.0	24.0	34.0	48.0	67.0	95.0	135.0
	6<m≤10	2.5	3.5	4.9	7.0	10.0	14.0	20.0	28.0	40.0	56.0	79.0	112.0	158.0

表 16-8 螺旋线总偏差 F_β（GB/T 10095.1—2008 摘录） （单位：μm）

分度圆直径 d/mm	齿宽 b/mm	精度等级												
		0	1	2	3	4	5	6	7	8	9	10	11	12
20<d≤50	4≤b≤10	1.1	1.6	2.2	3.2	4.5	6.5	9.0	13.0	18.0	25.0	36.0	51.0	72.0
	10<b≤20	1.3	1.8	2.5	3.6	5.0	7.0	10.0	14.0	20.0	29.0	40.0	57.0	81.0
	20<b≤40	1.4	2.0	2.9	4.1	5.5	8.0	11.0	16.0	23.0	32.0	46.0	65.0	92.0
	40<b≤80	1.7	2.4	3.4	4.8	6.5	9.5	13.0	19.0	27.0	38.0	54.0	76.0	107.0
	80<b≤160	2.0	2.9	4.1	5.5	8.0	11.0	16.0	23.0	32.0	46.0	65.0	92.0	130.0
50<d≤125	4≤b≤10	1.2	1.7	2.4	3.3	4.7	6.5	9.5	13.0	19.0	27.0	38.0	53.0	76.0
	10<b≤20	1.3	1.9	2.6	3.7	5.5	7.5	11.0	15.0	21.0	30.0	42.0	60.0	84.0
	20<b≤40	1.5	2.1	3.0	4.2	6.0	8.5	12.0	17.0	24.0	34.0	48.0	68.0	95.0
	40<b≤80	1.7	2.5	3.5	4.9	7.0	10.0	14.0	20.0	28.0	39.0	56.0	79.0	111.0
	80<b≤160	2.1	2.9	4.2	6.0	8.5	12.0	17.0	24.0	33.0	47.0	67.0	94.0	133.0
	160<b≤250	2.5	3.5	4.9	7.0	10.0	14.0	20.0	28.0	40.0	56.0	79.0	112.0	158.0
	250<b≤400	2.9	4.1	6.0	8.0	12.0	16.0	23.0	33.0	46.0	65.0	92.0	130.0	184.0
125<d≤280	4≤b≤10	1.3	1.8	2.5	3.6	5.0	7.0	10.0	14.0	20.0	29.0	40.0	57.0	81.0
	10<b≤20	1.4	2.0	2.8	4.0	5.5	8.0	11.0	16.0	22.0	32.0	45.0	63.0	90.0
	20<b≤40	1.6	2.2	3.2	4.5	6.5	9.0	13.0	18.0	25.0	36.0	50.0	71.0	101.0
	40<b≤80	1.8	2.6	3.6	5.0	7.5	10.0	15.0	21.0	29.0	41.0	58.0	82.0	117.0
	80<b≤160	2.2	3.1	4.3	6.0	8.5	12.0	17.0	25.0	35.0	49.0	69.0	98.0	139.0
	160<b≤250	2.6	3.6	5.0	7.0	10.0	14.0	20.0	29.0	41.0	58.0	82.0	116.0	164.0
	250<b≤400	3.0	4.2	6.0	8.5	12.0	17.0	24.0	34.0	47.0	67.0	95.0	134.0	190.0

（续）

分度圆直径 d/mm	齿宽 b/mm	精度等级												
		0	1	2	3	4	5	6	7	8	9	10	11	12
$125<d\leqslant280$	$400<b\leqslant650$	3.5	4.9	7.0	10.0	14.0	20.0	28.0	40.0	56.0	79.0	112.0	158.0	224.0
$280<d\leqslant560$	$10\leqslant b\leqslant20$	1.5	2.1	3.0	4.3	6.0	8.5	12.0	17.0	24.0	34.0	48.0	68.0	97.0
	$20<b\leqslant40$	1.7	2.4	3.4	4.8	6.5	9.5	13.0	19.0	27.0	38.0	54.0	76.0	108.0
	$40<b\leqslant80$	1.9	2.7	3.9	5.5	7.5	11.0	15.0	22.0	31.0	44.0	62.0	87.0	124.0
	$80<b\leqslant160$	2.3	3.2	4.6	6.5	9.0	13.0	18.0	26.0	36.0	52.0	73.0	103.0	146.0
	$160<b\leqslant250$	2.7	3.8	5.5	7.5	11.0	15.0	21.0	30.0	43.0	60.0	85.0	121.0	171.0
	$250<b\leqslant400$	3.1	4.3	6.0	8.5	12.0	17.0	25.0	35.0	49.0	70.0	98.0	139.0	197.0
	$400<b\leqslant650$	3.6	5.0	7.0	10.0	14.0	20.0	29.0	41.0	58.0	82.0	115.0	163.0	231.0
	$650<b\leqslant1000$	4.3	6.0	8.5	12.0	17.0	24.0	34.0	48.0	68.0	96.0	136.0	193.0	272.0

表 16-9 径向圆跳动偏差 F_r（GB/T 10095.2—2008 摘录） （单位：μm）

分度圆直径 d/mm	法向模数 m_n/mm	精度等级												
		0	1	2	3	4	5	6	7	8	9	10	11	12
$20<d\leqslant50$	$0.5\leqslant m_n\leqslant2.0$	2.0	3.0	4.0	5.5	8.0	11	16	23	32	46	65	92	130
	$2.0<m_n\leqslant3.5$	2.0	3.0	4.0	6.0	8.5	12	17	24	34	47	67	95	134
	$3.5<m_n\leqslant6.0$	2.0	3.0	4.5	6.0	8.5	12	17	25	35	49	70	99	139
	$6.0<m_n\leqslant10$	2.5	3.5	4.5	6.5	9.5	13	19	26	37	52	74	105	148
$50<d\leqslant125$	$0.5\leqslant m_n\leqslant2.0$	2.5	3.5	5.0	7.5	10	15	21	29	42	59	83	118	167
	$2.0<m_n\leqslant3.5$	2.5	4.0	5.5	7.5	11	15	21	30	43	61	86	121	171
	$3.5<m_n\leqslant6.0$	3.0	4.0	5.5	8.0	11	16	22	31	44	62	88	125	176
	$6.0<m_n\leqslant10$	3.0	4.0	6.0	8.0	12	16	23	33	46	65	92	131	185
$125<d\leqslant280$	$0.5\leqslant m_n\leqslant2.0$	3.5	5.0	7.0	10	14	20	28	39	55	78	110	156	221
	$2.0<m_n\leqslant3.5$	3.5	5.0	7.0	10	14	20	28	40	56	80	113	159	225
	$3.5<m_n\leqslant6.0$	3.5	5.0	7.0	10	14	20	29	41	58	82	115	163	231
	$6.0<m_n\leqslant10$	3.5	5.5	7.5	11	15	21	30	42	60	85	120	169	239
$280<d\leqslant560$	$0.5\leqslant m_n\leqslant2.0$	4.5	6.5	9.0	13	18	26	36	51	73	103	146	206	291
	$2.0<m_n\leqslant3.5$	4.5	6.5	9.0	13	18	26	37	52	74	105	148	209	296
	$3.5<m_n\leqslant6.0$	4.5	6.5	9.5	13	19	27	38	53	75	106	150	213	301
	$6.0<m_n\leqslant10$	5.0	7.0	9.5	14	19	27	39	55	77	109	155	219	310

表 16-10 径向综合总偏差 F_i''（GB/T 10095.2—2008 摘录） （单位：μm）

分度圆直径 d/mm	法向模数 m_n/mm	精度等级								
		4	5	6	7	8	9	10	11	12
$20<d\leqslant50$	$1.5<m_n\leqslant2.5$	13	18	26	37	52	73	103	146	207
	$2.5<m_n\leqslant4.0$	16	22	31	44	63	89	126	178	251
	$4.0<m_n\leqslant6.0$	20	28	39	56	79	111	157	222	314
	$6.0<m_n\leqslant10$	26	37	52	74	104	147	209	295	417

（续）

分度圆直径 d/mm	法向模数 m_n/mm	精度等级								
		4	5	6	7	8	9	10	11	12
$50<d\leqslant125$	$1.5<m_n\leqslant2.5$	15	22	31	43	61	86	122	173	244
	$2.5<m_n\leqslant4.0$	18	25	36	51	72	102	144	204	288
	$4.0<m_n\leqslant6.0$	22	31	44	62	88	124	176	248	351
	$6.0<m_n\leqslant10$	28	40	57	80	114	161	227	321	454
$125<d\leqslant280$	$1.5<m_n\leqslant2.5$	19	26	37	53	75	106	149	211	299
	$2.5<m_n\leqslant4.0$	21	30	43	61	86	121	172	243	343
	$4.0<m_n\leqslant6.0$	25	36	51	72	102	144	203	287	406
	$6.0<m_n\leqslant10$	32	45	64	90	127	180	255	360	509
$280<d\leqslant560$	$1.5<m_n\leqslant2.5$	23	33	46	65	92	131	185	262	370
	$2.5<m_n\leqslant4.0$	26	37	52	73	104	146	207	293	414
	$4.0<m_n\leqslant6.0$	30	42	60	84	119	169	239	337	477
	$6.0<m_n\leqslant10$	36	51	73	103	145	205	290	410	580

表16-11 一齿径向综合偏差 f_i''（GB/T 10095.2—2008摘录） （单位：μm）

分度圆直径 d/mm	法向模数 m_n/mm	精度等级								
		4	5	6	7	8	9	10	11	12
$20<d\leqslant50$	$1.5<m_n\leqslant2.5$	4.5	6.5	9.5	13	19	26	37	53	75
	$2.5<m_n\leqslant4.0$	7.0	10	14	20	29	41	58	82	116
	$4.0<m_n\leqslant6.0$	11	15	22	31	43	61	87	123	174
	$6.0<m_n\leqslant10$	17	24	34	48	67	95	135	190	269
$50<d\leqslant125$	$1.5<m_n\leqslant2.5$	4.5	6.5	9.5	13	19	26	37	53	75
	$2.5<m_n\leqslant4.0$	7.0	10	14	20	29	41	58	82	116
	$4.0<m_n\leqslant6.0$	11	15	22	31	44	62	87	123	174
	$6.0<m_n\leqslant10$	17	24	34	48	67	95	135	191	269
$125<d\leqslant280$	$1.5<m_n\leqslant2.5$	4.5	6.5	9.5	13	19	27	36	53	75
	$2.5<m_n\leqslant4.0$	7.5	10	15	21	29	41	58	82	116
	$4.0<m_n\leqslant6.0$	11	15	22	31	44	62	87	124	175
	$6.0<m_n\leqslant10$	17	24	34	48	67	95	135	191	270
$280<d\leqslant560$	$1.5<m_n\leqslant2.5$	5.0	6.5	9.5	13	19	27	38	54	76
	$2.5<m_n\leqslant4.0$	7.5	10	15	21	29	41	59	83	117
	$4.0<m_n\leqslant6.0$	11	15	22	31	44	62	88	124	175
	$6.0<m_n\leqslant10$	17	24	34	48	68	96	135	191	271

表16-12 f_i'/K的比值（GB/T 10095.1—2008摘录） （单位：μm）

分度圆直径 d/mm	模数 m/mm	精度等级												
		0	1	2	3	4	5	6	7	8	9	10	11	12
$20<d\leqslant50$	$0.5\leqslant m\leqslant2$	2.5	3.6	5.0	7.0	10.0	14.0	20.0	29.0	41.0	58.0	82.0	115.0	163.0
	$2<m\leqslant3.5$	3.0	4.2	6.0	8.5	12.0	17.0	24.0	34.0	48.0	68.0	96.0	135.0	191.0
	$3.5<m\leqslant6$	3.4	4.8	7.0	9.5	14.0	19.0	27.0	38.0	54.0	77.0	108.0	153.0	217.0
	$6<m\leqslant10$	3.9	5.5	8.0	11.0	16.0	22.0	31.0	44.0	63.0	89.0	125.0	177.0	251.0

（续）

分度圆直径 d/mm	模数 m/mm	精度等级												
		0	1	2	3	4	5	6	7	8	9	10	11	12
$50<d\leqslant125$	$0.5\leqslant m\leqslant2$	2.7	3.9	5.5	8.0	11.0	16.0	22.0	31.0	44.0	62.0	88.0	124.0	176.0
	$2<m\leqslant3.5$	3.2	4.5	6.5	9.0	13.0	18.0	25.0	36.0	51.0	72.0	102.0	144.0	204.0
	$3.5<m\leqslant6$	3.6	5.0	7.0	10.0	14.0	20.0	29.0	40.0	57.0	81.0	115.0	162.0	229.0
	$6<m\leqslant10$	4.1	6.0	8.0	12.0	16.0	23.0	33.0	47.0	66.0	93.0	132.0	186.0	263.0
$125<d\leqslant280$	$0.5\leqslant m\leqslant2$	3.0	4.3	6.0	8.5	12.0	17.0	24.0	34.0	49.0	69.0	97.0	137.0	194.0
	$2<m\leqslant3.5$	3.5	4.9	7.0	10.0	14.0	20.0	28.0	39.0	56.0	79.0	111.0	157.0	222.0
	$3.5<m\leqslant6$	3.9	5.5	7.5	11.0	15.0	22.0	31.0	44.0	62.0	88.0	124.0	175.0	247.0
	$6<m\leqslant10$	4.4	6.0	9.0	12.0	18.0	25.0	35.0	50.0	70.0	100.0	141.0	199.0	281.0
$280<d\leqslant560$	$0.5\leqslant m\leqslant2$	3.4	4.8	7.0	9.5	14.0	19.0	27.0	39.0	54.0	77.0	109.0	154.0	218.0
	$2<m\leqslant3.5$	3.8	5.5	7.5	11.0	15.0	22.0	31.0	44.0	62.0	87.0	123.0	174.0	246.0
	$3.5<m\leqslant6$	4.2	6.0	8.5	12.0	17.0	24.0	34.0	48.0	68.0	96.0	136.0	192.0	271.0
	$6<m\leqslant10$	4.8	6.5	9.5	13.0	19.0	27.0	38.0	54.0	76.0	108.0	153.0	216.0	305.0

一齿切向综合偏差 f_i' 的值由表 16-12 中给出的 f_i'/K 比值乘以系数 K 求得；当总重合度 $\varepsilon_\gamma<4$ 时，$K=0.2\left(\dfrac{\varepsilon_\gamma+4}{\varepsilon_\gamma}\right)$；当 $\varepsilon_\gamma\geqslant4$ 时，$K=0.4$。

切向综合总偏差 F_i'：$F_i'=F_p+f_i'$。

16.3　齿轮副精度

16.3.1　中心距允许偏差

中心距公差是设计者规定的允许偏差，确定中心距公差时，应综合考虑轴、轴承和箱体的制造及安装误差，轴承跳动及温度变化等影响因素，并考虑中心距的变动对重合度和侧隙的影响。

标准 GB/Z 18620.3—2008 中没有推荐中心距公差数值，而标准 GB/T 10095.1—2008 中对中心距极限偏差也未规定。因此，为了方便初学者设计时参考，表 16-13 列出了标准 GB/T 10095—1988 中规定的中心距极限偏差。

表 16-13　中心距极限偏差 $\pm f_a$（GB/T 10095—1988 摘录）（单位：μm）

第Ⅱ公差组精度等级			7~8	9
f_a			$\frac{1}{2}$IT8	$\frac{1}{2}$IT9
齿轮副中心距/mm	大于 30	到 50	19.5	31
	50	80	23	37
	80	120	27	43.5
	120	180	31.5	50
	180	250	36	57.5
	250	315	40.5	65
	315	400	44.5	70
	400	500	48.5	77.5
	500	630	55	87

16.3.2　轴线平行度偏差

标准 GB/Z 18620. 3—2008 中没有提供轴线平行度偏差的数值表，可参照“轴线平面内的偏差” $f_{\Sigma\delta}$ 和“垂直平面内的偏差” $f_{\Sigma\beta}$ 的推荐最大值，选择和确定轴线平行度偏差。该标准中，$f_{\Sigma\delta}$ 和 $f_{\Sigma\beta}$ 的推荐最大值计算公式为

$$f_{\Sigma\beta}=0.5\left(\frac{L}{b}\right)F_{\beta}$$

$$f_{\Sigma\delta}=2f_{\Sigma\beta}=\left(\frac{L}{b}\right)F_{\beta}$$

式中　L——较大的轴承跨距（mm）；

b——齿宽（mm）；

F_{β}——螺旋线总偏差（μm）。

16.3.3　齿轮副侧隙

1. 侧隙分类及最小侧隙的确定

侧隙是在装配好的齿轮副中相互啮合轮齿之间的间隙。当两个齿轮的工作齿面相互接触时，其非工作齿面之间的最短距离为法向侧隙 j_{bn}；圆周侧隙 j_{wt} 是指将相互啮合的齿轮中的一个固定，另一个齿轮能够转过的节圆弧长的最大值。

法向侧隙与圆周侧隙之间的关系式为

$$j_{bn}=j_{wt}\cos\beta_b\cos\alpha_n$$

式中　β_b——基圆螺旋角；

α_n——分度圆法向齿形角。

GB/Z 18620. 2—2008 定义了侧隙、侧隙检验方法及最小侧隙的推荐数据（见表 16-14）。

表 16-14　对中、大模数齿轮最小侧隙 j_{bnmin} 的推荐值（GB/Z 18620. 2—2008 摘录）　（单位：mm）

法向模数 m_n	最小中心距 a_i					
	50	100	200	400	800	1600
1. 5	0. 09	0. 11	—	—	—	—
2	0. 10	0. 12	0. 15	—	—	—
3	0. 12	0. 14	0. 17	0. 24	—	—
5	—	0. 18	0. 21	0. 28	—	—
8	—	0. 24	0. 27	0. 34	0. 47	—
12	—	—	0. 35	0. 42	0. 55	—
18	—	—	—	0. 54	0. 67	0. 94

2. 影响齿轮副侧隙的偏差

为获得必需的侧隙，我国采用“基中心距制”，即在固定中心距允许偏差的情况下，通过减薄齿厚的方法实现必需的侧隙。影响齿轮副侧隙的偏差有齿厚偏差和公法线长度偏差。

(1) 齿厚偏差　齿厚偏差是指分度圆上实际齿厚与理论齿厚之差（对斜齿轮指法向齿厚），如图 16-1 所示。图中 E_{sns} 表示齿厚上极限偏差，E_{sni} 表示齿厚下极限偏差。为了保证齿轮传动侧隙，齿厚的上、下极限偏差均应为负值。齿厚公差 T_{sn} 是指允许齿厚偏差的

变动量。

1）齿厚上极限偏差。确定齿厚的上极限偏差 E_{sns}，除应考虑最小侧隙外，还要考虑齿轮和齿轮副的加工和安装误差，关系式为

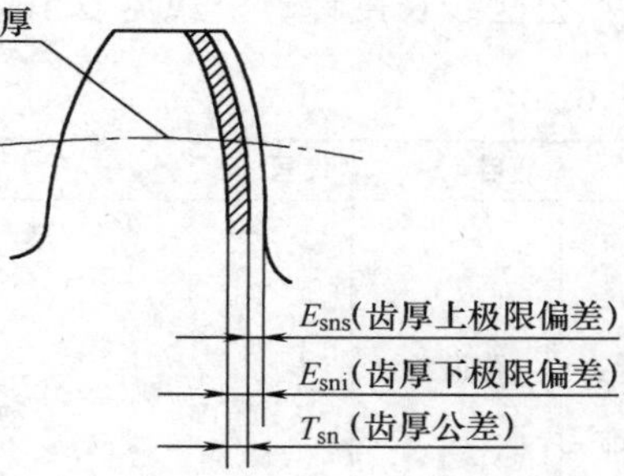

$$E_{sns1}+E_{sns2}=-2f_a\tan\alpha_n-\frac{j_{bnmin}+J_n}{\cos\alpha_n}$$

式中 E_{sns1}、E_{sns2}——小齿轮和大齿轮的齿厚上极限偏差；

f_a——中心距偏差；

J_n——齿轮和齿轮副的加工及安装误差对侧隙减小的补偿量；

α_n——法向压力角。

分度圆上理论齿厚

E_{sns}（齿厚上极限偏差）

E_{sni}（齿厚下极限偏差）

T_{sn}（齿厚公差）

图 16-1 齿厚偏差

J_n 的计算式为

$$J_n=\sqrt{f_{pb1}^2+f_{pb2}^2+2(F_\beta\cos\alpha_n)^2+(F_{\Sigma\delta}\sin\alpha_n)^2+(F_{\Sigma\beta}\cos\alpha_n)^2}$$

式中 f_{pb1}、f_{pb2}——小齿轮和大齿轮的基节偏差；

F_β——小齿轮和大齿轮的螺旋线总偏差；

$F_{\Sigma\delta}$、$F_{\Sigma\beta}$——齿轮副轴线平行度偏差；

α_n——法向压力角。

在求出两个齿轮的齿厚上极限偏差之和后，可以按等值分配方法分配给大齿轮和小齿轮；也可以使小齿轮的齿厚减薄量小于大齿轮的齿厚减薄量，以使大、小齿轮的齿根弯曲强度相匹配。

2）齿厚公差。齿厚公差的选择基本上与轮齿精度无关，除了十分必要的场合，不应采用很紧的齿厚公差，以利于在不影响齿轮性能和承载能力的前提下，获得较经济的制造成本。

齿厚公差 T_{sn} 可由下式确定

$$T_{sn}=\sqrt{F_r^2+b_r^2}$$

式中 F_r——径向圆跳动公差；

b_r——切齿径向进刀公差，可按表 16-15 选用。

表 16-15 切齿径向进刀公差

齿轮精度等级	4	5	6	7	8	9
b_r	1.26IT7	IT8	1.26IT8	IT9	1.26IT9	IT10

3）齿厚下极限偏差。根据齿厚公差计算值 T_{sn}，可求出齿厚下极限偏差 E_{sni}，即

$$E_{sni}=E_{sns}-T_{sn}$$

（2）公法线长度偏差 齿厚改变时，齿轮的公法线长度也随之改变。可以通过测量公法线长度来控制齿厚。在实际工程中，可用公法线千分尺或公法线长度指示卡规测量公法线长度。因测量时不以齿顶圆为测量基准，测量方法简单，且测量结果不受齿顶圆误差的影响，故测量精度较高。因此公法线长度偏差常作为齿厚偏差的代用指标，在生产中广泛使用。

公法线长度计算公式见表 16-16。

表 16-16　　公法线长度计算公式

<table>
<tr><th colspan="2">项目</th><th>代号</th><th>直 齿 轮</th><th>斜 齿 轮</th></tr>
<tr><td rowspan="2">标准齿轮</td><td>跨齿数</td><td>k</td><td>$k=\frac{\alpha z}{180°}+0.5$
四舍五入成整数</td><td>$k=\frac{\alpha z'}{180°}+0.5$
$z'=z\frac{\mathrm{inv}\alpha_t}{\mathrm{inv}\alpha_n}$
四舍五入成整数</td></tr>
<tr><td>公法线长度</td><td>W</td><td>$W=W'm$
$W'=\cos\alpha[\pi(k-0.5)+z\mathrm{inv}\alpha]$</td><td>$W_n=W'm_n$
$W'=\cos\alpha_n[\pi(k-0.5)+z'\mathrm{inv}\alpha_n]$</td></tr>
<tr><td rowspan="2">变位齿轮</td><td>跨齿数</td><td>k</td><td>$k=\frac{z}{\pi}\left[\frac{1}{\cos\alpha}\sqrt{\left(1-\frac{2x}{z}\right)^2-\cos^2\alpha}-\frac{2x}{z}\tan\alpha-\mathrm{inv}\alpha\right]+0.5$
四舍五入成整数</td><td>$k=\frac{z'}{\pi}\left[\frac{1}{\cos\alpha_n}\sqrt{\left(1-\frac{2x_n}{z'}\right)^2-\cos^2\alpha_n}-\frac{2x_n}{z}\tan\alpha_n-\mathrm{inv}\alpha_n\right]+0.5$
$z'=z\frac{\mathrm{inv}\alpha_t}{\mathrm{inv}\alpha_n}$
四舍五入成整数</td></tr>
<tr><td>公法线长度</td><td>W</td><td>$W=(W'+\Delta W')m$
$W'=\cos\alpha[\pi(k-0.5)+z\mathrm{inv}\alpha]$
$\Delta W'=2x\sin\alpha$</td><td>$W_n=(W'+\Delta W')m_n$
$W'=\cos\alpha_n[\pi(k-0.5)+z'\mathrm{inv}\alpha_n]$
$z'=z\frac{\mathrm{inv}\alpha_t}{\mathrm{inv}\alpha_n}$
$\Delta W'=2x_n\sin\alpha_n$</td></tr>
</table>

注：$\alpha=20°$标准圆柱齿轮的跨齿数 k 和公法线长度 W' 可在表 16-17 中查取。

公法线长度偏差是指公法线实际长度与公称长度之差。E_{bns} 为公法线长度上极限偏差，E_{bni} 为公法线长度下极限偏差。公法线长度偏差与齿厚偏差的关系为

$$E_{bns}=E_{sns}\cos\alpha_n$$

$$E_{bni}=E_{sni}\cos\alpha_n$$

公法线长度公差 T_{bn} 是指允许公法线长度偏差的变动量，其计算公式为

$$T_{bn}=E_{bns}-E_{bni}=T_{sn}\cos\alpha_n$$

16.3.4　轮齿接触斑点

齿轮副的接触斑点综合反映了齿轮副的加工误差和安装误差，是齿面接触精度的综合评定指标。对接触斑点的要求，应标注在齿轮传动装配图的技术要求中。

检验产品齿轮副在其箱体内所产生的接触斑点，可以帮助评估轮齿间的载荷分布情况。产品齿轮和测量齿轮的接触斑点可用于装配后齿轮的螺旋线和齿廓精度的评估。

接触斑点可以给出齿长方向配合不准确的程度，包括齿长方向的不准确配合和波纹度，也可以给出齿廓不准确性的程度。

表 16-17　　公法线长度 W'（$m=1$，$\alpha=20°$）

齿轮齿数 z	跨齿数 k	公法线长度 W'	齿轮齿数 z	跨齿数 k	公法线长度 W'	齿轮齿数 z	跨齿数 k	公法线长度 W'	齿轮齿数 z	跨齿数 k	公法线长度 W'	齿轮齿数 z	跨齿数 k	公法线长度 W'
			41	5	13.858 8	81	10	29.179 7	121	14	41.548 4	161	18	53.917 1
			42	5	13.872 8	82	10	29.193 7	122	14	41.562 4	162	19	56.883 3
			43	5	13.886 8	83	10	29.207 7	123	14	41.576 4	163	19	56.897 2
4	2	4.484 2	44	5	13.900 8	84	10	29.221 7	124	14	41.590 4	164	19	55.911 3
5	2	4.498 2	45	6	16.867 0	85	10	29.235 7	125	14	41.604 4	165	19	56.925 3
6	2	4.512 2	46	6	16.881 0	86	10	29.249 7	126	15	44.570 6	166	19	56.939 3
7	2	4.526 2	47	6	16.895 0	87	10	29.263 7	127	15	44.584 6	167	19	56.953 3
8	2	4.540 2	48	6	16.909 0	88	10	29.277 7	128	15	44.598 6	168	19	56.967 3
9	2	4.554 2	49	6	16.923 0	89	10	29.291 7	129	15	44.612 6	169	19	56.981 3
10	2	4.568 3	50	6	16.937 0	90	11	32.257 9	130	15	44.626 6	170	19	56.995 3
11	2	4.582 3	51	6	16.951 0	91	11	32.271 8	131	15	44.640 6	171	20	59.961 5
12	2	4.596 3	52	6	16.966 0	92	11	32.285 8	132	15	44.654 6	172	20	59.975 4
13	2	4.610 3	53	6	16.979 0	93	11	32.299 8	133	15	44.668 6	173	20	59.989 4
14	2	4.624 3	54	7	19.945 2	94	11	32.313 8	134	15	44.682 6	174	20	60.003 4
15	2	4.638 3	55	7	19.959 1	95	11	32.327 9	135	16	47.649 0	175	20	60.017 4
16	2	4.652 3	56	7	19.973 1	96	11	32.341 9	136	16	47.662 7	176	20	60.031 4
17	2	4.666 3	57	7	19.987 1	97	11	32.355 9	137	16	47.676 7	177	20	60.045 5
18	3	7.632 4	58	7	20.001 1	98	11	32.369 9	138	16	47.690 7	178	20	60.059 5
19	3	7.646 4	59	7	20.015 2	99	12	35.336 1	139	16	47.704 7	179	20	60.073 5
20	3	7.660 4	60	7	20.029 2	100	12	35.350 0	140	16	47.718 7	180	21	63.039 7
21	3	7.674 4	61	7	20.043 2	101	12	35.364 0	141	16	47.732 7	181	21	63.053 6
22	3	7.688 4	62	7	20.057 2	102	12	35.378 0	142	16	47.746 8	182	21	63.067 6
23	3	7.702 4	63	8	23.023 3	103	12	35.392 0	143	16	47.760 8	183	21	63.081 6
24	3	7.716 5	64	8	23.037 3	104	12	35.406 0	144	17	50.727 0	184	21	63.095 6
25	3	7.730 5	65	8	23.051 3	105	12	35.420 0	145	17	50.740 9	185	21	63.109 6
26	3	7.744 5	66	8	23.065 3	106	12	35.434 0	146	17	50.754 9	186	21	63.123 6
27	4	10.710 6	67	8	23.079 3	107	12	35.448 1	147	17	50.768 9	187	21	63.137 6
28	4	10.724 6	68	8	23.093 3	108	13	38.414 2	148	17	50.782 9	188	21	63.151 6
29	4	10.738 6	69	8	23.107 3	109	13	38.428 2	149	17	50.796 9	189	22	66.117 9
30	4	10.752 6	70	8	23.121 3	110	13	38.442 2	150	17	50.810 9	190	22	66.131 8
31	4	10.766 6	71	8	23.135 3	111	13	38.456 2	151	17	50.824 9	191	22	66.145 8
32	4	10.780 6	72	9	26.101 5	112	13	38.470 2	152	17	50.838 9	192	22	66.159 8
33	4	10.794 6	73	9	26.115 5	113	13	38.484 2	153	18	53.805 1	193	22	66.173 8
34	4	10.808 6	74	9	26.129 5	114	13	38.498 2	154	18	53.819 1	194	22	66.187 8
35	4	10.822 6	75	9	26.143 5	115	13	38.512 2	155	18	53.833 1	195	22	66.201 8
36	5	13.788 8	76	9	26.157 5	116	13	38.526 2	156	18	53.847 1	196	22	66.215 8
37	5	13.802 8	77	9	26.171 5	117	14	41.492 4	157	18	53.861 1	197	22	66.229 8
38	5	13.816 8	78	9	26.185 5	118	14	41.506 4	158	18	53.875 1	198	23	69.196 1
39	5	13.830 8	79	9	26.199 5	119	14	41.520 4	159	18	53.889 1	199	23	69.210 1
40	5	13.844 8	80	9	26.213 5	120	14	41.534 4	160	18	53.903 1	200	23	69.224 1

注：对于标准直齿圆柱齿轮，公法线长度 $W=W'm$；W'为 $m=1$mm、$\alpha=20°$时的公法线长度。

图 16-2 所示为标准 GB/Z 18620.4—2008 给出的在齿轮装配后（空载）检测时，所预计的齿轮接触斑点分布的一般情况，实际接触斑点不一定与该图相符。

表 16-18、表 16-19 分别为各精度等级的直齿轮、斜齿轮（对齿廓和螺旋线修形的齿面不适合）装配后所需的接触斑点。

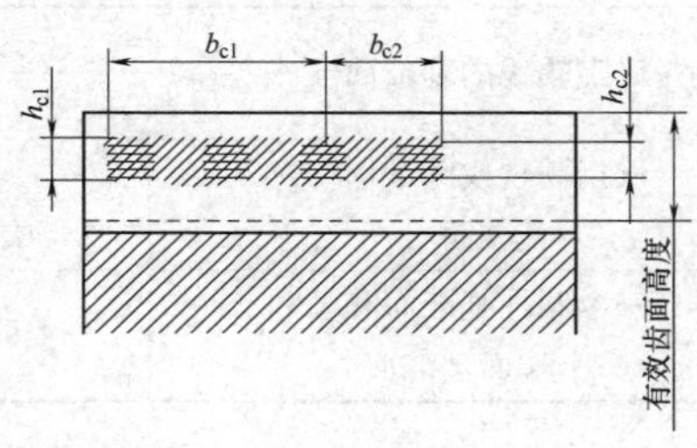

图 16-2

接触斑点分布示意图

表 16-18 直齿轮装配后的接触斑点（GB/Z 18620.4—2008 摘录）

精度等级	占齿宽的百分比 b_{c1}	占有效齿面高度的百分比 h_{c1}	占齿宽的百分比 b_{c2}	占有效齿面高度的百分比 h_{c2}
4 级及更高	50%	70%	40%	50%
5 和 6	45%	50%	35%	30%
7 和 8	35%	50%	35%	30%
9~12	25%	50%	25%	30%

表 16-19 斜齿轮装配后的接触斑点（GB/Z 18620.4—2008 摘录）

精度等级	占齿宽的百分比 b_{c1}	占有效齿面高度的百分比 h_{c1}	占齿宽的百分比 b_{c2}	占有效齿面高度的百分比 h_{c2}
4 级及更高	50%	50%	40%	30%
5 和 6	45%	40%	35%	20%
7 和 8	35%	40%	35%	20%
9~12	25%	40%	25%	20%

16.4 齿轮坯精度、齿面的表面粗糙度

16.4.1 齿轮坯精度

齿轮坯的加工精度对齿轮的加工、检测及安装精度影响很大。

标准 GB/Z 18620.3—2008 中规定了齿轮坯上确定基准轴线的基准面的形状公差（见表 16-20）。当基准轴线与工作轴线不重合时，工作安装面相对于基准轴线的跳动公差不应大于表 16-21 规定的数值。

表 16-20 基准面与安装面的形状公差（GB/Z 18620.3—2008 摘录）

确定轴线的基准面	公差项目		
	圆度	圆柱度	平面度
两个“短的”圆柱或圆锥形基准面	$0.04(L/b)F_\beta$ 或 $0.1F_p$ 取两者中之小值		
一个“长的”圆柱或圆锥形基准面		$0.04(L/b)F_\beta$ 或 $0.1F_p$ 取两者中之小值	
一个“短的”圆柱面和一个端面	$0.06F_p$		$0.06(D_d/b)F_\beta$

注：1. 齿轮坯的公差应减至能经济地制造的最小值。

2. L—较大的轴承跨距；D_d—基准面直径；b—齿宽；F_β—螺旋线总偏差；F_p—齿距累积总偏差。

表 16-21 安装面的跳动公差（GB/Z 18620.3—2008 摘录）

确定轴线的基准面	跳动量(总的指示幅度)	
	径向	轴向
仅指圆柱或圆锥形基准面	$0.15(L/b)F_\beta$ 或 $0.3F_p$，取两者中的较大值	
一个圆柱基准面和一个端面基准面	$0.3F_p$	$0.2(D_d/b)F_\beta$

齿轮的齿顶圆、齿轮孔以及安装齿轮的轴径尺寸公差与形状公差推荐按表 16-22 选用。

表 16-22　**齿轮坯的尺寸和形状公差**

齿轮精度等级		6	7	8	9	10
孔	尺寸公差 形状公差	IT6	IT7		IT8	
轴	尺寸公差 形状公差	IT5	IT6		IT7	
齿顶圆直径	作测量基准	IT8			IT9	
	不作测量基准	公差按 IT11 给定，但不大于 $0.1m_n$				

注：当齿轮各参数精度等级不同时，按最高的精度等级确定公差值。

16.4.2　齿面的表面粗糙度

齿面的表面粗糙度对齿轮的传动精度、表面承载能力和弯曲强度等都会产生很大影响，其他主要表面的表面粗糙度也会影响齿轮的加工方法、使用性能和经济性，故应规定相应表面的表面粗糙度。齿面的表面粗糙度推荐值见表 16-23。表 16-24 则给出了齿轮坯其他表面的表面粗糙度推荐值。

表 16-23　**齿面的表面粗糙度 *Ra* 推荐值**（GB/Z 18620.4—2008 摘录）　（单位：μm）

模数/mm	精度等级											
	1	2	3	4	5	6	7	8	9	10	11	12
$m \leqslant 6$	—	—	—	—	0.5	0.8	1.25	2.0	3.2	5.0	10.0	20
$6<m \leqslant 25$	0.04	0.08	0.16	0.32	0.63	1.00	1.6	2.5	4.0	6.3	12.5	25
$m>25$	—	—	—	—	0.8	1.25	2.0	3.2	5.0	8.0	16	32

表 16-24　**齿轮坯其他表面的表面粗糙度 *Ra* 推荐值**　（单位：μm）

齿轮精度等级	6	7	8	9
基准孔	1.25	1.25~2.5		5
基准轴颈	0.63	1.25	2.5	
基准端面	2.5~5		5	
顶圆柱面	5			

16.5　图样标注

在图样上，关于齿轮精度等级的标注举例如下：

1）若齿轮所有的检验项目为同一精度等级时，可标注精度等级和标准号。例如，齿轮各检验项目精度同为 7 级，标注为：

7 GB/T 10095.1—2008 或 7 GB/T 10095.2—2008

2）若齿轮的各检验项目精度等级不同时，应在各精度等级后标出相应的检验项目。例如，齿廓总偏差 F_α 为 6 级，齿距累积总偏差 F_p 为 7 级，螺旋线总偏差 F_β 为 7 级，则应标注为：

$6(F_\alpha)$、$7(F_p、F_\beta)$（GB/T 10095.1—2008）

第 17 章 电动机

17.1 YX3、YE2、YE3 系列三相异步电动机

YX3 系列三相异步电动机采用冷轧硅钢片作为导磁材料，在 Y3 系列的基础上进行设计，属于高效率电动机，符合强制性国家标准 GB 18613—2020 中 3 级电动机能效指标。YE2 系列根据高效率电动机标准设计，性能与 YX3 系列相当。YE3 系列电动机采用高导磁率、低损耗的冷轧无取向硅钢片作为导磁材料，属于超高效率、低噪声三相异步电动机。

电动机型号由“系列号-机座号-极数”组成，例如：YX3-90S-4，表示电动机属于 YX3 系列，机座号为 90S，极数等于 4。机座号由中心高数值和长度代号组成，机座号 90S 表示电动机中心高为 90mm，长度代号 S（S，短机座；M，中机座；L，长机座），长度代号后面可以加一位数字，表示同一机座号和转速下的不同功率。

YX3、YE2、YE3 系列三相异步电动机技术数据见表 17-1。

表 17-1 YX3（JB/T 10686—2006 摘录）、YE2（JB/T 11707—2017 摘录）、YE3（GB/T 28575—2020 摘录）系列三相异步电动机技术数据

型号	功率/kW	同步转速/(r/min)	效率(%)			功率因数 cosψ			空载噪声/dB(A)			堵转电流/额定电流			堵转转矩/额定转矩			最大转矩/额定转矩			最小转矩/额定转矩		
			YX3	YE2	YE3	YX3	YE2	YE3	YX3	YE2	YE3	YX3	YE2	YE3	YX3	YE2	YE3	YX3	YE2	YE3	YX3	YE2	YE3
132M-4	7.5	1500	90.1	88.7	90.4	0.83	0.83	0.84	71	71	71	7.4	7.3	7.5	2.0	2.0	2.0	2.3	2.3	2.3	1.4	1.4	1.4
160M-4	11	1500	91.0	89.8	91.4	0.85	0.83	0.85	73	73	73	7.5	7.4	7.7	2.2	2.0	2.2	2.3	2.3	2.3	1.4	1.4	1.4
160L-4	15	1500	91.8	90.6	92.1	0.86	0.84	0.86	73	73	73	7.5	7.5	7.8	2.2	2.0	2.2	2.3	2.3	2.3	1.4	1.4	1.4
180M-4	18.5	1500	92.2	91.2	92.6	0.86	0.85	0.86	76	76	76	7.7	7.6	7.8	2.2	2.0	2.0	2.3	2.3	2.3	1.2	1.2	1.2
180L-4	22	1500	92.6	91.6	93.0	0.86	0.85	0.86	76	76	76	7.8	7.7	7.8	2.2	2.1	2.0	2.3	2.3	2.3	1.2	1.2	1.2
200L-4	30	1500	93.2	92.3	93.6	0.86	0.85	0.86	76	76	76	7.2	7.1	7.3	2.2	2.1	2.0	2.3	2.3	2.3	1.2	1.2	1.2
225S-4	37	1500	93.6	92.7	93.9	0.86	0.86	0.86	78	78	78	7.3	7.3	7.4	2.2	2.1	2.0	2.3	2.3	2.3	1.2	1.2	1.2
225M-4	45	1500	93.9	93.1	94.2	0.86	0.86	0.86	78	78	78	7.4	7.3	7.4	2.2	2.2	2.0	2.3	2.3	2.3	1.1	1.1	1.1
250M-4	55	1500	94.2	93.5	94.6	0.86	0.86	0.86	79	79	79	7.4	7.3	7.4	2.2	2.2	2.2	2.3	2.3	2.3	1.1	1.1	1.1
90S-6	0.75	1000	77.7	75.9	78.9	0.72	0.71	0.71	57	57	57	5.8	5.8	6.0	2.1	2.0	2.0	2.1	2.1	2.1	1.5	1.5	1.5
90L-6	1.1	1000	79.9	78.1	81.0	0.73	0.72	0.73	57	57	57	5.9	5.9	6.0	2.1	2.0	2.0	2.1	2.1	2.1	1.3	1.3	1.3

（续）

型号	功率/kW	同步转速/(r/min)	效率(%)			功率因数 cosψ			空载噪声/dB(A)			堵转电流/额定电流			堵转转矩/额定转矩			最大转矩/额定转矩			最小转矩/额定转矩		
			YX3	YE2	YE3	YX3	YE2	YE3	YX3	YE2	YE3	YX3	YE2	YE3	YX3	YE2	YE3	YX3	YE2	YE3	YX3	YE2	YE3
100L-6	1.5	1000	81.5	79.8	82.5	0.74	0.72	0.73	61	61	61	6.0	5.9	6.5	2.1	2.0	2.0	2.1	2.1	2.1	1.3	1.3	1.3
112M-6	2.2	1000	83.4	81.8	84.3	0.74	0.72	0.74	65	65	65	6.0	6.2	6.6	2.1	2.0	2.0	2.1	2.1	2.1	1.3	1.3	1.3
132S-6	3	1000	84.9	83.3	85.6	0.74	0.72	0.74	69	69	69	6.2	6.4	6.8	2.0	2.0	2.0	2.1	2.1	2.1	1.3	1.3	1.3
132M1-6	4	1000	86.1	84.6	86.8	0.74	0.74	0.74	69	69	69	6.8	6.6	6.8	2.0	2.0	2.0	2.1	2.1	2.1	1.3	1.3	1.3
132M2-6	5.5	1000	87.4	86.0	88.0	0.75	0.75	0.75	69	69	69	7.1	6.8	7.0	2.0	2.0	2.0	2.1	2.1	2.1	1.3	1.3	1.3
160M-6	7.5	1000	89.0	87.2	89.1	0.78	0.78	0.79	70	73	73	6.7	6.8	7.0	2.1	2.0	2.0	2.1	2.1	2.1	1.3	1.3	1.3
160L-6	11	1000	90.0	88.7	90.3	0.79	0.79	0.80	70	73	73	6.9	6.9	7.2	2.1	2.0	2.0	2.1	2.1	2.1	1.2	1.2	1.2
180L-6	15	1000	91.0	89.7	91.2	0.81	0.82	0.81	73	73	73	7.2	7.3	7.3	2.0	2.0	2.0	2.1	2.1	2.1	1.2	1.2	1.2
200L1-6	18.5	1000	91.5	90.4	91.7	0.81	0.80	0.81	73	73	73	7.2	7.2	7.3	2.1	2.0	2.0	2.1	2.1	2.1	1.2	1.2	1.2
200L2-6	22	1000	92.0	90.9	92.2	0.82	0.81	0.81	73	73	73	7.3	7.3	7.4	2.1	2.0	2.0	2.1	2.1	2.1	1.2	1.2	1.2
225M-6	30	1000	92.5	91.7	92.9	0.81	0.82	0.83	74	74	74	7.1	6.8	6.9	2.0	2.0	2.0	2.1	2.1	2.1	1.2	1.2	1.2
250M-6	37	1000	93.0	92.2	93.3	0.84	0.83	0.84	76	76	76	7.1	7.0	7.1	2.1	2.0	2.0	2.1	2.1	2.1	1.2	1.2	1.2
80M1-2	0.75	3000	77.5	77.4	80.7	0.83	0.82	0.82	62	62	62	6.8	6.8	7.0	2.3	2.3	2.3	2.3	2.3	2.3	1.5	1.5	1.5
80M2-2	1.1	3000	82.8	79.6	82.7	0.83	0.83	0.83	62	62	62	7.3	7.1	7.3	2.3	2.3	2.2	2.3	2.3	2.3	1.5	1.5	1.5
90S-2	1.5	3000	84.1	81.3	84.2	0.84	0.84	0.84	67	67	67	7.6	7.3	7.6	2.3	2.3	2.2	2.3	2.3	2.3	1.5	1.5	1.5
90L-2	2.2	3000	85.6	83.2	85.9	0.85	0.85	0.85	67	67	67	7.8	7.6	7.6	2.3	2.3	2.2	2.3	2.3	2.3	1.4	1.4	1.4
100L-2	3	3000	86.7	84.6	87.1	0.87	0.87	0.87	74	74	74	8.1	7.8	7.8	2.3	2.2	2.2	2.3	2.3	2.3	1.4	1.4	1.4
112M-2	4	3000	87.6	85.8	88.1	0.88	0.88	0.88	77	77	77	8.3	8.1	8.3	2.3	2.2	2.2	2.3	2.3	2.3	1.4	1.4	1.4
132S1-2	5.5	3000	88.6	87.0	89.2	0.88	0.88	0.88	79	79	79	8.0	8.2	8.3	2.2	2.2	2.0	2.3	2.3	2.3	1.2	1.2	1.2
132S2-2	7.5	3000	89.5	88.1	90.1	0.89	0.89	0.88	79	79	79	7.8	7.8	7.9	2.2	2.2	2.0	2.3	2.3	2.3	1.2	1.2	1.2
160M1-2	11	3000	90.5	89.4	91.2	0.89	0.89	0.89	81	81	81	7.9	7.9	8.1	2.2	2.2	2.0	2.3	2.3	2.3	1.2	1.2	1.2
160M2-2	15	3000	91.3	90.3	91.9	0.89	0.89	0.89	81	81	81	8.0	7.9	8.1	2.2	2.2	2.0	2.3	2.3	2.3	1.2	1.2	1.2
160L-2	18.5	3000	91.8	90.9	92.4	0.89	0.89	0.89	81	81	81	8.1	8.0	8.2	2.2	2.2	2.0	2.3	2.3	2.3	1.1	1.1	1.1
180M-2	22	3000	92.2	91.3	92.7	0.89	0.89	0.89	83	83	83	8.2	8.1	8.2	2.2	2.2	2.0	2.3	2.3	2.3	1.1	1.1	1.1
200L1-2	30	3000	92.9	92.0	93.3	0.89	0.89	0.89	84	84	84	7.5	7.5	7.6	2.2	2.0	2.0	2.3	2.3	2.3	1.1	1.1	1.1
200L2-2	37	3000	93.3	92.5	93.7	0.89	0.89	0.89	84	84	84	7.5	7.5	7.6	2.2	2.0	2.0	2.3	2.3	2.3	1.1	1.1	1.1
225M-2	45	3000	93.7	92.9	94.0	0.89	0.89	0.90	86	86	86	7.6	7.5	7.7	2.2	2.2	2.0	2.3	2.3	2.3	1.0	1.0	1.0
225M-2	55	3000	94.0	93.2	94.3	0.89	0.89	0.90	89	89	89	7.6	7.6	7.7	2.2	2.2	2.0	2.3	2.3	2.3	1.0	1.0	1.0
80M1-4	0.55	1500	80.7	—	—	0.75	—	—	56	—	—	6.3	—	—	2.3	—	—	2.3	—	—	1.7	—	—
80M2-4	0.75	1500	82.3	79.6	82.5	0.75	0.76	0.75	56	56	56	6.5	6.4	6.6	2.3	2.3	2.3	2.3	2.3	2.3	1.6	1.6	1.6
90S-4	1.1	1500	83.8	81.4	84.1	0.75	0.77	0.76	59	59	59	6.6	6.6	6.8	2.3	2.3	2.3	2.3	2.3	2.3	1.6	1.6	1.6
90L-4	1.5	1500	85.0	82.8	85.3	0.75	0.78	0.77	59	59	59	6.9	6.7	7.0	2.3	2.3	2.3	2.3	2.3	2.3	1.6	1.6	1.6
100L1-4	2.2	1500	86.4	84.3	86.7	0.81	0.80	0.81	64	64	64	7.5	7.3	7.6	2.3	2.3	2.3	2.3	2.3	2.3	1.5	1.5	1.5
100L2-4	3	1500	87.4	85.5	87.7	0.82	0.81	0.82	64	64	64	7.6	7.5	7.6	2.3	2.3	2.3	2.3	2.3	2.3	1.5	1.5	1.5
112M-4	4	1500	88.3	86.6	88.6	0.82	0.81	0.82	65	65	65	7.7	7.5	7.8	2.3	2.3	2.2	2.3	2.3	2.3	1.5	1.5	1.5
132S-4	5.5	1500	89.2	87.7	89.6	0.82	0.82	0.83	71	71	71	7.5	7.5	7.9	2.0	2.0	2.0	2.3	2.3	2.3	1.4	1.4	1.4

YX3、YE2、YE3 系列（机座带底脚、端盖无凸缘）三相异步电动机的外形及安装尺寸见表 17-2。

表 17-2 机座带底脚、端盖无凸缘电动机的外形及安装尺寸（JB/T 10686—2006 摘录） （单位：mm）

机座号80~90　　机座号100~132　　机座号160~355　　机座号80~355

机座号	极数	安装尺寸及公差																		外形尺寸				
		A	*A*/2	*B*	*C*		*D*		*E*		*F*		*G*[1]		*H*		*K*[2]			*AB*	*AC*	*AD*	*HD*	*L*
		基本尺寸	基本尺寸	基本尺寸	基本尺寸	极限偏差	基本尺寸	极限偏差	基本尺寸	极限偏差	基本尺寸	极限偏差	基本尺寸	极限偏差	基本尺寸	极限偏差	基本尺寸	极限偏差	位置度公差					
80M	2、4、6	125	62.5	100	50	±1.5	19	+0.009 −0.004	40	±0.31	6	0 −0.030	15.5	0 −0.10	80	0 −0.5	10	+0.36 0	φ1.0Ⓜ	165	175	145	220	305
90S		140	70		56		24		50		8		20	0 −0.20	90					180	195	165	260	360
90L				125																				390
100L		160	80	140	63	±2.0	28		60	±0.37		0 −0.036	24		100		12	+0.43 0		205	215	180	275	435
112M		190	95		70										112					230	240	190	300	470
132S		216	108		89		38		80		10		33		132					270	275	210	345	510
132M				178																				560
160M		254	127	210	108	±3.0	42	+0.018 +0.002	110	±0.43	12	0 −0.043	37		160		14.5		φ1.2Ⓜ	320	330	255	420	670
160L				254																				700
180M		279	139.5	241	121		48				14		42.5		180					355	380	280	455	740
180L				279																				790
200L		318	159	305	133		55	+0.030 +0.011			16		49		200		18.5	+0.52 0		395	420	305	505	790
225S	4	356	178	286	149	±4.0	60		140	±0.50	18		53		225					435	470	335	560	830
225M	2			311			55		110	±0.43	16		49											825
	4、6						60		140	±0.50	18		53											855
250M	2	406	203	349	168										250		24		φ2.0Ⓜ	490	510	370	615	915
	4、6						65						58											

① $G=D-GE$、GE 的极限偏差对机座号 80 为（$^{+0.10}_{0}$），其余为（$^{+0.20}_{0}$）

② K 孔的位置度公差以轴伸的轴线为基准。

17.2　YZ 系列冶金及起重用三相异步电动机

冶金及起重用三相异步电动机是用于驱动各种形式的起重机械和冶金设备中的辅助机械的专用系列产品。它具有较大的过载能力和较高的机械强度，特别适用于短时或断续周期运行、频繁起动和制动、有时过载荷及有显著振动与冲击的设备。

YZ 系列三相异步电动机为笼型转子电动机（见表 17-3、表 17-4）。冶金及起重用电动机大多采用绕线转子，但对于 30kW 以下电动机以及在起动不是很频繁而电网容量又许可满压起动的场所，也可采用笼型转子。

根据载荷的不同性质，电动机常用的工作制分为 S2（短时工作制）、S3（断续周期性工作制）、S4（包括起动的断续周期性工作制）、S5（包括电制动的断续周期性工作制）四种。冶金及起重用电动机的额定工作制为 S3，每一工作周期为 10min。电动机的基准载荷持续率 FC 为 40%。

表 17-3　　YZ 系列电动机技术数据（JB/T 10104—2018 摘录）

机座号	同步转速/（r/min）			
	1000		750	
	功率/kW	转子转动惯量/(kg·m²)	功率/kW	转子转动惯量/(kg·m²)
112M	1.5	0.022	—	—
132M1	2.2	0.056	—	—
132M2	3.7	0.062	—	—
160M1	5.5	0.114	—	—
160M2	7.5	0.143	—	—
160L	11	0.192	7.5	0.192
180L	—	—	11	0.352
200L	—	—	15	0.622
225M	—	—	22	0.820
250M1	—	—	30	1.432

注：M 后面的 1、2 分别代表同一机座号和转速下的不同功率。

表 17-4 YZ 系列电动机的安装及外形尺寸（IM1001、IM1002、IM1003、IM1004 型） （单位：mm）

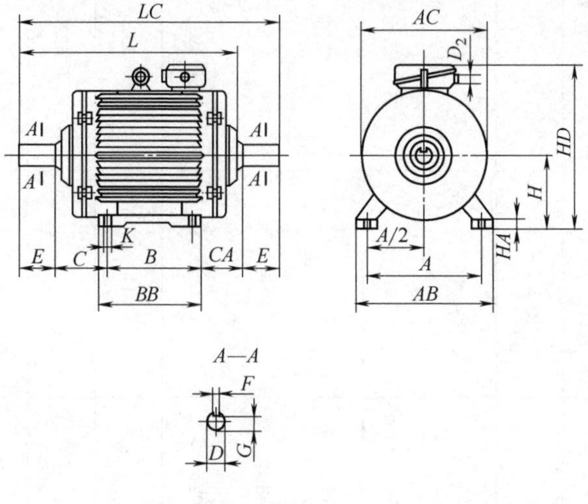

机座号112M～132M

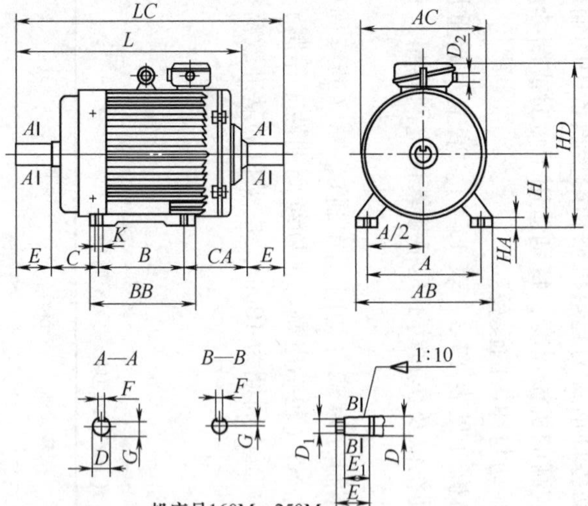

机座号160M～250M

机座号	安装尺寸及公差																								外形尺寸						
	A	A/2[1]	B	C[2]		CA	D[3]		D_1	(D_2[4])	E		E_1		F		G		H		K				AB	AC	BB	HA	HD	L	LC
				基本尺寸	极限偏差		基本尺寸	极限偏差			基本尺寸	极限偏差	基本尺寸	极限偏差	基本尺寸	极限偏差	基本尺寸	极限偏差	基本尺寸	极限偏差	基本尺寸	极限偏差	位置度公差	螺栓直径							
112M	190	95	140	70	±2.0	135	32	+0.018 +0.002	—	M30×2	80	±0.37	—	—	10	0 -0.036	27	0 -0.2	112	0 -0.5	12	+0.43 0	ϕ1.0 Ⓜ	M10	250	245	235	18	335	420	505
132M	216	108	178	89		150	38										33		132						275	285	260	20	365	495	577
160M	254	127	210	108	±3.0	180	48			M36×2	110	±0.43			14		42.5		160		14.5		ϕ1.2 Ⓜ	M12	320	325	290	25	425	608	718
160L			254																								335			650	762
180L	279	139.5	279	121			55		M36×3				82	0 -0.46		0 -0.043	19.9		180						360	360	380		465	685	800
200L	318	159	305	133		210	60	+0.030 +0.011	M42×3	M48×2	140	±0.50	105		16		21.4		200		18.5	+0.52 0		M16	405	405	400	28	510	780	928
225M	356	178	311	149	±4.0	258	65										23.9		225						455	430	410		545	850	998
250M	406	203	349	168		295	70		M48×3						18		25.4		250		24		ϕ2.0 Ⓜ	M20	515	480	510	30	605	935	1092

① K 孔的位置度公差以轴伸的轴线为基准。

② C 尺寸的极限偏差包括轴的窜动。

③ 圆柱形轴伸按 GB/T 756—2010 的规定，圆锥形轴伸按 GB/T 757—2010 的规定检查。

④ D_2 为定子接线口推荐尺寸。

第 18 章

减速器传动零件结构及参考图例

18.1 传动零件的结构尺寸

18.1.1 普通 V 带轮

1. 带轮的典型结构及尺寸（见图 18-1、表 18-1、表 18-2）

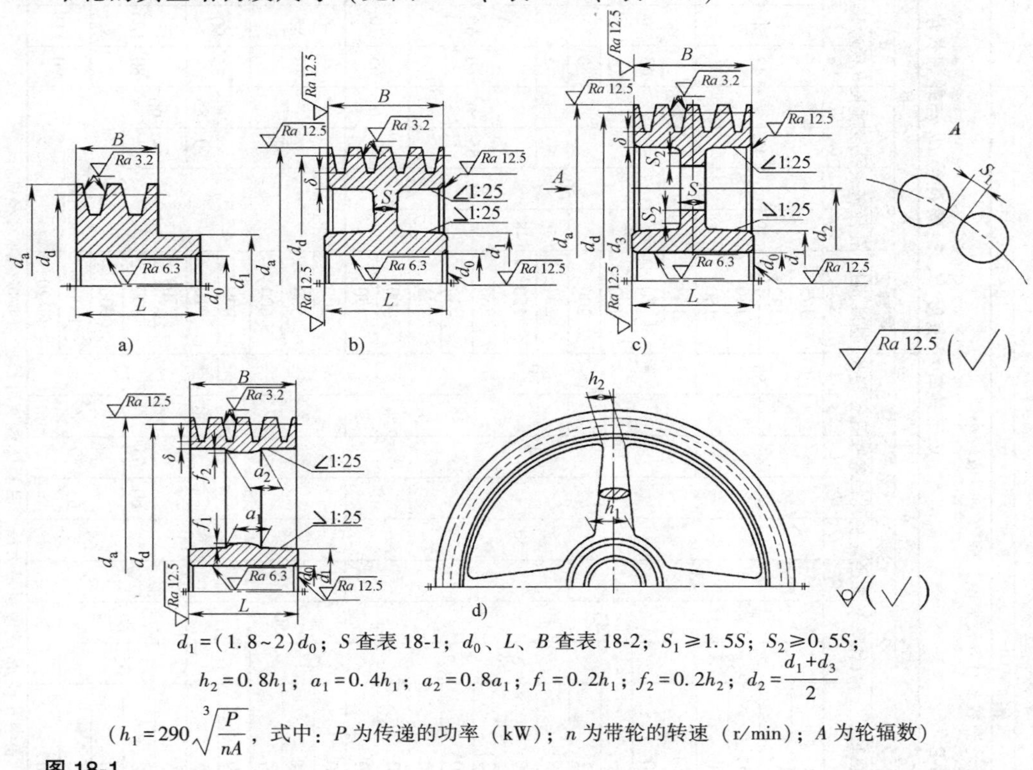

$d_1=(1.8\sim2)d_0$；S 查表 18-1；d_0、L、B 查表 18-2；$S_1\geqslant1.5S$；$S_2\geqslant0.5S$；

$h_2=0.8h_1$；$a_1=0.4h_1$；$a_2=0.8a_1$；$f_1=0.2h_1$；$f_2=0.2h_2$；$d_2=\dfrac{d_1+d_3}{2}$

（$h_1=290\sqrt[3]{\dfrac{P}{nA}}$，式中：$P$ 为传递的功率（kW）；n 为带轮的转速（r/min）；A 为轮辐数）

图 18-1

带轮的典型结构及尺寸

a）实心带轮　b）辐板带轮　c）孔板带轮　d）椭圆轮辐带轮

表 18-1 V 带轮辐板厚度

V 带型号	A	B	C
辐板厚度 S	10~18	14~24	18~30

注：带轮槽数多时取较大值，槽数少时取较小值。

表 18-2 V 带轮轮缘宽度 B、轮毂孔径 d_0 与轮毂长度 L（GB/T 10412—2002 摘录） （单位：mm）

槽型	A								B											C										
槽数 Z	2		3		4		5		槽数 Z	2		3		4		5		6		槽数 Z	3		4		5		6		7	
基准直径 d_d	孔径 d_0	毂长 L	孔径 d_0	毂长 L	孔径 d_0	毂长 L	孔径 d_0	毂长 L	基准直径 d_d	孔径 d_0	毂长 L	孔径 d_0	毂长 L	孔径 d_0	毂长 L	孔径 d_0	毂长 L	孔径 d_0	毂长 L	基准直径 d_d	孔径 d_0	毂长 L	孔径 d_0	毂长 L	孔径 d_0	毂长 L	孔径 d_0	毂长 L	孔径 d_0	毂长 L
75					38		38		175							42	50			200	55		60	70	65	80	70	90	75	
(80)						45		50	(132)	38		42		43	50			48	60	212		70								
(85)	32								140		45					48	60			224	60		65	80	70	90	75			100
90			33						150											236									80	
(95)							42		160				50					55	65	250	65	80	70	90				100		
100									(170)	42		48		48					70	(265)					75		80			
(106)		45							180						55	55		60		280	70	90	75			100			85	110
112					42				200		50			50						300				100						
(118)						50		60	224			50		55		60			80	315					80		85	110	90	
125	38			50					250	48							70	65		(335)			80		85	110	90			120
(132)									280			55	6	60	65	65				355	75	100			90		95	120	95	
140			42				48		315										90	400			85	110		120				
150									355	55	60							75		450	80				95		100		100	140
160					48				400			60	65	65	70	70			100	500	85	110	90	120	100	140		140	105	
180									450											560			95				105		110	
200	42						55		500	60	65									600	90								115	160
224		50	48					65	560			65	75	70	85	75	90	80	105	630		120	100		105		110			
250					55	60			(600)											710				140		160		160		
280	48								630					75	90	80	105	90	115	750	95		105		110		115		120	180
315			55	60			60		710			70	85							800										
355									(750)			75	90							900	100	140	110		115		120	180	125	
400	55	60			60	65		70	800					80	105	90	115	100	125	1 000				160	120	180	125		130	200
450			60	65					(900)											1 120			115				130	200	135	
500					65	70	65		1 000					90	115	100	125	110	140	1 250			120		125				140	220
560									1 120											1 400					130	200	135	220		

注：1. 表中孔径 d_0 的值系最大值，其具体数值可根据需要按标准直径选择。
2. 括号内的基准直径尽量不予选用。
3. 轮缘宽 $B=(z-1)e+2f$。

2. 带轮的技术要求（GB/T 13575.1—2008）

1）带轮的平衡按 GB/T 11357—2008 的规定进行，轮槽表面粗糙度值 Ra 为 1.6μm 或 3.2μm，轮槽的棱边要倒圆或倒钝。

2）带轮外圆的径向圆跳动和基准圆的斜向圆跳动公差 t 不得大于表 18-3 的规定（标注方法见图 18-2）。

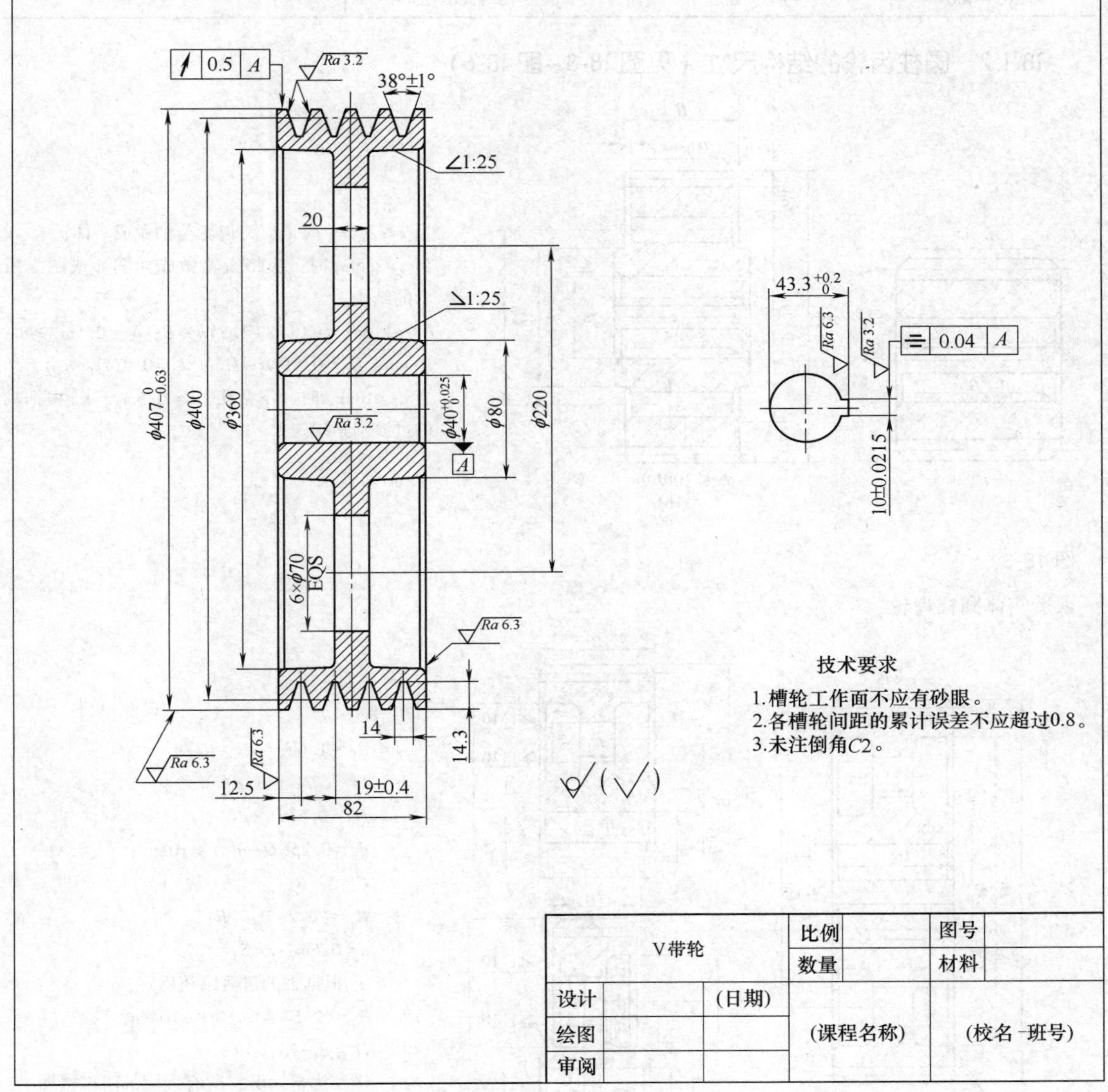

图 18-2

V 带轮工作图

3）带轮各轮槽间距的累积误差不得超过±0.8mm。

4）轮槽中间平面与带轮轴线垂直度为±0.5°。

表 18-3 带轮的圆跳动公差 （单位：mm）

带轮基准直径 d_d	径向圆跳动	斜向圆跳动	带轮基准直径 d_d	径向圆跳动	斜向圆跳动
≥20~100	0.2		≥425~630	0.6	
≥106~160	0.3		≥670~1000	0.8	
≥170~250	0.4		≥1060~1600	1.0	
≥265~400	0.5		≥1700~2500	1.2	

18.1.2 圆柱齿轮的结构尺寸（见图 18-3~图 18-6）

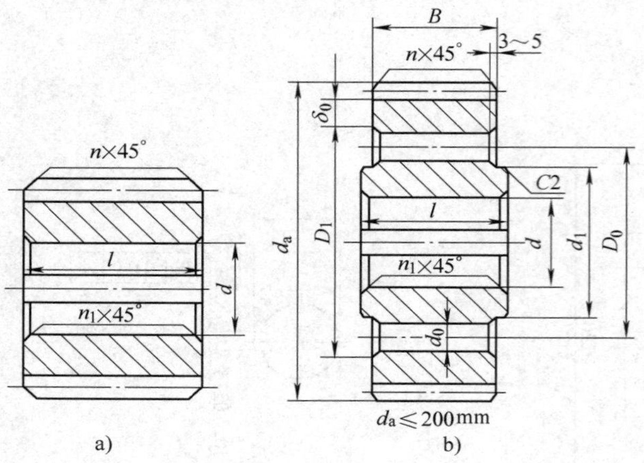

当 $x \leqslant 2.5m_t$ 时，应将齿轮与轴做成一体；

当 $x>2.5m_t$ 时，应将齿轮做成如图 a 或图 b 所示的结构。

$d_1 \approx 1.6d$；$l=(1.2\sim1.5)d \geqslant B$；$\delta_0=2.5m_n \geqslant 8\sim10\text{mm}$；$D_0=0.5(D_1+d_1)$；$d_0=0.2(D_1-d_1)$。

当 $d_0<10\text{mm}$ 时，不钻孔，$n=0.5m_n$，n_1 根据轴的过渡圆角确定。

图 18-3

锻造实体圆柱齿轮

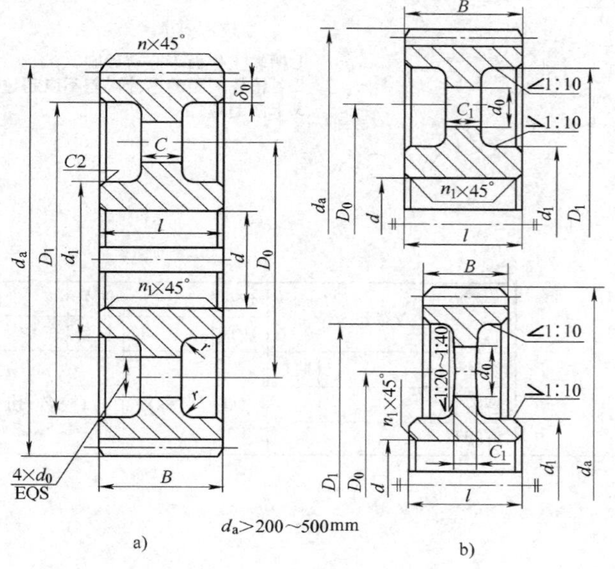

$d_1 \approx 1.6d$；

$l=(1.2\sim1.5)d \geqslant B$；

$D_0=0.5(D_1+d_1)$；

$d_0=0.25(D_1-d_1) \geqslant 10\text{mm}$；

$C=0.3B$；

$C_1=(0.2\sim0.3)B$；

$n=0.5m_n$；$r=5$；

n_1 根据轴的过渡圆角确定；

$\delta_0=(2.5\sim4)m_n \geqslant 8\sim10\text{mm}$；

$D_1=d_f-2\delta_0$。

图 a 为自由锻，所有表面都需机械加工；图 b 为模锻，轮缘内表面、轮毂外表面及辐板表面都不需机械加工。

图 18-4

锻造辐板圆柱齿轮

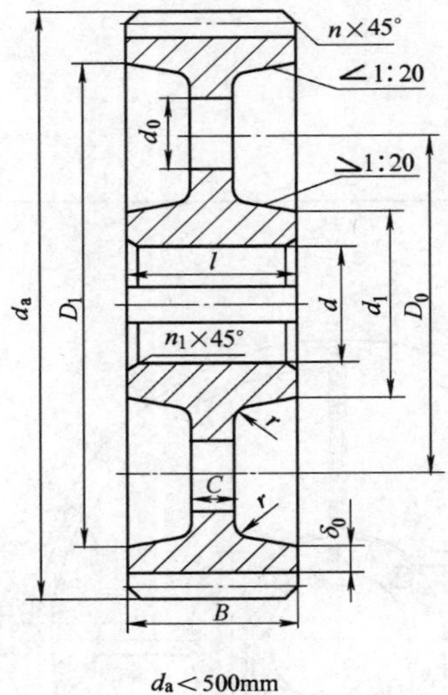

$d_1=1.6d$（铸钢）；
$d_1=1.8d$（铸铁）；
$l=(1.2\sim1.5)d\geqslant B$；
$\delta_0=(2.5\sim4)m_n\geqslant8\sim10$mm；
$D_1=d_f-2\delta_0$；
$C=0.2B\geqslant10$mm；
$D_0=0.5(D_1+d_1)$；
$d_0=0.25(D_1-d_1)$；
$n=0.5m_n$；
n_1、r 由结构确定。

图 18-5

铸造圆柱齿轮（1）

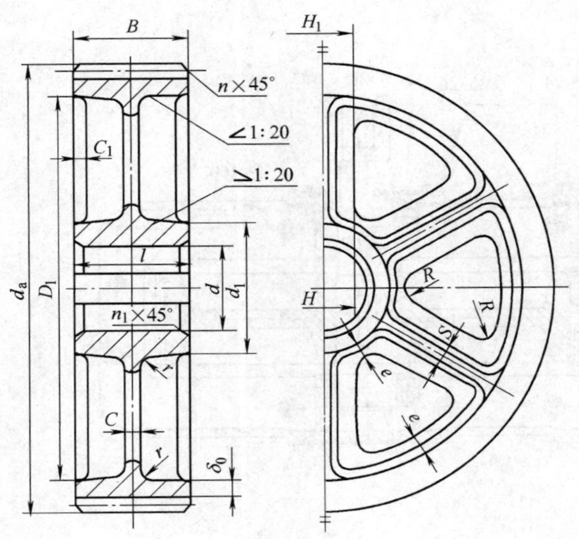

$d_1=1.6d$（铸钢）；
$d_1=1.8d$（铸铁）；
$l=(1.2\sim1.5)d\geqslant B$；
$\delta_0=$（$2.5\sim4$）$m_n\geqslant8\sim10$mm；
$D_1=d_f-2\delta_0$；
$n=0.5m_n$；
$H=0.8d$；
$H_1=0.8H$；
$C=0.2H\geqslant10$mm；
$C_1=0.8C$；
$S=0.17H\geqslant10$mm；
$e=0.8\delta_0$；
n_1、r、R 由结构确定。

图 18-6

铸造圆柱齿轮（2）

18.2 圆柱齿轮减速器图例

18.2.1 一级圆柱齿轮减速器（见图 18-7）

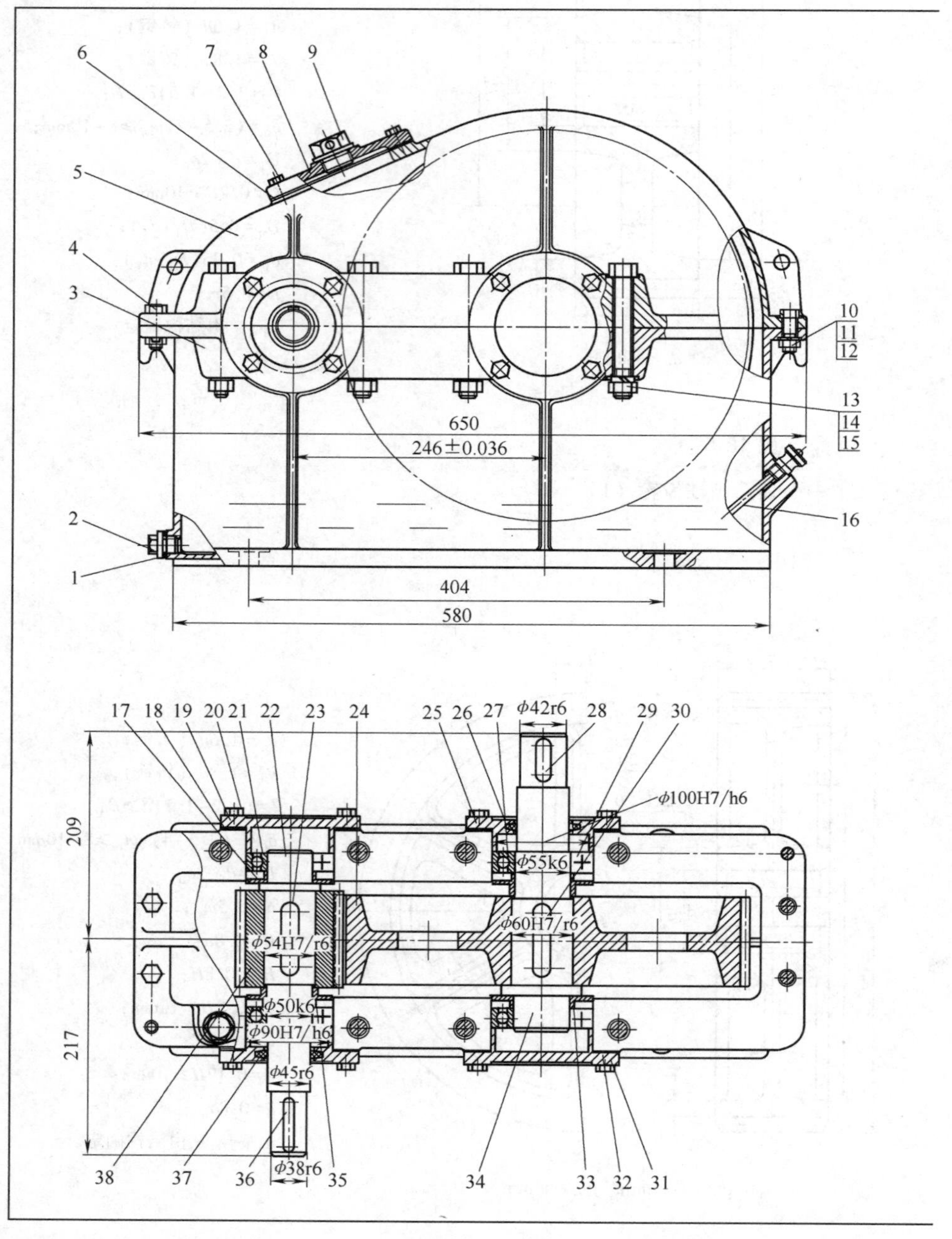

图 18-7

一级圆柱齿轮减速器

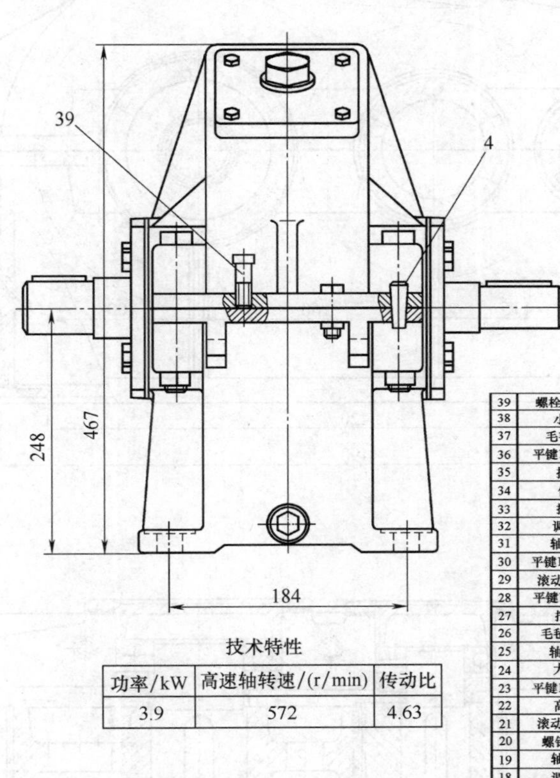

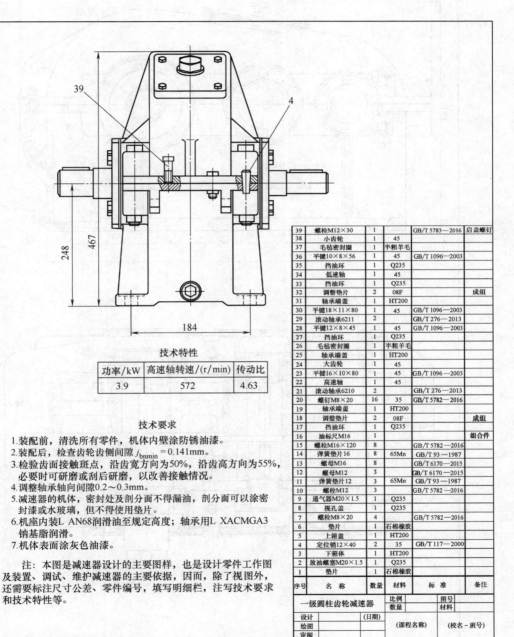

技术特性

功率/kW	高速轴转速/(r/min)	传动比
3.9	572	4.63

技术要求

1.装配前，清洗所有零件，机体内壁涂防锈油漆。
2.装配后，检查齿轮齿侧间隙 $j_{bnmin}=0.141\text{mm}$。
3.检验齿面接触斑点，沿齿宽方向为50%，沿齿高方向为55%，必要时可研磨或刮后研磨，以改善接触情况。
4.调整轴承轴向间隙0.2～0.3mm。
5.减速器的机体，密封处及剖分面不得漏油，剖分面可以涂密封漆或水玻璃，但不得使用垫片。
6.机座内装L AN68润滑油至规定高度；轴承用L XACMGA3钠基脂润滑。
7.机体表面涂灰色油漆。

注：本图是减速器设计的主要图样，也是设计零件工作图及装置、调试、维护减速器的主要依据，因而，除了视图外，还需要标注尺寸公差、零件编号，填写明细栏，注写技术要求和技术特性等。

序号	名　称	数量	材料	标　准	备注
39	螺栓M12×30	1		GB/T 5783—2016	启盖螺钉
38	小齿轮	1	45		
37	毛毡密封圈	1	半粗羊毛		
36	平键10×8×56	1	45	GB/T 1096—2003	
35	挡油环	1	Q235		
34	低速轴	1	45		
33	挡油环	1	Q235		
32	调整垫片	2	08F		成组
31	轴承端盖	1	HT200		
30	平键18×11×80	1	45	GB/T 1096—2003	
29	滚动轴承6211	2		GB/T 276—2013	
28	平键12×8×45	1	45	GB/T 1096—2003	
27	挡油环	1	Q235		
26	毛毡密封圈	1	半粗羊毛		
25	轴承端盖	1	HT200		
24	大齿轮	1	45		
23	平键16×10×80	1	45	GB/T 1096—2003	
22	高速轴	1	45		
21	滚动轴承6210	2		GB/T 276—2013	
20	螺钉M8×20	16	35	GB/T 5782—2016	
19	轴承端盖	1	HT200		
18	调整垫片	2	08F		成组
17	挡油环	1	Q235		
16	油标尺M16	1			组合件
15	螺栓M16×120	8		GB/T 5782—2016	
14	弹簧垫片16	8	65Mn	GB/T 93—1987	
13	螺母M16	8		GB/T 6170—2015	
12	螺母M12	3		GB/T 6170—2015	
11	弹簧垫片12	3	65Mn	GB/T 93—1987	
10	螺栓M12	3		GB/T 5782—2016	
9	通气器M20×1.5	1	Q235		
8	视孔盖	1	Q235		
7	螺栓M8×20	4		GB/T 5782—2016	
6	垫片	1	石棉橡胶		
5	上箱盖	1	HT200		
4	定位销12×40	2	35	GB/T 117—2000	
3	下箱体	1	HT200		
2	放油螺塞M20×1.5	1	Q235		
1	垫片	1	石棉橡胶		

一级圆柱齿轮减速器		比例		图号	
		数量		材料	
设计	(日期)	(课程名称)		(校名－班号)	
绘图					
审阅					

18.2.2 二级圆柱齿轮减速器（见图18-8）

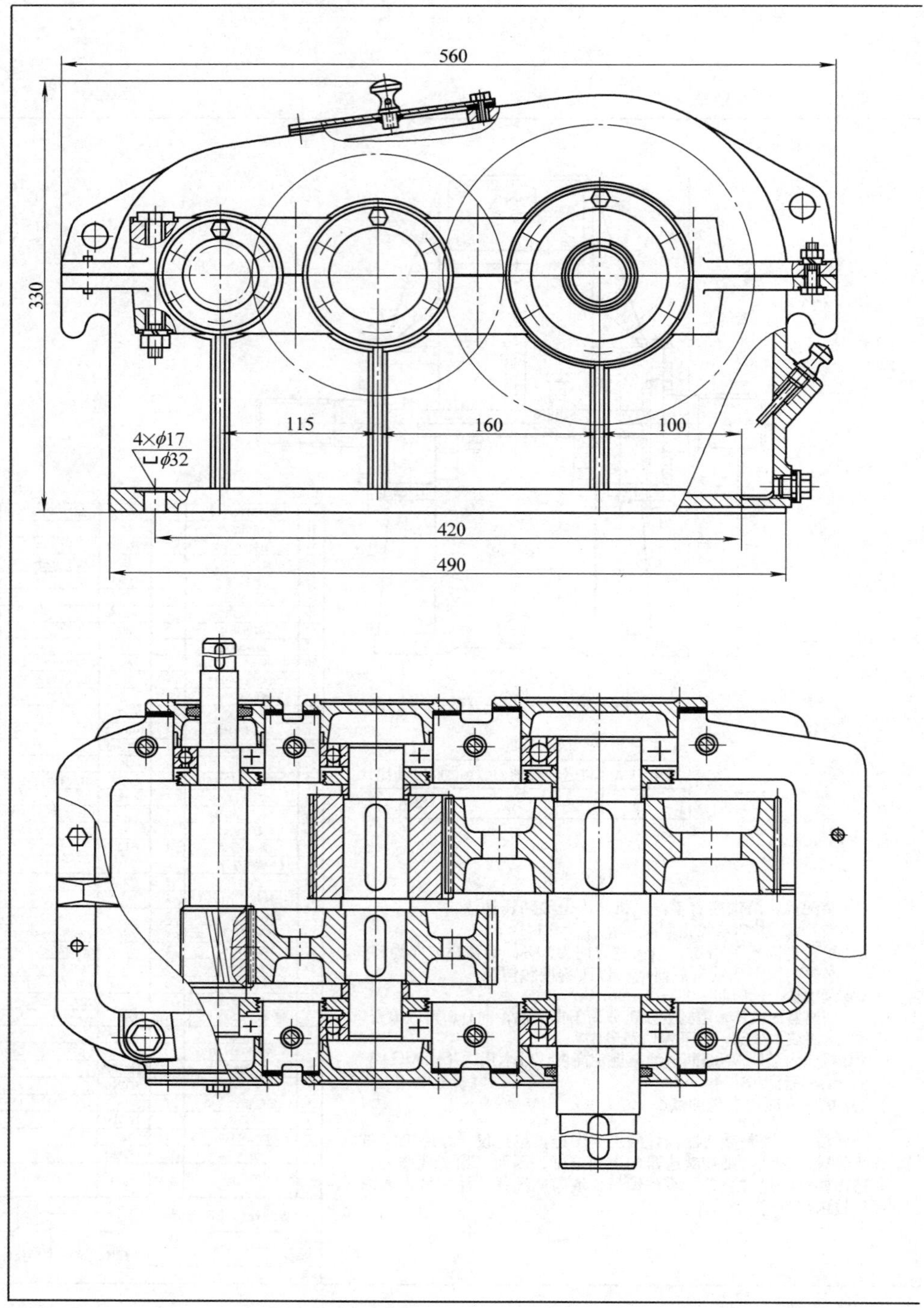

图18-8

二级圆柱齿轮减速器

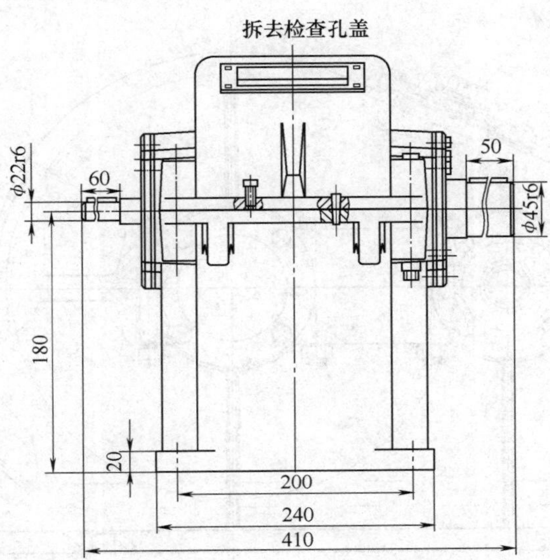

注：本图为展开式二级圆柱齿轮减速器。因其结构简单、容易制造、成本低，故成为最常见、应用最广泛的一种减速器。

传动齿轮用油润滑，滚动轴承用脂润滑。在轴承的外侧安装带有尖角的挡油板，既可防止润滑脂流失，又可避免由齿轮溅起的润滑油进入轴承座而稀释润滑脂。同时，在输入轴和输出轴的透轴承盖上安装有毡圈密封，以防润滑脂流失。

<table>
<tr><td colspan="3" rowspan="2">二级圆柱齿轮减速器</td><td>比例</td><td></td><td>图号</td><td></td></tr>
<tr><td>数量</td><td></td><td>材料</td><td></td></tr>
<tr><td>设计</td><td></td><td>(日期)</td><td colspan="2" rowspan="3">(课程名称)</td><td colspan="2" rowspan="3">(校名-班号)</td></tr>
<tr><td>绘图</td><td></td><td></td></tr>
<tr><td>审阅</td><td></td><td></td></tr>
</table>

18.3 一级圆柱齿轮减速器装配图绘制常见问题及注意事项（见图18-9、表18-4）

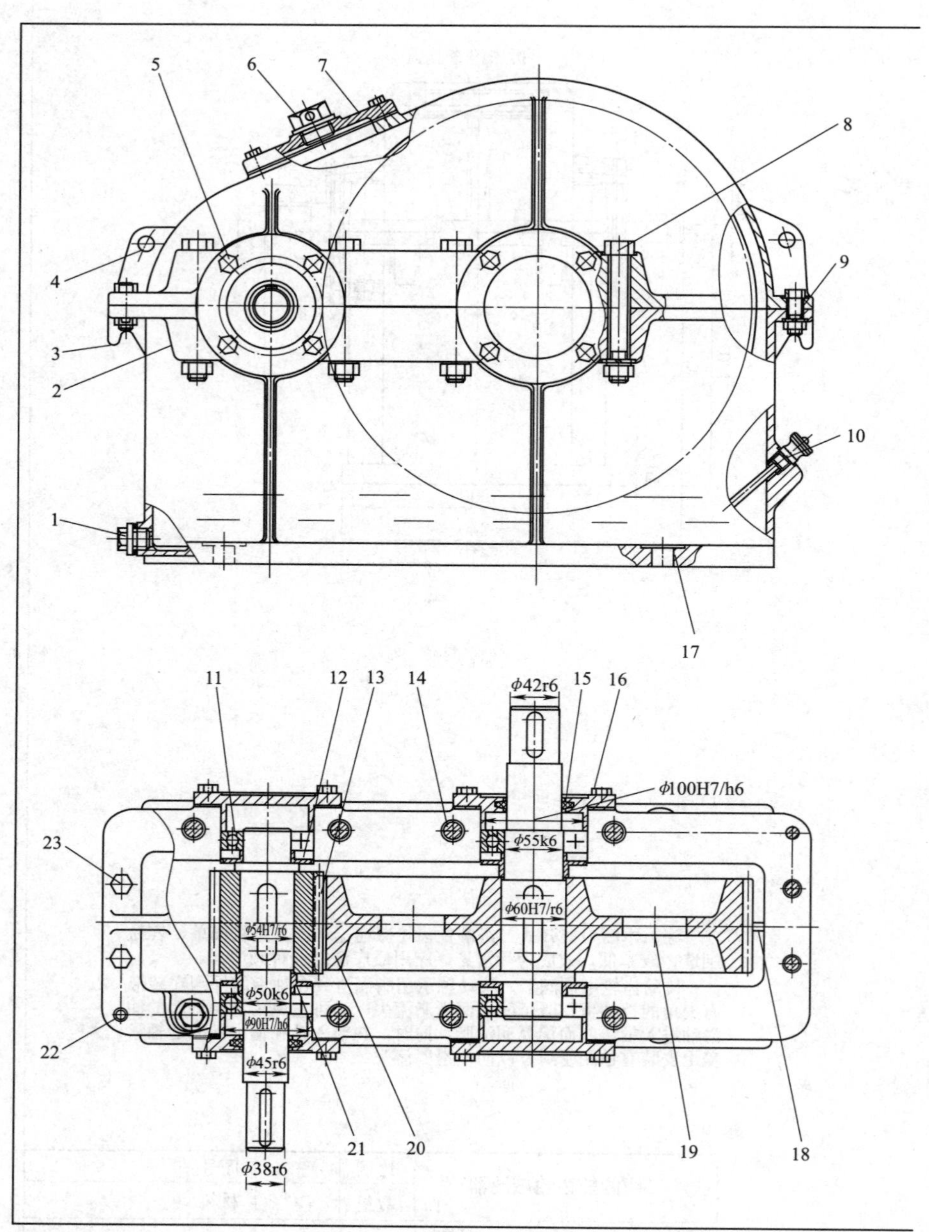

图 18-9

一级圆柱齿轮减速器装配图

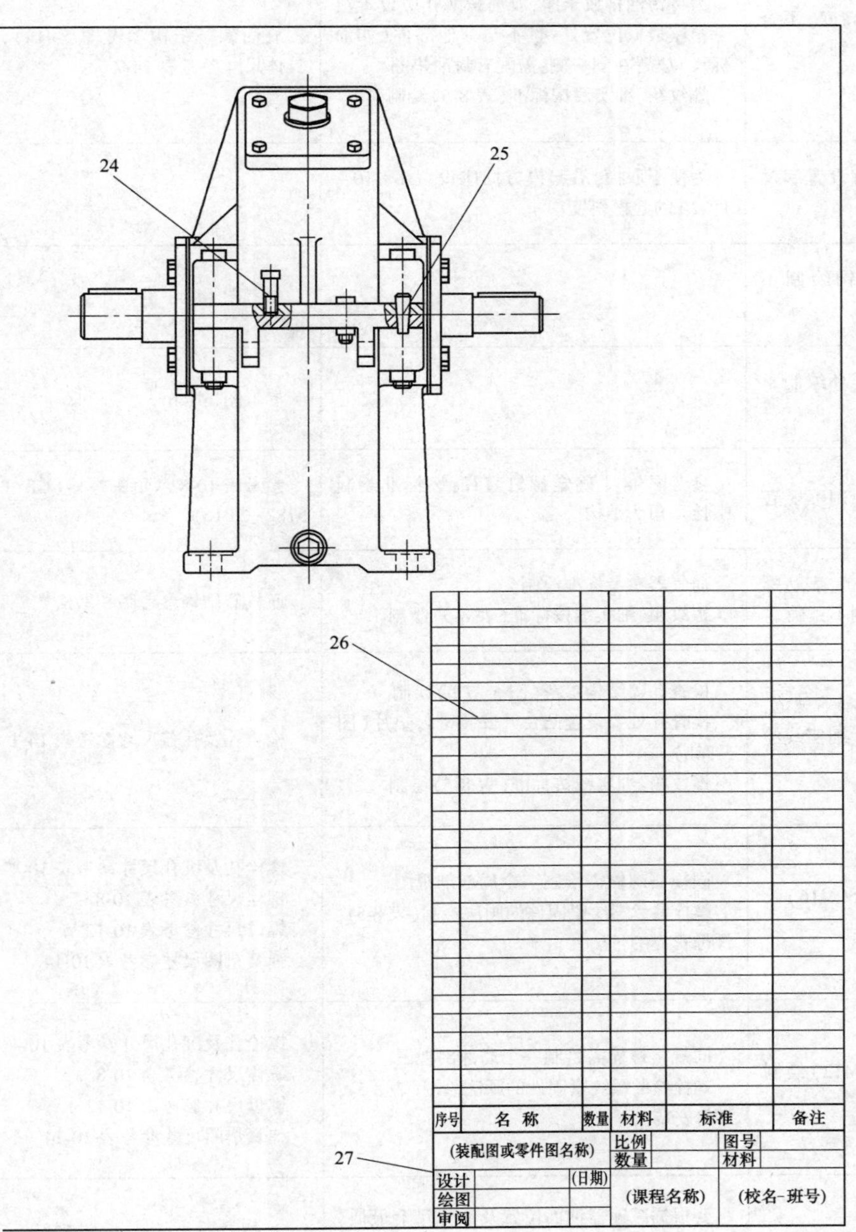
24
25
26
27
序号
名 称
数量
材料
标准
备注
(装配图或零件图名称)
比例
数量
图号
材料
设计
绘图
审阅
(日期)
(课程名称)
(校名-班号)

表 18-4 装配图绘制常见问题及注意事项

序号	常见问题	注意事项	备注
1	放油螺塞位置(高度)不合适;表达螺纹的粗、细实线绘制不正确	为将污油排放干净,放油螺塞孔应设置在下箱座最低位置处;且不与其他部件(如油标尺)放置在同一侧;需配有封油垫圈 螺纹粗、细实线按标准(表 8-5)绘制	放油螺塞结构参考图 5-41a),具体尺寸参考表 14-7
2	轴承旁凸台没有设置起模斜度	为便于取模,沿起模方向应设置 1∶10~1∶20 的起模斜度	
3	下箱座两侧吊钩绘制不规范		参考图 14-4c
4	上箱盖两侧吊耳环绘制不规范		参考图 14-4b
5	螺钉尺寸不对,绘制不规范	参考图 14-1 确定螺钉直径;按标准绘制螺栓六角头结构	参考表 10-8 六角头螺栓(GB/T 5782—2016)
6	通气器绘制不规范,表达螺纹的粗、细实线绘制不正确	通气器参考标准绘制 螺纹粗、细实线按标准(表 8-5)绘制	通气器结构参考图 5-37b
7	检查孔及孔盖绘制不规范,螺钉尺寸及螺纹粗、细实线绘制不正确	检查孔盖结构参考(图 5-37 b)绘制 检查孔处要设置凸台并安装密封垫片(图 5-36b) 螺纹粗、细实线按标准(表 8-5)绘制	检查孔及孔盖尺寸参考表 14-1
8	轴承旁连接螺栓(M16)绘制不规范	同规格螺栓需绘制一个局部剖视图 螺栓参考螺纹紧固件的画法绘制(表 8-5),螺母安装在下方	螺栓孔及沉孔尺寸参考表 10-4 螺栓尺寸参考表 10-8 螺母尺寸参考表 10-12 弹簧垫圈尺寸参考表 10-14
9	凸缘连接螺栓(M12)绘制不规范	同规格螺栓需绘制一个局部剖视图 螺栓参考螺纹紧固件的画法绘制(表 8-5),螺母安装在下方	螺栓孔及沉孔尺寸参考表 10-4 螺栓尺寸参考表 10-8 螺母尺寸参考表 10-12 弹簧垫圈尺寸参考表 10-14
10	油标尺的高度、角度不合适,油标尺结构绘制不规范	要根据减速器油面位置及油标尺上最低、最高油面刻度线确定油标尺位置 倾斜角度为 45°~60°,不与凸缘干涉; 油标尺结构参考图 5-38 结构绘制	油面参考表 5-8 油标尺尺寸参考表 14-6
11	滚动轴承结构绘制不规范	参考表 11-1 简化画法绘制	

（续）

序号	常见问题	注意事项	备　注
12	挡油环位置绘制不规范，探出内壁尺寸不合适	挡油环兼顾轴套和挡油的双重作用	挡油环尺寸及结构参考图 5-15
13	大、小齿轮啮合区域线条绘制不规范	小齿轮要比大齿轮宽 5-10mm 啮合区域共 5 条线，“三实一虚一点画”	参考表 8-6
14	轴承旁连接螺栓尺寸不对；绘制不规范	轴承旁连接螺栓规格为 M16，凸缘连接螺栓规格为 M12，绘制时应为两个圆，外圆为螺栓孔，内圆为螺栓大径	
15	毛毡圈及沟槽绘制不标准	按毡圈沟槽（梯形）绘制	参考表 13-10
16	轴承端盖绘制不规范	轴承端盖结构按照图 18-9 绘制 尺寸参考图 14-1	
17	地脚螺栓尺寸不对，绘制不规范	地脚螺栓规格为 M20；装配图上以不安装地脚螺栓绘制，因此需绘制出地脚螺栓孔	沉孔尺寸参考表 10-4
18	漏画线条	俯视图油标尺的投影线，不能遗漏	
19	大齿轮绘制不规范	按照图 18-4 锻造圆柱齿轮绘制	
20	大齿轮、小齿轮剖面线绘制不正确	相邻两个零件剖面线要有明显区别（角度和疏密度），相同零件不同视图的剖面线应完全一致	
21	没有画出轴短毂长	小齿轮宽度要比安装小齿轮的轴段长度长 2~3mm	参考图 5-7 中的 Δl
22	定位销位置不对，绘制不规范	定位销设置在箱体对角线上，最好设置在两根中心线的交点上，并按标准绘制	尺寸参考表 10-21
23	螺钉绘制不规范	该螺钉为启盖螺钉，按 M12 螺栓尺寸绘制	
24	表达启盖螺钉结构的螺纹粗、细实线绘制不正确	螺纹粗、细实线按标准（表 8-5）绘制	参考表 10-8 六角头螺栓（GB/T 5782—2016）
25	定位销绘制不规范	定位销应按标准绘制，注意剖面线与主视图一致	尺寸参考表 10-21
26 27	绘制不规范，没按规定尺寸绘制	按规定绘制，注意粗、细实线及间距	参考表 8-3 和表 8-4

18.4 锥齿轮减速器图例（见图 18-10）

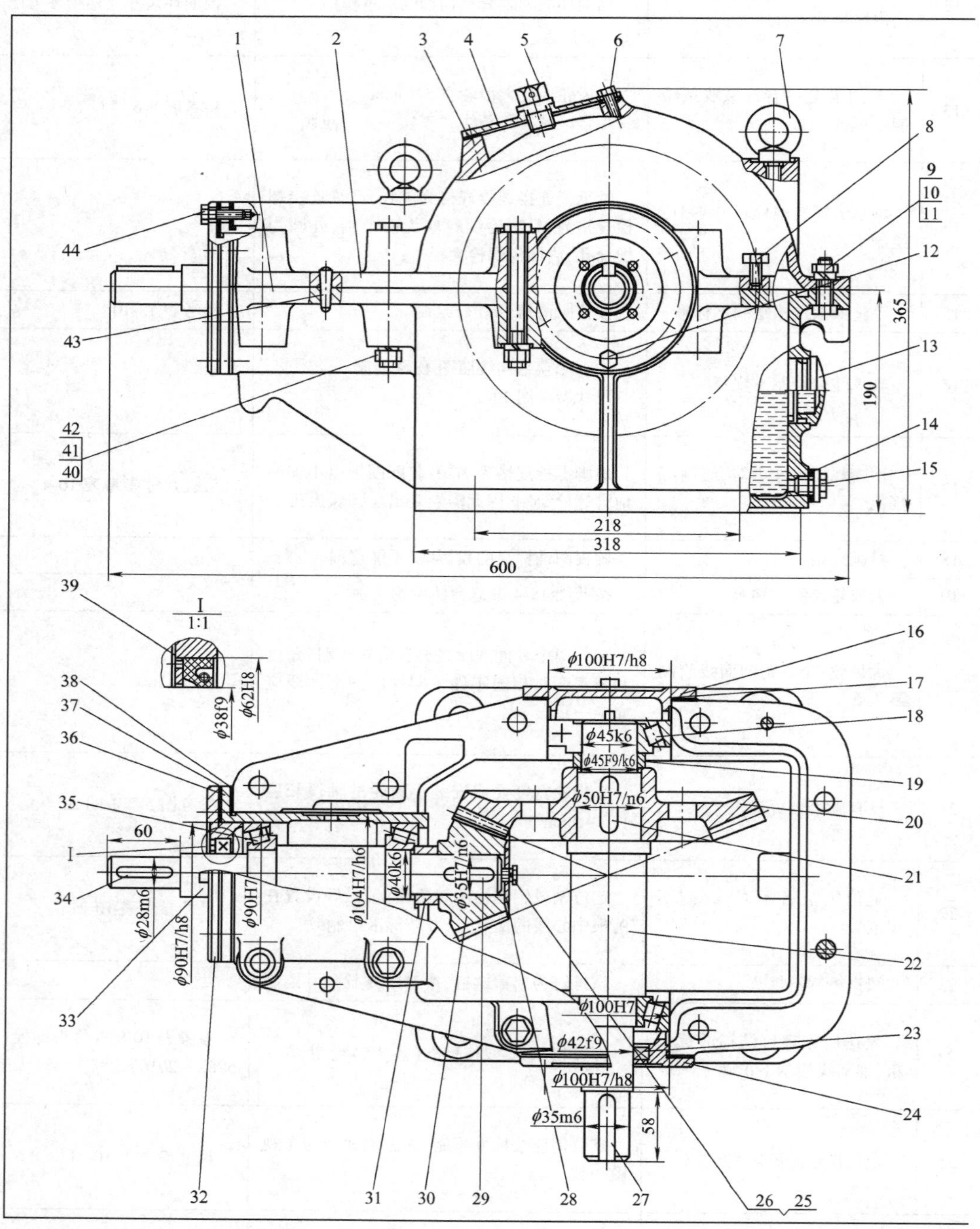

图 18-10

单级锥齿轮减速器

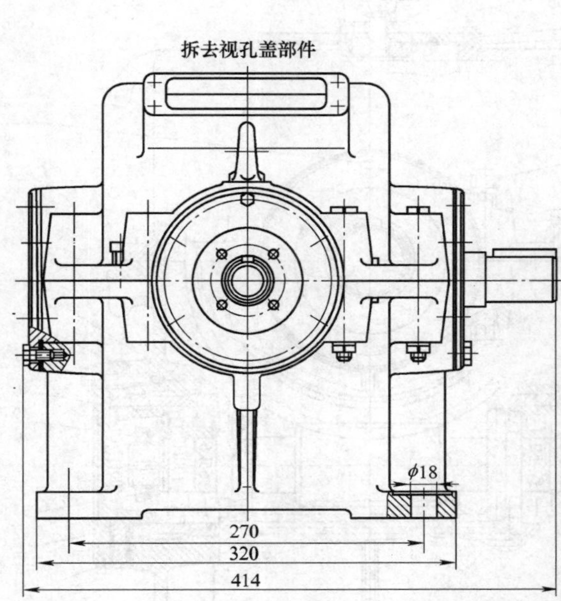

技术特性

<table>
<tr><th rowspan="2">输入功率
/kW</th><th rowspan="2">输入转速
/(r/min)</th><th rowspan="2">传动
比i</th><th rowspan="2">效率
η</th><th colspan="4">传动特性</th></tr>
<tr><th>m</th><th colspan="2">齿数</th><th>精度等级</th></tr>
<tr><td rowspan="2">4.0</td><td rowspan="2">480</td><td rowspan="2">2.38</td><td rowspan="2">0.93</td><td rowspan="2">5</td><td>z1</td><td>21</td><td>8c GB/T 11365—2019</td></tr>
<tr><td>z2</td><td>52</td><td>8c GB/T 11365—2019</td></tr>
</table>

技术要求

1. 装配前，所有零件需进行清洗，箱体内壁涂耐油油漆，减速器外表面涂灰色油漆。
2. 齿轮啮合侧隙不得小于0.1mm，用铅丝检查时其直径不得大于最小侧隙的两倍。
3. 齿面接触斑点沿齿面高度不得小于50%，沿齿长不得小于50%。
4. 齿轮副安装误差检验：齿圈轴向位移极限偏差$\pm f_{AM}$为0.1mm，轴间距极限偏差$\pm f_a$为0.036mm，轴交角极限偏差$\pm E_{\Sigma}$为0.045mm。
5. 圆锥滚子轴承的轴向调整游隙为0.05～0.10mm。
6. 箱盖与箱座接触面之间禁止使用任何垫片，允许涂密封胶和水玻璃，各密封处不允许漏油。
7. 减速器内装 CKC150工业齿轮油至规定的油面高度。
8. 按减速器试验规程进行试验。

序号	名称	材料	数量	标准及规格	备注
44	螺栓M8×30	Q235A	6	GB/T 5783—2016	
43	锥销B8×30	35钢	2	GB/T 117—2000	
42	螺栓M12×120	Q235A	8	GB/T 5782—2016	
41	弹簧垫圈12	65Mn	8	GB/T 93—1987	
40	螺母M12	35钢	8	GB/T 6170—2015	
39	唇形密封圈		1	GB13871—2015	
38	调整垫片	08F	1组		
37	调整垫片	08F	1组		
36	套环	HT200	1		
35	圆锥滚子轴承30308		2	GB/T297—2015	
34	键8×7×50	45钢	1	GB/T1096—2003	
33	轴	45钢	1		
32	轴承盖	HT200	1		
31	套筒	45钢	1		
30	小锥齿轮	45钢	1		
29	键10×8×40	45钢	1	GB/T1096—2003	
28	挡圈B45	Q235A	1	GB/T892—1986	
27	键C10×8×56	45钢	1	GB/T1096—2003	
26	螺栓M6×20	Q235A	1	GB/T5783—2016	
25	弹簧垫圈	65Mn	1	GB/T93—1987	
24	轴承盖	HT200	1		
23	唇形密封圈		1	GB/T9877—2008	
22	轴	45钢	1		
21	键14×9×50	45钢	1	GB/T1096—2003	
20	六锥齿轮	45钢	1		
19	套筒	45钢	1		
18	圆锥滚子轴承30309		2	GB/T297—2015	
17	调整垫圈	08F	2组		
16	轴承盖	HT200	1		
15	油塞M16×1.5	Q235A	1		
14	封油圈	工业用革	1		
13	油标A32		1	JB/T7941.1—1995	组件
12	螺栓M8×20	Q235A	6	GB/T5783—2016	
11	螺母M10	35钢	3	GB/T6170—2015	
10	弹簧垫圈16	65Mn	2	GB/T93—1987	
9	螺栓M10×40	Q235A	2	GB/T5782—2016	
8	启盖螺钉M10×25	Q235A	1	GB/T5783—2016	
7	吊环螺钉M10	20	2	GB/T825—1988	
6	螺栓M6×16	Q235A	4	GB/T5783—2016	
5	通气器	Q235A	1		
4	视孔盖	Q235A	1		
3	垫片	石棉橡胶纸	1		
2	箱盖	HT200	1		
1	箱座	HT200	1		

<table>
<tr><td colspan="3" rowspan="2">单级锥齿轮减速器</td><td>比例</td><td></td><td>图号</td><td></td></tr>
<tr><td>数量</td><td></td><td>材料</td><td></td></tr>
<tr><td>设计</td><td></td><td>(日期)</td><td colspan="2" rowspan="3">(课程名称)</td><td colspan="2" rowspan="3">(校名-班号)</td></tr>
<tr><td>绘图</td><td></td><td></td></tr>
<tr><td>审阅</td><td></td><td></td></tr>
</table>

18.5 蜗杆减速器图例（见图 18-11）

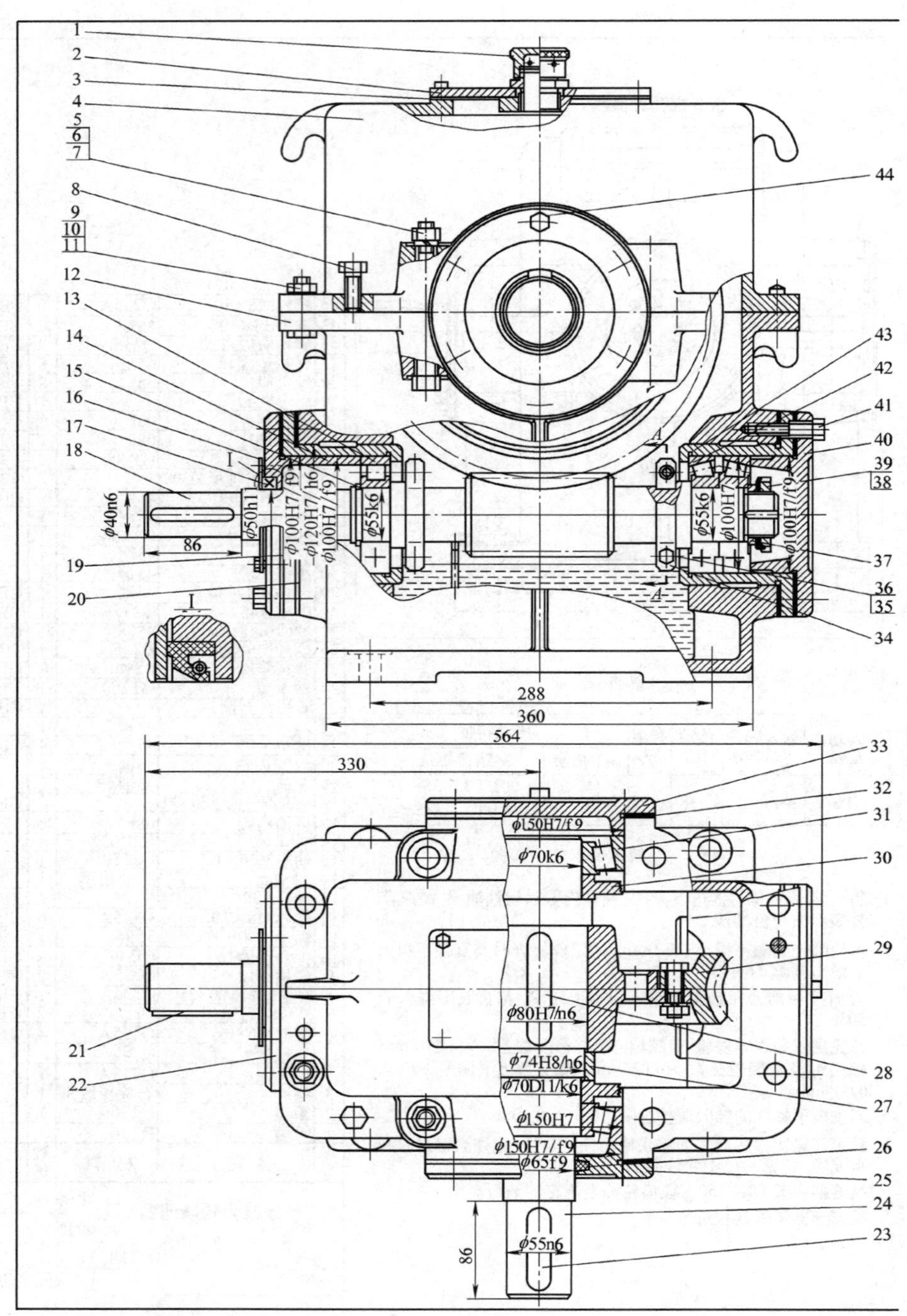

图 18-11

蜗杆减速器

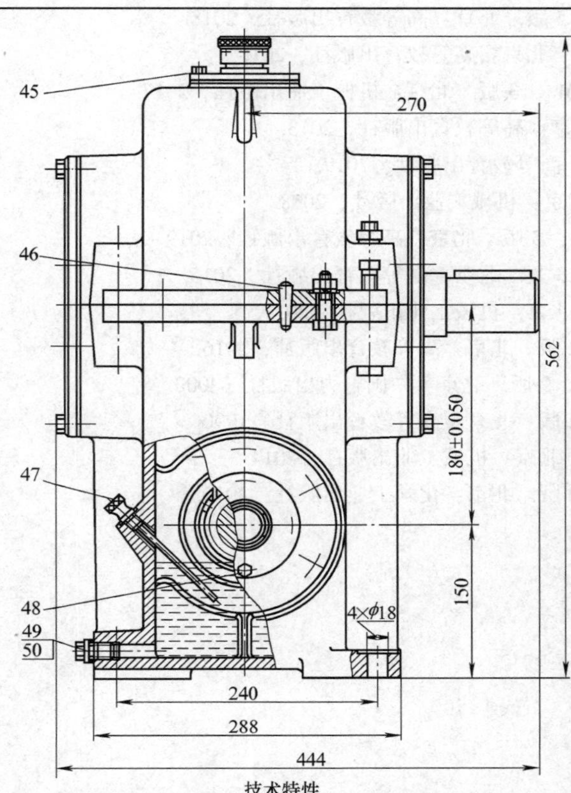

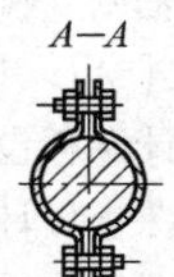

技术特性

输入功率/kW	输入转速/(r/min)	传动比 i	效率 η	传动特性				
				γ	m	头数、齿数		精度等级
6.5	970	19.5	0.81	14°2′10″	8	z_1	2	传动8cGB/T 10089—2018
						z_2	39	

技术要求

1. 装配之前，所有零件均用煤油清洗，滚动轴承用汽油清洗，未加工表面涂灰色油漆，内表面涂红色耐油油漆。
2. 啮合侧隙用铅丝检查，侧隙值应不小于 0.10mm。
3. 用涂色法检查齿面接触斑点，按齿高不得小于 55%；按齿长不得小于 50%。
4. 30211 轴承的轴向游隙为 0.05～0.10mm, 30314轴承的轴向游隙为 0.08～0.15mm。
5. 箱盖与箱座的接触面涂密封胶或水玻璃，不允许使用任何填料。
6. 箱座内装 CKE320 蜗轮蜗杆油至规定高度。
7. 装配后进行空载试验时，高速轴转速为 1000r/min，正、反各运转 1h，运转平稳，无撞击声，不漏油，负载试验时，油池温升不超过 60°C。

序号	名称	材料	数量	标准及规格	备注
50	封油垫 30×20	工业用革	1		
49	油塞 M20×1.5	Q235A	1		
48	螺栓 M6×16	Q235A	4	GB/T 5782—2016	
47	油尺	Q235A	1		
46	圆锥销 B8×40	35钢	2	GB/T 117—2000	
45	螺栓 M6×20	Q235A	6	GB/T 5782—2016	
44	螺栓 M8×25	Q235A	12	GB/T 5782—2016	
43	套环	HT150	2		
42	圆锥滚子轴承30211		2	GB/T 297—2015	
41	螺栓 M8×35	Q235A	12	GB/T 5782—2016	
40	轴承端盖	HT200	1		
39	止动垫圈 50	Q235A	1	GB/T 858—1988	
38	圆螺母 M50×1.5	Q235A	1	GB/T 812—1988	
37	挡圈	Q235A	1		
36	螺母 M6	Q235A	4	GB/T 6170—2015	
35	螺栓 M6×20	Q235A	4	GB/T 5782—2016	
34	甩油板	Q235A	4		
33	轴承端盖	HT200	1		
32	调整垫片	08F	2组		
31	圆锥滚子轴承30314		2	GB/T 297—2015	
30	挡油盘	HT150	2		
29	蜗轮		1		组合件
28	键 22×14×100	45钢	1	GB/T 1096—2003	
27	套筒	Q235A	1		
26	毡圈 65	半粗羊毛毡	1		
25	轴承端盖	HT200	1		
24	轴	45钢	1		
23	键 16×10×80	45钢	1	GB/T 1096—2003	
22	轴承端盖	HT200	1		
21	键 12×8×70	45钢	1	GB/T 1096—2003	
20	调整垫片	08F	2组		
19	调整垫片	08F	2组		
18	蜗杆轴	45钢	1		
17	J型油封50×75×12	橡胶 I-1	1	HG4-338-66	
16	密封盖	Q235A	1		
15	弹性挡圈	65Mn	1	GB/T 894—2017	
14	套筒	Q235A	1		
13	圆柱滚子轴承N211E		1	GB/T 283—2007	
12	箱座	HT200	1		
11	弹簧垫圈12	65Mn	4	GB/T 93—1987	
10	螺母 M12	Q235A	4	GB/T 6170—2015	
9	螺栓 M12×45	Q235A	4	GB/T 5782—2016	
8	启盖螺钉M12×30	Q235A	1	GB/T 5782—2016	
7	弹簧垫圈16	65Mn	4	GB/T 93—1987	
6	螺母 M16	Q235A	4	GB/T 6170—2015	
5	螺栓 M16×120	Q235A	4	GB/T 5782—2016	
4	箱盖	HT200	1		
3	垫片	软钢纸板	1		
2	视孔盖	Q235A	1		
1	通气器		1		组合件

蜗杆减速器		比例		图号	
		数量		材料	
设计	(日期)	(课程名称)		(校名-班号)	
绘图					
审阅					

参 考 文 献

[1] 吴宗泽，等. 机械设计课程设计手册 [M]. 5 版. 北京：高等教育出版社，2018.
[2] 陈晓岑，等. 机械设计课程设计 [M]. 3 版. 北京：高等教育出版社，2018.
[3] 朱东华，李乃根，王秀叶. 机械设计基础 [M]. 3 版. 北京：机械工业出版社，2017.
[4] 杨可桢，等. 机械设计基础 [M]. 6 版. 北京：高等教育出版社，2013.
[5] 濮良贵，等. 机械设计 [M]. 10 版. 北京：高等教育出版社，2019.
[6] 王三民. 机械原理与设计课程设计 [M]. 北京：机械工业出版社，2018.
[7] 陈立德. 机械设计基础课程设计指导书 [M]. 5 版. 北京：高等教育出版社，2019.
[8] 陈铁鸣. 新编机械设计课程设计图册 [M]. 3 版. 北京：高等教育出版社，2015.
[9] 陆玉，等. 机械设计课程设计 [M]. 4 版. 北京：机械工业出版社，2011.
[10] 宋宝玉. 机械设计课程设计指导书 [M]. 2 版. 北京：高等教育出版社，2016.
[11] 陈立新. 机械设计（基础）课程设计 [M]. 2 版. 北京：中国电力出版社，2000.
[12] 龚溎义. 机械设计课程设计指导书 [M]. 2 版. 北京：高等教育出版社，1990.
[13] 王旭，等. 机械设计课程设计 [M]. 3 版. 北京：机械工业出版社，2014.
[14] 薛岩，等. 互换性与测量技术基础 [M]. 2 版. 北京：化学工业出版社，2015.